CURSO DE CIRCUITOS ELÉTRICOS

Volume 1

Blucher

L. Q. ORSINI
DENISE CONSONNI
*ESCOLA POLITÉCNICA DA UNIVERSIDADE
DE SÃO PAULO*

CURSO
DE
CIRCUITOS ELÉTRICOS

Volume 1
2.ª edição

Curso de circuitos elétricos – vol. 1
© 2002   Luiz de Queiroz Orsini
         Denise Consonni
2ª edição – 2002
4ª reimpressão – 2016
Editora Edgard Blücher Ltda.

Blucher

Rua Pedroso Alvarenga, 1245, 4º andar
04531-934 – São Paulo – SP – Brasil
Tel.: 55 11 3078-5366
contato@blucher.com.br
www.blucher.com.br

É proibida a reprodução total ou parcial por quaisquer meios sem autorização escrita da Editora.

Todos os direitos reservados pela Editora
Edgard Blücher Ltda.

FICHA CATALOGRÁFICA

Orsini, Luiz de Queiroz
   Curso de circuitos elétricos / Luiz de Queiroz Orsini e Denise Consonni – 2ª edição – São Paulo: Blucher, 2002.

   Bibliografia.
   ISBN 978-85-212-0308-7

   1. Circuitos elétricos – Estudo e ensino
   I. Consonni, Denise II. Título.

03-6905   CDD-621.319207

Índices para catálogo sistemático:
1. Circuitos elétricos: Engenharia elétrica: Estudo e ensino   621.319207

Conteúdo

Prefácio da 1ª Edição IX
Prefácio da 2ª Edição XIII
Sistemas de unidades consistentes XIV

1 CONCEITOS BÁSICOS, BIPOLOS E QUADRIPOLOS. 1

1.1 Introdução 1
1.2 Carga e corrente elétricas 2
1.3 Bipolos elétricos, tensão e potência 4
1.4 Potência elétrica e energia num bipolo 6
         a) Potência elétrica 6
         b) Energia elétrica 7
1.5 Os bipolos elementares passivos 8
    1.5.1 Os resistores 8
         a) Resistor linear fixo, ou resistor ideal 9
         b) Resistor variável no tempo 10
         c) Diodo ideal 11
    1.5.2 Os capacitores 11
         a) O capacitor ideal 11
         b) O capacitor variável 13
         c) Capacitores não-lineares 13
    1.5.3 Os indutores 13
1.6 Os geradores (ou fontes) ideais 17
         a) Gerador ideal de tensão 17
         b) Gerador ideal de corrente 18
         c) Geradores vinculados (ou fontes controladas) 18
1.7 As funções de excitação 19
         a) Excitação contínua 19
         b) Excitação em degrau 20
         c) Excitação impulsiva 21
         d) Excitação exponencial 23
         e) Excitação co-senoidal (ou senoidal) 24
         f) Excitações exponenciais complexas 28
1.8 Relações fasoriais nos bipolos ideais 29
1.9 Os quadripolos 31
         a) Amplificador operacional ideal 31
         b) O transformador ideal 32
         c) Girador ideal 33
Bibliografia do Capítulo 1 35
Exercícios básicos do Capítulo 1 36
Tabela de relações constitutivas nos bipolos elementares 40

2 ASSOCIAÇÕES DE BIPOLOS E LEIS DE KIRCHHOFF. 41

2.1 Redes de bipolos e grafos 41
2.2 Primeira Lei de Kirchhoff 45
   a) Enunciado da Primeira Lei de Kirchhoff 45
   b) Generalização da Primeira Lei de Kirchhoff 47
2.3 A matriz de incidência nós-ramos e a Primeira Lei de Kirchhoff 48
2.4 A Segunda Lei de Kirchhoff e sua expressão matricial 51
   a) Enunciado da Segunda Lei de Kirchhoff 51
   b) Generalização da Segunda Lei de Kirchhoff 52
   c) Expressões matriciais da Segunda Lei de Kirchhoff 54
2.5 Forma fasorial das leis de Kirchhoff 57
2.6 A dualidade nos circuitos elétricos 58
Bibliografia do Capítulo 2 60
Exercícios básicos do Capítulo 2 60

3 A ANÁLISE NODAL E SUAS VARIANTES; ANÁLISE DE MALHAS. 63

3.1 Introdução 63
3.2 Análise nodal de redes resistivas lineares 65
3.3 Extensões da análise nodal 69
   a) Inclusão dos geradores ideais de tensão 69
   b) Inclusão de geradores vinculados 70
3.4 A análise nodal modificada 71
3.5 Estrutura de um programa computacional de análise nodal modificada C.C. 76
3.6 Extensão da análise nodal modificada ao regime permanente senoidal (análise C.A.) 78
3.7 Nota sobre redes não lineares 80
3.8 Introdução à análise de malhas 81
3.9 Análise de malhas em regime permanente senoidal (análise C. A.) 86
Exercícios básicos do Capítulo 3 87

4 REDUÇÃO DE REDES E APLICAÇÕES TECNOLÓGICAS DE REDES RESISTIVAS. 91

4.1 Técnicas de redução e simplificação de redes 91
4.2 Associação de elementos em série ou em paralelo 91
4.3 Associação de resistores não-lineares 94
   a) Associação série 94
   b) Associação paralela 96
4.4 Divisão de tensão e de corrente 96
4.5 Fontes equivalentes e transformação de fontes 97
4.6 Deslocamento de fontes ideais 99
   a) Fontes ideais de tensão 99
   b) Fontes ideais de corrente 99
4.7 Transformações estrela-triângulo (Y-Δ) e triângulo-estrela (Δ-Y) 101
4.8 Proporcionalidade entre excitação e resposta e superposição de efeitos 104
   a) Proporcionalidade excitação-resposta 104
   b) Princípio de superposição de efeitos 106

4.9	Os geradores equivalentes de Thévenin e Norton	109
4.10	Aplicações tecnológicas das redes resistivas	113
	a) Atenuadores logarítmicos	113
	b) Atenuadores de resistência característica constante	115
	c) Conversor digital-analógico (D/A) de 4 "bits"	117
Exercícios básicos do Capítulo 4		119

5 ESTUDO DE REDES DE PRIMEIRA ORDEM. ... 123

5.1	Introdução	123
5.2	Comportamento livre do circuito R, L	126
5.3	Comportamento forçado do circuito R, L série	128
	a) Resposta ao degrau	129
	b) Resposta impulsiva	131
	c) Resposta à excitação co-senoidal	133
5.4	O circuito R, C	136
	a) Excitação em degrau	137
	b) Excitação impulsiva	138
	c) Excitação co-senoidal	138
5.5	Os circuitos diferenciador e integrador	139
	a) Circuito integrador R, C	139
	b) Integrador com amplificador operacional	140
	c) Circuito diferenciador	141
5.6	Sumário e observações sobre o cálculo de transitórios nas redes de primeira ordem	143
*5.7	Um oscilador de relaxação	148
Bibliografia do Capítulo 5		149
Exercícios básicos do Capítulo 5		149

6 ESTUDO DE REDES DE SEGUNDA ORDEM. ... 152

6.1	Introdução	152
6.2	O circuito R, L, C série; comportamento livre	153
	a) Circuito super-amortecido ou aperiódico	155
	b) Circuito sub-amortecido ou oscilatório	156
	c) Circuito R, L, C com amortecimento crítico	159
6.3	O Comportamento livre do circuito R, L, C paralelo	162
6.4	O Comportamento livre do circuito R, L, C série-paralelo	167
6.5	Resposta dos circuitos R, L, C à excitação em degrau	169
	a) Circuito R, L, C série	169
	b) Circuito R, L, C paralelo	170
6.6	Resposta impulsiva dos circuitos R, L, C	175
6.7	Resposta dos circuitos R, L, C a uma excitação co-senoidal; ressonância	176
6.8	Resposta completa dos circuitos R, L, C e batimentos	180
6.9	Exemplo de aplicação – o desfibrilador de Lown	185
6.10	Outros circuitos de segunda ordem	187
Bibliografia do Capítulo 6		188
Exercícios básicos do Capítulo 6		189

7 INTRODUÇÃO À TRANSFORMAÇÃO DE LAPLACE. 192
- 7.1 Introdução 192
- 7.2 A transformação de Laplace: definição e linearidade 193
- 7.3 Cálculo de algumas transformadas básicas 194
  - a) Transformada do degrau 194
  - b) Transformada da exponencial 194
  - c) Transformada do seno 195
  - d) Transformada do co-seno 195
  - e) Transformada do impulso 195
- 7.4 Propriedades básicas da transformação de Laplace 196
  - a) Derivada da transformada em relação à variável complexa 196
  - b) Teorema da translação no campo complexo 197
  - c) Teorema da translação no campo real 197
  - d) Multiplicação do argumento de f por uma constante, ou mudança da escala de tempo 198
- 7.5 Transformadas da derivada e da integral de uma função 199
  - a) Transformada de Laplace da derivada de uma função 199
  - b) Transformação de Laplace da integral de uma função 200
- 7.6 Transformadas de Laplace de funções periódicas 202
- 7.7 A inversão da transformação de Laplace 203
- 7.8 A antitransformação de funções racionais 204
  - a) Antitransformação de funções racionais estritamente próprias com todos os pólos simples 206
  - b) Antitransformação de funções racionais estritamente próprias com pólos múltiplos 209
- Bibliografia do Capítulo 7 212
- Exercícios básicos do Capítulo 7 213
- Apêndice 1 Transformadas de Laplace básicas 215
- Apêndice 2 Propriedades da transformação de Laplace 216

8 TRANSFORMAÇÃO DE LAPLACE E FUNÇÕES DE REDE. 217
- 8.1 Introdução; funções de rede 217
- 8.2 A descrição entrada-saída e o problema de valor inicial 218
  - a1) Equação diferencial de ordem n, sem derivada no segundo membro 218
  - a2) Equação diferencial de ordem n, com derivadas no segundo membro 221
  - b) Equação íntegro-diferencial 222
  - c) Os sistemas de equações diferenciais ordinárias, lineares e a coeficientes constantes 223
- 8.3 Os teoremas do valor inicial e do valor final 230
  - a) Teorema do valor inicial 230
  - b) Teorema do valor final 231
- 8.4 A integral de convolução 232
- 8.5 A transformada de Laplace da convolução 234
- 8.6 Resposta impulsiva e convolução 236
- 8.7 Função de rede e regime permanente senoidal 239
- 8.8 Resumo 243
- Bibliografia do Capítulo 8 243
- Exercícios básicos do Capítulo 8 244

PROBLEMAS PROPOSTOS. 246

ÍNDICE ALFABÉTICO 282

Prefácio da 1.ª edição

O Curso de Circuitos Elétricos, aqui apresentado em edição de dois volumes, é uma revisão completa da edição preliminar da mesma obra, lançada em 1991. Seu conteúdo corresponde, respectivamente, às disciplinas Circuitos Elétricos I e Circuitos Elétricos II do atual curso de Engenharia Elétrica da Escola Politécnica da Universidade de S. Paulo. Estas disciplinas são fundamentais para o restante do curso, pois conceitos e técnicas nela introduzidos são utilizados em grande número de disciplinas subseqüentes do mesmo curso.

O papel básico da matéria "Circuitos Elétricos" atesta-se pela sua presença nos currícula de Engenharia Elétrica há mais de cinqüenta anos. Note-se que, tradicionalmente, os cursos de Circuitos Elétricos procuram apresentar, ao lado da própria matéria, uma certa visão da tecnologia, através do exame de circuitos extraídos dos mais variados campos da Engenharia Elétrica. Nesta obra procuramos manter esta orientação, sem prejuízo da apresentação das necessárias bases teóricas.

Ao longo destes últimos cinqüenta anos os cursos de Circuitos Elétricos evoluíram e se transformaram radicalmente. Faremos aqui um breve resumo dessa evolução, ilustrando-a por alguns dos livros texto mais marcantes que apareceram ao longo desta décadas. Esta seleção de livros foi orientada pelas preferências pessoais do autor; além disso, só estão citados aqui livros que foram extensamente usados como textos em cursos de Engenharia Elétrica. Com esse critério, livros importantes ou inovadores podem ter sido omitidos de nossa lista.

Nos cursos europeus, esta matéria era apresentada, já antes da Segunda Guerra, lá pela década de 30, juntamente com as bases da Teoria Eletromagnética, em cursos de "Eletrotécnica Teórica". O livro mais representativo desta orientação deve-se a Küpfmüller[1] (veja Referências, no fim deste Prefácio), que teve sucessivas reedições a partir de 1935.

Na América do Norte, por essa mesma época, já eram correntes cursos dedicados só a Circuitos Elétricos, com exigências matemáticas bem inferiores. Estes cursos eram muitas vezes separados em circuitos de corrente contínua (D. C.) e corrente alternativa (A. C.). Um livro representativo desse período é o de Kerchner e Corcoran [2].

Por volta de 1950 uma modificação profunda começou a aparecer nos cursos de circuitos: um maior embasamento teórico, o significado matemático e físico dos modos naturais e das freqüências complexas próprias, a importância da funções de rede e do papel dos seus pólos e zeros no desempenho dos circuitos e na sua síntese, passaram a ser introduzidos nos cursos básicos de circuitos, sobretudo por influência de Guillemin[3]. As exigências matemáticas aumentaram bastante, passando a incluir álgebra linear, equações diferenciais, funções de variáveis complexas, transformação de Laplace, teoria dos grafos. O estudo de transitórios foi incorporado ao curso. São representantes típicos dessa orientação, além do livro já citado de Guillemin, os livros de van Valkenburg[4] e Kuo[5].

A partir da década de 60, os desenvolvimentos em Teoria do Controle e Teoria dos Sistemas, incluindo a representação por variáveis de estado e sua ligação direta com os desenvolvimentos matemáticos em teoria das equações diferenciais, passam a influenciar diretamente os cursos básicos de circuitos, aumentando cada vez mais seu nível matemático, enfatizando o papel dos modelos e procurando adequar esta matéria ao essencial dos conceitos de Sistemas. Refletem esta orientação as obras de Desoer e Kuh[6], Dertouzos e outros[7] e Papoulis[8]. Ganhou-se assim um maior rigor conceitual e, sobretudo, uma visão mais ampla dos fenômenos e sua representação por modelos matemáticos, que prepara a introdução das redes não-lineares nos cursos básicos de Circuitos.

Por essa mesma época, os desenvolvimentos na área computacional começam a fazer sentir sua influência, chegando a um ponto em que grande parte da matéria desenvolvida em alguns cursos referia-se a técnicas computacionais ou a recursos de Cálculo Numérico. São típicas dessa orientação as obras de Director[9] e Huelsman[10].

Com o grande aumento da disponibilidade de recursos computacionais, iniciado na década de 70, muitos problemas que só tinham interesse teórico puderam encontrar sua aplicação prática. A simulação de circuitos desenvolveu-se extraordinariamente, permitindo a análise de circuitos extremamente complexos, com milhares de componentes. A síntese de circuitos passivos ou ativos tornou-se um problema simples e de rápida solução, quando auxiliada por programas adequados.

É importante notar que todos estes desenvolvimentos na área computacional não contribuíram para simplificar os cursos de Circuitos; ao contrário, o uso inteligente e esclarecido destes recursos passou a exigir uma formação básica mais profunda e mais exigente em termos de pré-requisitos matemáticos. Em contrapartida, a ampla disponibilidade de programas de análise e de síntese (a partir do início da década de 80), dirigidos para microcomputadores, fez com que os cursos de Circuitos diminuíssem a cobertura de técnicas computacionais, direcionando o estudante para uma utilização inteligente dos programas disponíveis, ao invés de capacitá-los a fazer pequenos programas.

Chegamos assim à última década do século XX com um desafio para os professores de Circuitos: como encaixar, no período alocado ao curso, uma exposição conceitualmente adequada de Teoria de Circuitos, devidamente ilustrada por um conjunto amplo de aplicações tecnológicas, aberta às últimas inovações e aos mais recentes desenvolvimentos teóricos e contendo ainda uma visão das necessárias ferramentas computacionais? Um exemplo do que podem vir a ser os cursos básicos de circuitos nesta década pode ser encontrado no livro de Chua, Desoer e Kuh[11] que, além de todo o material acima indicado, ainda introduz o estudo de circuitos não-lineares, chegando até à introdução de sistemas caóticos.

O curso de Circuitos Elétricos, que ministramos na Escola Politécnica da Universidade de S. Paulo, pretende seguir esta orientação moderna, devidamente ponderada pela capacidade de nossos estudantes. Neste curso procuramos expor o essencial da matéria acima referida, complementada ainda por aulas práticas ou de laboratório. Assim, a síntese de circuitos passivos ficou relegada a um apêndice do livro e a uma apresentação em aula prática, onde o programa SINTE (desenvolvido pela equipe do professor Calôba, na Universidade Federal do Rio de Janeiro) é utilizado para sintetizar alguns filtros passivos. Fica por conta dos estudantes a prática com programas do tipo SPICE, cuja estrutura, no entanto, é aqui apresentada. Não há tempo para uma introdução detalhada dos circuitos não-lineares. Apenas são apresentados no texto alguns casos particulares e alguns circuitos caóticos são objeto de uma aula de laboratório. Com isso, esperamos estar seguindo uma orientação moderna, capaz de preparar nossos estudantes para cursos mais avançados e para novos progressos tecnológicos.

Apesar de nossos esforços para conseguir uma apresentação compacta, cada um dos dois volumes de Circuitos Elétricos contém mais matéria do que se pode lecionar confortavelmente num semestre. Por isso, o professor deverá fazer algumas escolhas. Para orientá-lo, algumas seções ou capítulos foram marcados com um asterisco (*), indicando material que pode ser dispensado sem prejuízo para o entendimento do restante do curso. Outra possibilidade será omitir alguns dos numerosos exemplos.

O primeiro volume do Curso de Circuitos Elétricos apresenta, logo após o índice, uma tabela dos sistemas de unidades consistentes, referentes às faixas de áudio-freqüência (A. F.), rádio-freqüência (R. F.) e freqüência ultra-alta (U. H. F.), em contraposição ao Sistema Internacional (S. I.). Estes sistemas de unidades têm por fim evitar a proliferação de potências de dez no cálculo de circuitos nas várias gamas de freqüência. É importante que os alunos se convençam das vantagens do uso de um sistema adequado de unidades em cada caso específico.

O Curso começa, efetivamente, revendo ou introduzindo conceitos básicos, tais como carga, corrente, tensão, potência e energia elétricas, bipolos e quadripolos. O segundo capítulo é basicamente dedicado às duas leis de Kirchhoff, inclusive em forma matricial e fasorial. Grande ênfase é dada, nestes dois primeiros capítulos, na interpretação das flechas indicativas dos sentidos de referência de correntes e tensões como simples regras para ligar amperímetros e voltímetros no circuito. Com isso, cremos que se eliminam as dificuldades na atribuição dos sinais nas expressões das leis de Kirchhoff.

O terceiro capítulo é dedicado aos métodos de análise de redes resistivas lineares. Por causa de suas aplicações em programas computacionais, tais como o PSPICE, é dada ênfase à análise nodal modificada. Por meio de fasores, estes métodos são logo estendidos para os circuitos em regime permanente senoidal. No segundo volume estes métodos de análise serão generalizados para redes R, L, C lineares e invariantes no tempo.

No quarto capítulo são apresentadas técnicas de redução e simplificação de redes. Em particular, versões particularizadas das transformações de fontes e do princípio de superposição são aqui introduzidas. Como ilustração desta técnicas, algumas aplicações tecnológicas de redes resistivas são apresentadas: atenuadores usados em áudio, atenuadores de resistência característica constante, usados em medidas elétricas, redes R-2R para conversores digital-analógicos.

O curso prossegue, nos capítulos quinto e sexto, estudando a dinâmica dos circuitos de primeira e segunda ordem. Os modelos por equações diferenciais começam a ser introduzidos aqui, bem como uma primeira noção da solução de problemas de valor inicial no domínio do tempo. Os conceitos importantes de constantes de tempo e freqüências complexas próprias são apresentados em contextos simples. Os fenômenos de ressonância e batimentos nos circuitos R, L, C são também discutidos.

Os dois últimos capítulos são dedicados à transformação de Laplace e sua aplicação à solução de problemas de valor inicial. Finalmente, são introduzidas as funções de rede, transformadas ou em regime permanente senoidal, a integral de convolução e sua aplicação à descrição entrada-saída das redes lineares, invariantes no tempo.

O livro termina com uma coleção de mais de uma centena de exercícios, em grande parte provenientes de questões de provas.

Agradecimentos

Esta obra não poderia ser completada sem o apoio do Departamento de Engenharia Eletrônica da Escola Politécnica da Universidade de S. Paulo.

Muito devo também aos numerosos docentes que comigo colaboraram durante o período em que este curso foi ministrado.

Agradeço especialmente à Professora Denise Consonni pela edição da lista de exercícios e à Doutora Fátima Salete Correra pela sua contribuição na correção de numerosos erros da primeira impressão.

A Srta. Dilma Alves da Silva datilografou com competência e paciência várias versões do manuscrito original e o Sr. Marcelo Alba de Albuquerque executou com esmero as versões finais de várias figura do texto.

O Eng. Vitor Heloiz Nascimento contribuiu adaptando o editor de texto às peculiaridades da língua portuguesa.

Referências do Prefácio

1) KÜPFMÜLLER, K., *Einführung in die Theoretische Elektrotechnik*, 4ª. ed., Berlin: Springer Verlag, 1952.

2) KERCHNER, R. M. e CORCORAN, G. F., *Alternating-Current Circuits*, 3ª. ed., New York: Wiley, 1951.

3) GUILLEMIN, E. A., *Introductory Circuit Theory*, New York: Wiley, 1953.

4) VAN VALKENBURG, M. E., *Network Analysis*, Englewood Cliffs, N. J.: Wiley, 1953.

5) KUO, F. F., *Network Analysis and Synthesis*, New York: Wiley, 1962.

6) DESOER, C. A. e KUH, E. S., *Basic Circuit Theory*, New York: McGraw-Hill, 1972.

7) DERTOUZOS, M. L. et al., *Systems, Networks and Computation: Basic Concepts*, New York: McGraw-Hill, 1972.

8) PAPOULIS, A., *Circuits and Systems, A Modern Approach*, New York: Holt, Rinehart e Wiston, 1980.

9) DIRECTOR, S. W., *Circuit Theory: A Computational Approach*, New York: Wiley, 1975.

10) HUELSMAN, L. P., *Basic Circuit Theory with Digital Computations*, Englewood Cliffs, N. J.: Prentice-Hall, 1972.

11) CHUA, L. O., DESOER, C. A. e KUH, E. S., *Linear and Nonlinear Circuits*, New York: McGraw-Hill, 1987.

São Paulo, Setembro de 1996
Luiz de Queiroz Orsini

Prefácio da 2.ª edição

Apresentamos aqui a segunda edição do Volume 1 do Curso de Circuitos Elétricos, agora com a preciosa colaboração da Professora Doutora Denise Consonni, que tem trabalhado conosco por muitos anos.

Esta edição não apresenta modificações substanciais em relação à edição anterior. Procuramos, em primeiro lugar, melhorar a apresentação tipográfica da obra, usando tipos de mais fácil leitura, com melhor apresentação das fórmulas e redução do número de erros.

Procuramos também tornar a obra mais didática. Para isso, além de revisões do texto nas passagens menos claras, destacamos os exemplos no corpo dos capítulos, mediante uso de fundo cinza e acrescentamos, ao fim de cada capítulo, um conjunto de Exercícios Básicos, com as respectivas respostas. Estes exercícios permitirão ao estudante verificar seu aprendizado dos pontos básicos da matéria apresentada no capítulo correspondente. Além destes exercícios básicos, mantivemos os Exercícios Propostos da edição anterior, reunidos em apêndice no fim do livro.

Alguns tópicos mais especializados da edição anterior foram eliminados. De fato, dada a extensão da matéria, nunca havia tempo de apresentá-los em aula. Apesar desses cortes, o livro ainda contém mais matéria do que pode ser dado confortavelmente num semestre. Caberá agora ao professor escolher os tópicos que deseja reduzir ou suprimir. Uma primeira possibilidade é a supressão das seções marcadas por um asterisco, seguida pela omissão de alguns dos exercícios do corpo dos capítulos.

São Paulo, julho de 2002
Luiz de Queiroz Orsini
Denise Consonni

Sistemas de Unidades Consistentes

Para evitar a proliferação de potências de dez nos cálculos de circuitos, muitas vezes convém abandonar o Sistema Internacional de Unidades (S. I.) e usar um sistema consistente, montado com múltiplos ou sub-múltiplos das unidades do S. I..

Na tabela abaixo indicamos três sistemas de unidades úteis para circuitos eletrônicos. A escolha de um dos sistemas se faz, basicamente, pela faixa de freqüências de interesse:

        A. F. = áudiofreqüências;
        R. F. = rádiofreqüências;
        U. H. F. = freqüências ultra-altas e microondas.

TABELA DE UNIDADES CONSISTENTES

Sistemas Consistentes	Grandeza			
	S. I.	A. F.	R. F.	U. H. F.
Tensão	V	V	V	V
Corrente	A	mA	mA	mA
Resistência	Ω	kΩ	kΩ	kΩ
Condutância	S	mS	mS	mS
Capacitância	F	µF	nF	pF
Indutância	H	H	mH	µH
Tempo	s	ms	µs	ns
Freq. angular	rad/s	krad/s	Mrad/s	Grad/s
Freq. cíclica	Hz	kHz	MHz	GHz

Os prefixos correspondentes aos múltiplos e submúltiplos utilizados nessa tabela são:

T	tera	10^{12}
G	giga	10^{9}
M	mega	10^{6}
k	quilo	10^{3}
m	mili	10^{-3}
μ	micro	10^{-6}
n	nano	10^{-9}
p	pico	10^{-12}

Outros sistemas consistentes poderão ser criados e usados quando houver interesse. Assim, por exemplo, para sistemas de potência poderemos usar kV, kA, Ω, etc.

Capítulo 1
CONCEITOS BÁSICOS, BIPOLOS E QUADRIPOLOS

1.1 Introdução

O papel básico da Engenharia Elétrica é o de colocar a energia e as comunicações elétricas a serviço da humanidade, assegurando sua utilização a um custo mínimo e atendendo aos requisitos essenciais de completa segurança e elevada confiabilidade. Para bem desempenhar esse papel o engenheiro eletricista deve dispor de um profundo conhecimento dos fenômenos elétricos e magnéticos, conhecer em detalhe os materiais disponíveis, com suas principais características, e estar inteirado das propriedades dos vários tipos de sistemas que podem ser construídos pela interligação de dispositivos elétricos, magnéticos, eletrônicos ou eletromecânicos.

A utilização desse extenso corpo de conhecimentos exige sua ordenação em um certo número de teorias básicas. Estas teorias se constroem sobre entes abstratos, designados por *modelos* dos sistemas reais. As teorias devem ser logicamente consistentes e devem levar a uma descrição precisa e simples dos fenômenos reais.

A teoria geral dos fenômenos eletromagnéticos é a *Teoria Eletromagnética*, devida essencialmente a Maxwell e Hertz, e velha de mais de um século em seus aspectos fundamentais. De acordo com essa teoria, os fenômenos eletromagnéticos são descritos através dos *vetores do campo eletromagnético*, sujeitos a relações postuladas sob a forma de um conjunto de equações diferenciais vetoriais, as *equações de Maxwell*. Esta teoria conduz a um modelo matemático assaz complicado. Do ponto de vista da Engenharia Elétrica, por uma feliz circunstância, grande parte dos seus sistemas pode ser descrita por uma teoria mais simples, a *Teoria das Redes Elétricas*, ou dos *Circuitos Elétricos*, em que os entes vetoriais da Teoria Eletromagnética são substituídos por grandezas escalares.

As leis básicas da Teoria das Redes Elétricas podem ser deduzidas da Teoria Eletromagnética, mediante a introdução de simplificações adequadas, como será mostrado no curso de Eletromagnetismo. Aqui adotaremos um caminho mais simples, postulando diretamente um conjunto de relações e leis que permitirão a construção da nossa teoria. Este conjunto de relações e leis pode ser deduzido da Teoria Eletromagnética mediante a introdução de certas hipóteses simplificadoras. A Teoria dos Circuitos que desenvolveremos neste curso será então válida para sistemas em que se verifiquem essas hipóteses simplificadoras.

Sem entrar em detalhes, vamos enunciar aqui o principal critério de validade da Teoria dos Circuitos Elétricos:

> "A Teoria dos Circuitos Elétricos só pode ser aplicada a sistemas elétricos cuja maior dimensão seja muito inferior a $\lambda_m/4$, onde λ_m é o comprimento de onda, no vácuo, da onda eletromagnética de maior freqüência a ser considerada no sistema."

Lembrando que freqüência f e comprimento de onda λ estão relacionados por

$$\lambda f = c, \tag{1.1}$$

onde $c = 2,998.10^8$ m/s é a velocidade de propagação da luz no vácuo, podemos esclarecer nosso critério com alguns exemplos:

a) Suponhamos que se deseja estudar uma rede de distribuição de energia elétrica, operando em 60 Hz, mas em que podem estar presentes componentes até a 5.ª harmônica, isto é, de 300 Hz. Temos então, por (1.1),

$$\lambda_{300} = c/300 \approx 10^6 \text{ m},$$

de modo que $\lambda_{300}/4 \approx 250$ km. Portanto, se o nosso circuito couber dentro de um círculo de, digamos, 10 km de raio, poderemos aplicar-lhe a teoria dos Circuitos com bom resultado.

b) Consideremos agora um receptor de freqüência modulada, operando em freqüências em torno de 100 MHz. Temos agora

$$\lambda_{100M} = c/10^8 \approx 3 \text{ m},$$

e $\lambda_{100M}/4 \cong 0,75$ m. Se o nosso sistema tiver a maior dimensão de 0,5 m já não poderá ser bem descrito pela Teoria dos Circuitos.

1.2 Carga e Corrente Elétricas

A *carga elétrica* será considerada aqui como um conceito primitivo; suas propriedades e os conceitos físicos a ela associados já foram estudados no curso de Física. Lembremos apenas que a carga elétrica pode ser *positiva* ou *negativa* e a menor carga elétrica que se pode isolar é igual à carga de um elétron, ou seja, $1,602.10^{-19}$ coulombs.

Definamos agora uma superfície orientada (por exemplo, a seção transversal de um condutor, com um sentido positivo de referência). Pelo menos em princípio será possível contar as cargas elétricas que atravessam essa superfície e o sentido do seu deslocamento.

O deslocamento de cargas através de uma superfície constitui uma *corrente elétrica*. O valor da corrente elétrica será determinado contando como *positivas* as cargas positivas que se deslocam no sentido de referência e as cargas *negativas* que se deslocam no sentido oposto. Inversamente, serão computadas como negativas as cargas positivas que se deslocam no sentido oposto ao de referência, bem como as cargas negativas que se deslocam no sentido de referência. Isto posto, podemos determinar os valores $q(t, t_0)$ da carga elétrica total que atravessou a superfície, a partir do instante inicial t_0 de nossas observações. Habitualmente t_0 é suposto fixo, de modo que indicaremos a carga elétrica apenas por $q(t)$.

A *corrente média* i_m através de nossa superfície e durante o intervalo de tempo Δt pode ser definida por

$$i_m(t) = \frac{\Delta q(t)}{\Delta t} \qquad \text{(ampères)}, \qquad (1.2)$$

ou seja, pela relação entre a carga Δq que atravessou a superfície (seção transversal do condutor) durante o intervalo de tempo Δt e o próprio intervalo de tempo.

Passando ao limite para $\Delta t \to 0$, obtemos *a corrente elétrica* (*instantânea*) através da superfície:

$$i(t) = \frac{dq(t)}{dt} \qquad \text{(ampères)}. \qquad (1.3)$$

Note-se que a definição de corrente exigiu a prévia fixação de um *sentido de referência*. Este sentido será indicado graficamente por uma flecha ao lado do condutor.

As correntes elétricas são, em geral, funções do tempo. Podem então ser classificadas de acordo com o tipo de variação temporal. Falaremos assim de:

- *correntes contínuas*, que não variam com o tempo;
- *correntes alternativas*, ou *alternadas*, descritas por funções periódicas do tempo, satisfazendo ainda à condição de valor médio nulo num período;
- *correntes pulsadas*, também periódicas, mas com valor médio não nulo num período.

Poderemos também classificar as correntes de acordo com sua *forma de onda*, isto é, com o tipo particular da variação da corrente $i(t)$ com o tempo. Falaremos então de correntes senoidais, quadradas, triangulares, em dente de serra, etc.

A corrente através de um condutor pode ser medida por meio de um *amperímetro* inserido no condutor. Consideraremos aqui um *amperímetro ideal*, representado pelo símbolo da figura 1.1-a, que supostamente fornece indicações instantâneas do valor da corrente, positivas ou negativas, e cuja inserção não perturba a operação do circuito.

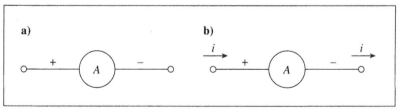

Figura 1.1 Amperímetro ideal e sua ligação.

·Os terminais do amperímetro ideal não são equivalentes, sendo designados por *positivo* e *negativo*, e marcados, respectivamente, com os sinais "+" e "–". Esta marcação é feita de modo que o deslocamento de cargas positivas do terminal "+" ao terminal "-" ocasiona uma indicação positiva do aparelho. Em conseqüência, o amperímetro deve ser intercalado no condutor de modo que a flecha do sentido de referência positiva do condutor o atravesse do terminal "+" para o terminal "–", como indicado na figura 1.1-b.

Conhecida a corrente elétrica, a carga por ela transportada num certo intervalo de tempo pode ser obtida por uma integração. De fato, de (1.3) temos

$$dq(t) = i(t) \cdot dt$$

Integrando entre o instante inicial t_0 e o instante final t, vem

$$q(t) = \int_{t_0}^{t} i(\tau)d\tau + q(t_0) \qquad (1.3')$$

onde o instante inicial foi suposto fixo.

1.3 Bipolos Elétricos, Tensão e Potência

Um *bipolo elétrico* é, por definição, um dispositivo elétrico com dois terminais acessíveis, através do qual pode circular uma corrente elétrica. Toda a interação elétrica do bipolo com o mundo exterior só se faz através desses dois terminais. Em qualquer instante a corrente que entra por um dos terminais deve ser igual à que sai pelo outro terminal. Os bipolos elétricos serão representados genericamente por símbolos semelhantes aos da figura 1.2.

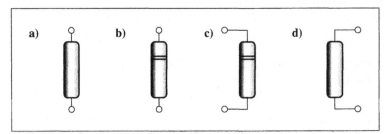

Figura 1.2 Símbolos de bipolos: (a) e (d) indicam bipolos com terminais intercambiáveis; (b) e (c) indicam bipolos com terminais não intercambiáveis.

Consideremos agora um bipolo atravessado por uma corrente $i(t)$. Durante o intervalo de tempo dt o bipolo é atravessado por uma carga elétrica

$$dq(t) = i(t)\, dt$$

A passagem desta carga transfere para o bipolo uma energia dw, relacionada à carga por

$$dw(t) = v(t)dq(t) \qquad (1.4)$$

Bipolos Elétricos, Tensão e Potência

A grandeza $v(t)$, também função do tempo, é a *tensão elétrica ou voltagem* entre os terminais do bipolo:

$$v(t) = \frac{dw(t)}{dt} \quad (1.5)$$

Como já se sabe de Física, se w e q forem medidas respectivamente em joules e coulombs, a tensão elétrica resultará em volts. Dentro da aproximação da Teoria de Circuitos a tensão elétrica será assimilada a uma diferença de potencial.

A tensão elétrica é medida por meio de *voltímetros*, constituídos por um aparelho indicador e dois fios condutores (pontas de prova) que o interligam aos terminais do bipolo.

Os terminais do voltímetro não são intercambiáveis, devendo ser distinguidos pelas marcas "+" e "−".

Como nos amperímetros, estas marcas não são arbitrárias, mas dependem da física do aparelho. Assim, se num dado instante a indicação do aparelho for positiva, podemos afirmar que o terminal "+" está a um potencial mais elevado que o terminal "−".

Consideraremos aqui *voltímetros ideais*, que não alteram ou modificam o comportamento dos circuitos em que forem ligados e, além disso, fornecem indicações do valor instantâneo da tensão, com a respectiva polaridade. Os *voltímetros reais*, ao contrário, sempre modificam o circuito em que forem ligados. Cabe ao usuário certificar-se que essa modificação é desprezível.

Associamos assim duas variáveis elétricas a um bipolo: a corrente que o atravessa e a tensão entre seus terminais. Ao medir essas grandezas podemos associar o amperímetro e o voltímetro de duas maneiras distintas, como indicado na figura 1.3-b.

Na primeira ligação, terminais homônimos do amperímetro e do voltímetro estão ligados juntos; na segunda ligação terminais distintos (+ e −) dos dois aparelhos estão interligados.

Para simplificar nossas figuras, indicaremos o modo de ligar os aparelhos por simples flechas, como mostrado na figura 1.3-a. Assim, no primeiro caso, as flechas de tensão e corrente através do bipolo estão no mesmo sentido; na segunda ligação, estão em sentidos opostos. As duas situações indicadas nessa figura serão designadas, respectivamente, por *convenção do gerador* (figura da esquerda) e *convenção do receptor* (figura da direita). Estas flechas corresponderão aos sentidos de referência das correntes e tensões e, portanto, devem ser consideradas como *regras para ligar amperímetros e voltímetros*.

Na figura 1.3 representamos bipolos com terminais intercambiáveis; se esse não for o caso, haverá outras possibilidades de ligação, como exemplificado na figura 1.4.

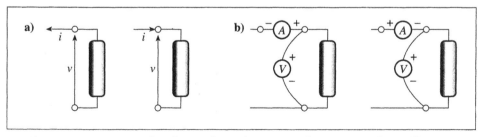

Figura 1.3 a) Convenções do gerador e do receptor; b) correspondentes ligações do amperímetro e do voltímetro.

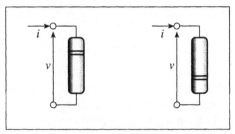

Figura 1.4 Possibilidades de fixação de sentidos de referência em bipolos com terminais não intercambiáveis.

1.4 - Potência Elétrica e Energia num Bipolo

a) Potência Elétrica:

A *potência instantânea* $p(t)$ fornecida ou recebida por um bipolo é dada por

$$p(t) = \frac{dw(t)}{dt} \quad (1.6)$$

Se w for medido em joules e t em segundos, a potência resulta em *watts*.

Considerando que $dw = v \cdot dq = v \cdot i \cdot dt$, de (1.6) resulta

$$p(t) = v(t) \cdot i(t) \quad \text{(watts)}, \quad (1.7)$$

ou, abreviadamente,

$$p = v \cdot i \quad \text{(watts)}. \quad (1.7')$$

É importante saber se essa potência está sendo absorvida pelo bipolo ou está sendo por ele fornecida. Esta determinação pode ser feita a partir do sinal do produto $v \cdot i$ e da convenção dos sentidos de referência do bipolo (convenção do gerador ou do receptor). É fácil verificar, usando exemplos simples, que essa determinação pode ser feita usando o quadro abaixo:

POTÊNCIA NOS BIPOLOS:

Convenção do gerador
$\begin{cases} v \cdot i > 0 \rightarrow \text{bipolo } fornece \text{ potência} \\ v \cdot i < 0 \rightarrow \text{bipolo } recebe \text{ potência} \end{cases}$

Convenção do receptor
$\begin{cases} v \cdot i > 0 \rightarrow \text{bipolo } recebe \text{ potência} \\ v \cdot i < 0 \rightarrow \text{bipolo } fornece \text{ potência} \end{cases}$

Em geral a potência instantânea varia com o tempo. Define-se então a *potência média* num intervalo $[t_1, t_2]$ pela média

$$P = \frac{1}{t_2 - t_1} \int_{t_1}^{t_2} p(t) dt \quad (1.8)$$

Potência Elétrica e Energia num Bipolo

Tem especial interesse o caso em que a corrente e a tensão são funções periódicas do tempo. Se for *T* o *período* destas funções, define-se então a *potência média* (num período) por

$$P = \frac{1}{T} \cdot \int_{t_0}^{t_0+T} p(t) \cdot dt = \frac{1}{T} \cdot \int_{t_0}^{t_0+T} v(t) \cdot i(t) \cdot dt \qquad (1.9)$$

A periodicidade de *v* e de *i* assegura que essas integrais têm o mesmo valor para qualquer t_0. Em particular, podemos tomar $t_0 = 0$ ou $t_0 = -T/2$, chegando às expressões usuais

$$P = \frac{1}{T} \cdot \int_0^T v(t) \cdot i(t) \cdot dt = \frac{1}{T} \cdot \int_{-T/2}^{T/2} v(t) \cdot i(t) \cdot dt \qquad (1.9')$$

Observação sobre notação:

As expressões (1.9) e (1.9') ilustram uma convenção de notação que será consistentemente utilizada neste curso: grandezas que dependem do tempo serão designadas por *letras minúsculas*, ao passo que constantes ou grandezas que não dependam do tempo serão representadas por *letras maiúsculas*.

b) Energia Elétrica:

A energia elétrica em jogo num certo intervalo de tempo é calculada fazendo-se a integral da potência instantânea nesse intervalo. A *energia* recebida ou fornecida por um bipolo num intervalo [t_0, t] calcula-se então por

$$w(t, t_0) = \int_{t_0}^{t} p(\lambda) \cdot d\lambda = \int_{t_0}^{t} v(\lambda) \cdot i(\lambda) \cdot d\lambda \qquad \text{(joules)} \qquad (1.10)$$

A energia elétrica nas instalações é medida por *medidores de energia*. Nesse caso, t_0 corresponde ao instante de instalação do aparelho e *t* é o instante em que se faz a leitura do aparelho.

Praticamente mede-se a energia elétrica em *quilowatts-hora* (kWh). Um quilowatt-hora é a energia correspondente a 1 kW agindo durante uma hora. Portanto,

$$1 \text{ kWh} = 3{,}6 \cdot 10^6 \text{ joules.}$$

Exercício:

Localize o medidor de energia de sua residência e faça sua leitura. Anote também a marca do aparelho e seu número de série. Compare essa leitura com a última leitura indicada na conta de luz e calcule a energia consumida neste período. Usando a diferença entre duas leituras mensais, calcule a potência média consumida num mês em sua residência.

1.5 Os Bipolos Elementares Passivos

Os modelos de circuitos elétricos são construídos interligando-se vários bipolos de tipos diferentes. Felizmente um pequeno número de bipolos diferentes, os *bipolos elementares*, é suficiente para a construção da maioria dos modelos úteis dos circuitos reais.

Distinguiremos aqui os bipolos elementares *passivos*, que não introduzem energia de forma continuada no sistema, e os ativos, cuja função é justamente a de introduzir energia elétrica no sistema.

Os bipolos passivos podem ser *resistores*, *capacitores* e *indutores*. Vamos examiná-los em seguida.

1.5.1 Os Resistores

Genericamente um bipolo será dito *resistor* se existir uma relação funcional

$$f(v, i, t) = 0 \tag{1.11}$$

entre a tensão entre seus terminais, a corrente que o atravessa e o tempo. Se a relação (1.11) não depender explicitamente do tempo, o resistor é dito *fixo*, ou *invariante no tempo*. Caso contrário, o resistor será *variável no tempo*. Note-se que, se for o caso, outras variáveis, tais como a temperatura ou a pressão atmosférica, podem ser incluídas na relação funcional (1.11). Não consideraremos aqui essas possibilidades.

Os resistores fixos serão descritos por uma das relações

$$v = r(i) \tag{1.12}$$

ou
$$i = g(v) \tag{1.12'}$$

onde suporemos que v e i foram medidos com a convenção do receptor.

Os resistores do tipo (1.12) são ditos *controlados por corrente*, ao passo que aqueles do tipo (1.12') são *controlados por tensão*. Admitiremos que as relações (1.12) e (1.12') podem ser representadas por gráficos, chamados *curvas características* dos resistores (figura 1.5).

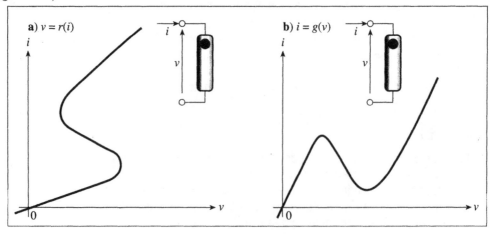

Figura 1.5 Curvas características de resistores controlados por corrente (a) e controlados por tensão (b).

Os Bipolos Elementares Passivos 9

Imporemos ainda que nossos resistores sejam *passivos*, isto é, só possam absorver energia. Esta restrição impõe que as curvas características se situem apenas no primeiro e no terceiro quadrantes do plano v, i pois assim será $vi > 0$, indicando energia absorvida pelo bipolo.

Se as curvas características forem retas, o resistor é dito *linear* e *fixo* (ou *invariante no tempo*). Por sua importância prática este caso será destacado a seguir. Os resistores em que r ou g são funções não-lineares serão designados por *resistores não-lineares*.

Vejamos agora três casos particulares especialmente interessantes.

a) Resistor linear fixo, ou resistor ideal:

Quando as curvas características de um bipolo se reduzirem a uma reta passando pela origem do plano v, i e independente de qualquer parâmetro externo (tal como o tempo, pressão, temperatura), o resistor é chamado de *resistor ideal* ou *resistor linear fixo*.

Formalmente, o resistor ideal, representado por um dos símbolos da figura 1.6 (sempre usando a convenção do receptor), é definido pelas seguintes relações entre tensão e corrente:

$$v = R\,i \qquad (1.13)$$

ou
$$i = G\,v, \qquad (1.14)$$

onde R e G representam duas constantes chamadas, respectivamente, de *resistência* e *condutância* do resistor. No sistema internacional de medidas (SI) as resistências se medem em *ohms* (Ω), sendo usados freqüentemente seus múltiplos $k\Omega = 10^3$ ohms e $M\Omega = 10^6$ ohms. As condutâncias se medem em *siemens* (S), também no sistema internacional.

Notemos ainda que:

a) as (1.13) e (1.14) correspondem à conhecida Lei de Ohm;

b) se usássemos a convenção do gerador, em vez da convenção do receptor, estas leis ganhariam um sinal negativo, isto é, $v = -R\,i$ ou $i = -G\,v$.

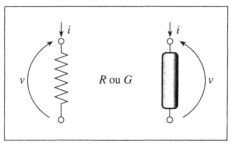

Figura 1.6 Símbolos de resistor ideal.

A potência instantânea consumida num resistor é dada por

$$p = vi = R i^2 = G v^2 \qquad (1.15)$$

Medindo v em volts, i em ampères, R em ohms ou G em siemens, resulta p em watts.

As expressões (1.15) mostram que a potência recebida pelo resistor é sempre não negativa. Como se sabe, esta potência é irreversivelmente transformada em calor.

b) Resistor variável no tempo:

Merecem também destaque os bipolos em que a relação entre tensão e corrente é linear, mas com os coeficientes de proporcionalidade dependendo do tempo. Tais bipolos, designados por *resistores lineares variáveis (no tempo)*, são caracterizados, sempre com a convenção do receptor, por

$$v(t) = r(t) \cdot i(t) \quad (1.16)$$

ou
$$i(t) = g(t) \cdot v(t) \quad (1.17)$$

onde $r(\cdot)$ e $g(\cdot)$ são, respectivamente, a resistência e a condutância variáveis do dispositivo.

Exemplo 1:

Se impusermos uma corrente senoidal $i(t) = I_m \operatorname{sen}\omega t$ através de um resistor linear fixo aparecerá entre seus terminais uma tensão $v(t) = R\,I_m \operatorname{sen} \omega t$ entre seus terminais.

Vamos agora impor a mesma corrente através de um resistor variável, com resistência dada por $r(t) = R_0\,(1 + \cos \omega_0 t)$, onde R_0 é uma constante. Teremos então a tensão

$$v(t) = R_0\,(1 + \cos \omega_0 t) \cdot I_m \operatorname{sen} \omega t = R_0\,I_m \operatorname{sen} \omega t +$$

$$+ \frac{1}{2} R_0\,I_m [\operatorname{sen}(\omega + \omega_0)t + \operatorname{sen}(\omega - \omega_0)t\,]$$

Note-se que a tensão nos terminais da resistência apresenta componentes com as novas freqüências $\omega + \omega_0$ e $\omega - \omega_0$, inexistentes na excitação.

Exemplo 2:

Um microfone de carvão, usado em Telefonia, consta de uma resistência, realizada por grânulos de carvão comprimidos entre uma placa metálica e um diafragma, também metálico, que vibra com a incidência de uma onda sonora. Variando assim a pressão entre os grãos, varia a resistência do dispositivo de acordo com a pressão sonora. A condutância $g(t)$ do dispositivo será então uma função do tempo. Suponhamos que uma onda sonora co-senoidal incide sobre o diafragma. A condutância do microfone será então

$g(t) = G_0\,(1 + \cos \omega_0 t)$

Se aplicarmos ao dispositivo uma tensão contínua V resultará uma corrente

$i(t) = g(t)\,V = G_0 V + G_0 V \cos \omega_0 t$

Portanto a corrente no circuito terá uma componente contínua e uma componente alternada.

Nota: Tipicamente $G_0 = 0{,}001$ S e $V = 24$ V.

c) Diodo ideal:

O *diodo ideal*, representado pelo símbolo da figura 1.7-a, é um bipolo não-linear e com os terminais não intercambiáveis. Com as convenções indicadas na figura, este bipolo se comporta como um curto-circuito para correntes positivas e como um circuito aberto para tensões negativas.

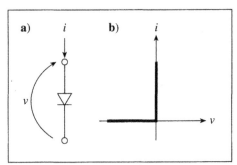

Figura 1.7 Diodo ideal: a) símbolo; b) curva característica.

Além do mais, o diodo ideal não permite a passagem de correntes negativas nem o aparecimento de tensões positivas entre seus terminais.

A relação entre corrente e tensão num diodo ideal pode ser representada graficamente pela *curva característica* indicada, em traço forte, na figura 1.7-b.

Os diodos ideais serão úteis na construção de modelos de dispositivos eletrônicos, como veremos mais tarde.

Finalmente, notemos que dois casos limites de resistores recebem nomes especiais, pelo seu interesse prático:

1   O *curto-circuito*, correspondente a um bipolo com resistência nula, ou condutância infinita;

2   O *circuito aberto*, definido por um bipolo de condutância nula, ou resistência infinita.

1.5.2 Os Capacitores

Um *capacitor* é um bipolo capaz de armazenar cargas elétricas, de modo que a carga $q(t)$ armazenada no instante t depende apenas da tensão $v(t)$ aplicada aos terminais do bipolo. Usando a convenção do receptor teremos então, como relação de definição de um capacitor

$$q(t) = C \cdot v(t) \qquad (1.18)$$

Definiremos a seguir os *capacitores ideais*, os *capacitores variáveis* e os *capacitores não-lineares*.

a) O capacitor ideal:

O capacitor ideal, ou capacitor linear fixo, é, por definição, aquele em que a função de (1.18) é linear, com coeficiente constante, isto é,

$$q(t) = C\, v(t), \qquad (C > 0). \qquad (1.19)$$

O capacitor ideal é representado pelo símbolo da figura 1.8.

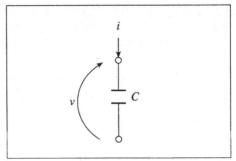

Figura 1.8 Símbolo do capacitor ideal.

Exprimindo a tensão em volts e a carga em coulombs a constante C, medida em farads (F), é chamada capacitância do capacitor. Como essa unidade é muito grande para os fins práticos, usam-se os seus sub-múltiplos: *microfarad* $= 10^{-6}$ F, *nanofarad* $= 10^{-9}$ F e *picofarad* $= 10^{-12}$ F.

Derivando (1.19) e considerando (1.3) obtemos a relação entre corrente e tensão num capacitor ideal:

$$i(t) = C\frac{dv(t)}{dt} \qquad (1.20)$$

Resolvendo esta expressão em relação a dv e integrando o resultado entre os instantes t_0 (inicial, fixo) e t (arbitrário) obtemos

$$v(t) = \frac{1}{2}\int_{t_0}^{t} i(\tau)d\tau + v(t_0) \qquad (1.21)$$

Nesta expressão $v(t_0)$ representa a *tensão inicial* do capacitor.

Portanto, a tensão no capacitor é proporcional à integral da corrente que o atravessou, a menos de uma constante arbitrária.

A potência instantânea recebida por um capacitor é

$$p(t) = v(t) \cdot i(t) = Cv(t)\frac{dv(t)}{dt} = \frac{1}{2}C\frac{dv^2(t)}{dt} \qquad (1.22)$$

No Sistema Internacional esta potência será medida em watts.

Esta potência pode ser positiva ou negativa, conforme o produto $v \cdot dv/dt$ seja positivo ou negativo. Isto indica que o capacitor pode receber ou fornecer energia. De fato, do ponto de vista eletromagnético um capacitor é um dispositivo que armazena energia no seu dielétrico, de maneira reversível; quando o campo no dielétrico diminui o capacitor devolve energia ao circuito.

A energia recebida pelo capacitor num intervalo [t_0, t] obtém-se integrando a (1.22):

$$w(t,t_0) = \int_{t_0}^{t} \frac{1}{2}C\frac{dv^2(\tau)}{d\tau}d\tau = \int_{v(t_0)}^{v(t)} \frac{1}{2}Cd(v^2) = \frac{1}{2}C[v^2(t) - v^2(t_0)] \qquad (1.23)$$

Os Bipolos Elementares Passivos

Medindo-se C em farads e v em volts, a energia resulta em *joules* (J).

Supondo que começamos de $v(t_0) = 0$ (capacitor inicialmente sem energia armazenada), a eq. (1.23) mostra que a *energia armazenada* num capacitor à tensão v será (qualquer que seja o tempo)

$$w = \frac{1}{2} C v^2 \qquad (1.24)$$

ou, introduzindo a carga q armazenada,

$$w = \frac{1}{2} \cdot \frac{q^2}{C} \qquad (1.25)$$

Se q e C forem medidos respectivamente em coulombs e em farads, a energia resulta em *joules* (J).

b) O capacitor variável:

Se a relação carga-tensão no bipolo for linear em cada instante, com um coeficiente dependendo do tempo, isto é se a relação (1.18) for do tipo

$$q(t) = C(t)\, v(t) \qquad (1.26)$$

o capacitor será designado por *capacitor linear variável no tempo*; sua capacitância $C(t)$ será agora uma função do tempo.

A corrente nesse capacitor será então

$$i(t) = \frac{dC(t)}{dt} \cdot v(t) + C(t) \cdot \frac{dv(t)}{dt} \qquad (1.27)$$

c) Capacitores não-lineares:

Como no caso dos resistores, os capacitores em que (1.18) é não-linear são chamados *capacitores não-lineares*.

1.5.3 Os Indutores

Um *indutor* é um bipolo que pode armazenar energia magnética, transportada pela corrente que o atravessa.

Indicando por Ψ o fluxo de indução magnética concatenado com a corrente do bipolo, o indutor é definido por uma relação do tipo

$$\Psi = L(i) \qquad (1.28)$$

onde Ψ é medido em *webers* (*Wb*), se a corrente for medida em ampères.

São freqüentes os indutores construídos enrolando-se fio condutor sobre um núcleo magnético. A relação (1.28) fica então muito complicada, em razão da existência da histerese ferromagnética e de várias perdas causadas por correntes induzidas no núcleo.

No caso da (1.28) reduzir-se a uma relação de proporcionalidade, isto é, se for

$$\Psi = L\,i, \qquad (1.29)$$

com L constante, o bipolo é dito *indutor ideal*, ou *indutor linear fixo*. A constante L é a *indutância* do indutor e se mede em *henrys* (H) no Sistema Internacional. A (1.29) é uma das formas da conhecida *lei de Ampére*.

O símbolo do indutor ideal está indicado na figura 1.9-a. O símbolo da figura 1.9-b representa um indutor com núcleo magnético. Estes indutores normalmente são não-lineares.

Se a indutância L for uma função exclusiva do tempo, isto é se a (1.28) reduzir-se a

$$\Psi(t) = L(t) \cdot i(t) \qquad (1.30)$$

o bipolo será designado por *indutor linear variável no tempo*.

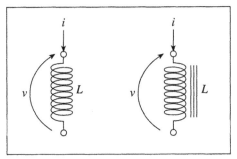

Figura 1.9 a) símbolo do indutor ideal; b) símbolo do indutor com núcleo ferromagnético.

Os indutores que não obedecem às (1.29) ou (1.30) são chamados *indutores não lineares*.

Vamos agora examinar com mais detalhes o *indutor ideal*. Neste caso, da (1.29) obtém-se o valor da indutância:

$$L = \Psi/i \qquad (H = Wb/A) \qquad (1.31)$$

Pela lei de Faraday, a variação de um fluxo de indução magnética concatenado com um circuito dá origem, nesse circuito, a uma tensão

$$v(t) = \frac{d\Psi(t)}{dt} \qquad (1.32)$$

ou, no caso do indutor ideal, utilizando a relação (1.31), sempre com a convenção do receptor,

$$v(t) = L\frac{di(t)}{dt} \qquad (1.33)$$

Esta relação habitualmente é utilizada para definir o indutor ideal. Resolvendo esta expressão em relação a *di* e integrando de t_0 a t obtemos

$$i(t) = \frac{1}{L}\int_{t_0}^{t} v(\tau)d\tau + i(t_0) \qquad (1.34)$$

Os Bipolos Elementares Passivos   **15**

ou seja, a corrente no indutor ideal é proporcional à integral da tensão aplicada, a menos de uma constante. Esta constante é a *corrente inicial* $i(t_0)$ no indutor.

A potência recebida pelo indutor é

$$p(t) = v(t)\,i(t) = Li\frac{di(t)}{dt} = \frac{1}{2}L\frac{di^2(t)}{dt} \qquad (1.35)$$

Integrando a potência entre t_0 e t, obtemos a *variação da energia armazenada* no indutor atravessado pela corrente i:

$$w(t,t_0) = \int_{t_0}^{t}\left[\frac{1}{2}L\frac{di^2(\tau)}{d\tau}\right]d\tau = \frac{1}{2}L\int_{i(t_0)}^{i(t)}di^2(\tau) = \frac{1}{2}Li^2(t) - \frac{1}{2}Li^2(t_0) \qquad (1.36)$$

Se fizermos $i(t_0) = 0$, caso em que não há energia inicial armazenada no indutor, vemos, por (1.36), que a energia armazenada num indutor atravessado por uma corrente i, qualquer que seja o tempo, é

$$w = \frac{1}{2}Li^2 \qquad \text{(J, H, A no S.I.)} \qquad (1.36')$$

Portanto a energia armazenada no indutor é uma função exclusiva da corrente que o atravessa. Sabe-se, do Eletromagnetismo, que esta energia é armazenada, de forma reversível, no campo magnético associado ao indutor.

Passemos agora a apresentar alguns exemplos que ilustram aplicações das relações nos bipolos elementares.

Exemplo 1:

A corrente e a tensão medidas num bipolo, com a convenção do gerador, estão indicadas na figura 1.10. Construa um modelo para este bipolo.

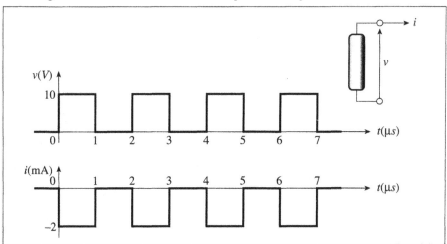

Figura 1.10   Dados do exemplo 1.

O exame da figura mostra que neste bipolo vale

$$\frac{v(t)}{i(t)} = \frac{10}{-2.10^{-3}} = -5.000$$

para qualquer t. Mudando da convenção de gerador para a de receptor, isto é, fazendo $i = -i$, resulta

$$\frac{v(t)}{i(t)} = 5.000 \; \Omega$$

Portanto o bipolo pode ser modelado por um resistor de 5 kΩ.

Exemplo 2:

A um capacitor ideal de 1 µF aplica-se a corrente indicada na figura 1.11-a. Determinar a tensão $v(t)$, para qualquer $t \geq 0$ e nas seguintes condições: a) o capacitor não tem carga inicial; b) há uma carga inicial de 50 µC, que será modificada pela corrente imposta.

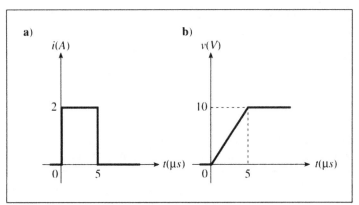

Figura 1.11 Carga de um capacitor por pulso de corrente.

Para obter a resposta ao item (a), basta notar que

$$v(t) = \frac{1}{C} \int_{t_0}^{t} i(\tau)d\tau = \begin{cases} 2.10^6 t, & \text{para } 0 \leq t < 5 \; \mu s \\ 10, & \text{para } t \geq 5 \; \mu s \end{cases}$$

onde t está medido em segundos (ver figura 1.11-b).

A resposta ao item (b) obtém-se da anterior, adicionando-lhe a constante $v_0 = 50 \cdot 10^{-6}/10^{-6} = 50$ V.

Exemplo 3:

A um certo bipolo elementar aplica-se uma corrente

$i(t) = 10 \cos(30\,t + 30°)$ ampères

e observa-se, com a convenção do receptor, uma tensão

$v(t) = -0{,}6 \operatorname{sen}(30\,t + 30°)$ volts.

Qual é o tipo do bipolo e qual o valor do correspondente parâmetro?

Notamos que a tensão é proporcional à derivada da corrente, de modo que o bipolo deve ser um indutor. Em conseqüência temos

$$-0{,}6 \operatorname{sen}(30\,t + 30°) = L\,\frac{d}{dt}\,[10\cos(30\,t+30°)] \rightarrow 0{,}6 = 300\,L \rightarrow L = 2\cdot 10^{-3}\text{H}$$

ou $L = 2$ mH.

1.6 Os Geradores (ou fontes) Ideais

Vamos definir aqui uma classe de bipolos ideais cuja função precípua é introduzir energia de forma continuada nas redes elétricas.

Duas situações distintas serão consideradas: os *geradores independentes*, cujos parâmetros não dependem das tensões ou correntes da rede, e os *geradores controlados* ou *vinculados*, que têm seus parâmetros ligados diretamente a alguma corrente ou tensão da rede. Comecemos pelos geradores independentes.

a) Gerador ideal de tensão:

O *gerador ideal de tensão* é um bipolo cuja tensão entre seus terminais é constantemente igual a uma dada função do tempo, independentemente da corrente que o atravessa. Esta função será designada por *função de excitação*, e o bipolo representa-se por um dos símbolos indicados na figura 1.12. O primeiro símbolo (a) é geral, ao passo que o segundo (b) é reservado para os geradores de tensão constante (ou contínua), isto é, em que a função $e_S(t) = E$, onde E é uma constante. A indicação da polaridade (+ e –) é essencial, pois nos dá a regra para ligar um voltímetro que medirá a $e_S(t)$. Evidentemente o "+" do voltímetro deve ser ligado ao "+" do gerador.

Um caso particular deste gerador é interessante: aquele em que a função de excitação reduz-se à função nula e diz-se então que o gerador está *inativado* ou *desativado*. Neste caso o gerador de tensão reduz-se a um *curto-circuito*.

Finalmente, convém ressaltar que a corrente através de um gerador de tensão é determinada pelo circuito externo ao gerador.

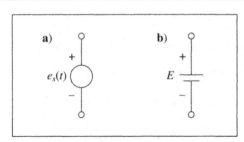

Figura 1.12 Símbolos dos geradores ideais de tensão: a) gerador com tensão variável $e_S(t)$; b) gerador com tensão constante E.

b) Gerador ideal de corrente:

Um *gerador ideal de corrente* é um bipolo que fornece, por seus terminais, uma corrente de valor fixado por uma dada função do tempo, independentemente do valor da tensão entre seus terminais.

Como caso particular, podemos ter $i_S(t)$ identicamente nula. O gerador diz-se então *inativado* e corresponde, efetivamente, a um *circuito aberto*.

Duas operações não devem ser feitas com estes geradores: colocar os geradores de tensão em curto-circuito ou colocar os geradores de corrente em circuito aberto. No primeiro caso teríamos uma corrente infinita no curto, ao passo que no segundo caso apareceria uma tensão infinita entre os terminais do gerador.

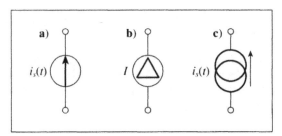

Figura 1.13 Símbolos dos geradores ideais de corrente: (a) e (c), geradores com corrente variável e igual a $i_S(t)$; (b), gerador de corrente contínua.

Veremos no decorrer do curso que modelos de geradores reais (ou fontes reais) podem ser construídos associando-se convenientemente os geradores ideais com os bipolos elementares já definidos.

c) Geradores vinculados (ou fontes controladas):

Além dos geradores independentes, em que a função de excitação é dada a priori, convém também introduzir geradores em que a função de excitação é *controlada* por alguma tensão ou corrente do circuito. Com isso, a introdução de energia no circuito pode ser controlada pelo próprio circuito, criando possibilidades interessantes. Tais fontes serão úteis, entre outras coisas, para a construção de modelos de transistores e outros dispositivos semicondutores, ou mesmo de dispositivos eletromecânicos, como máquinas elétricas.

Podemos considerar geradores de tensão ou de corrente, controlados por outras tensões ou correntes. Há então quatro possibilidades:

- *fonte (ideal) de tensão controlada por tensão* (FVCV);
- *fonte (ideal) de tensão controlada por corrente* (FVCI);
- *fonte (ideal) de corrente controlada por tensão* (FICV);
- *fonte (ideal) de corrente controlada por corrente* (FICI).

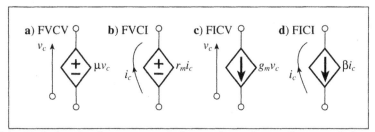

Figura 1.14 Símbolos das fontes controladas: a) fonte de tensão controlada por tensão; b) fonte de tensão controlada por corrente; c) fonte de corrente controlada por tensão; d) fonte de corrente controlada por corrente.

Os símbolos representativos destas fontes estão indicados na figura 1.14. (Nota: em vez dos losangos indicados na figura, sugeridos pelas normas norte-americanas, usam-se também círculos).

As flechas e os sinais "+" e "−" indicados na figura correspondem, como sempre a regras para ligar amperímetros ou voltímetros.

As constantes de controle recebem os seguintes nomes:

μ = coeficiente de amplificação de tensão, ou ganho de tensão (adimensional);

r_m = transresistência (dimensão de resistência);

g_m = transcondutância (dimensão de condutância);

β = coeficiente de amplificação de corrente, ou ganho de corrente (adimensional);

1.7 As Funções de Excitação

As correntes ou tensões associadas às fontes independentes serão descritas por *funções de excitação*. Esta designação provém do fato que os geradores independentes excitam as redes elétricas, causando tensões ou correntes que serão consideradas *respostas* a essas excitações. Vejamos os tipos de funções de excitação mais usados:

a) Excitação contínua:

Se as funções $e_S(t)$ ou $i_S(t)$ se reduzirem a constantes, diremos que a excitação é *contínua*. Os geradores correspondentes serão designados por *geradores de tensão contínua* ou *geradores de corrente contínua*. O valor da tensão ou da corrente nestes geradores é então constante para qualquer valor positivo ou negativo de t.

Assim sendo, todas as correntes e tensões numa rede linear a parâmetros constantes excitada por estes geradores serão também constantes (a menos que a rede seja *instável*, como veremos mais tarde). A rede diz-se então em *regime estacionário*.

b) Excitação em degrau:

É descrita pela *função em degrau unitário*, ou *função de Heaviside*, representada, conforme o contexto, por $H(t)$, $u_{-1}(t)$ ou $\mathbf{1}(t)$, e definida por

$$H(t) = u_{-1}(t) = \mathbf{1}(t) = \begin{cases} 0, & \text{para } t < 0 \\ 1, & \text{para } t \geq 0 \end{cases} \tag{1.37}$$

O gráfico desta função está indicado na figura 1.15.

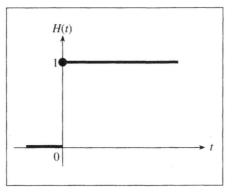

Figura 1.15 Gráfico do degrau unitário.

Para representar um degrau de maior amplitude basta multiplicar a função de Heaviside por uma constante adequada. Assim, a excitação

$$e_S(t) = E\,H(t), \quad\text{ou}\quad e_S(t) = E \cdot \mathbf{1}(t)$$

é um degrau de amplitude E.

A definição (1.37) afirma, de fato, que a descontinuidade do degrau ocorre quando o argumento da tensão se anula. Assim sendo, a função

$$e_S(t) = E \cdot H(t - t_0) \tag{1.38}$$

onde t_0 é uma constante, representa um degrau de amplitude E e cuja descontinuidade ocorre no instante t_0.

Um gerador de tensão em degrau de amplitude E pode ser realizado praticamente de maneira muito simples pelo circuito indicado na figura 1.16. Note-se que a chave S deve ser do tipo "*break-before-make*", que primeiro desfaz o contato existente para, em seguida, fechar o outro contato. Com isso evita-se que o gerador de tensão seja colocado em curto-circuito durante a operação da chave.

A associação de funções de Heaviside com outras funções permite realizar formas de onda interessantes. Na figura 1.17 estão indicadas algumas destas realizações.

As funções de excitação

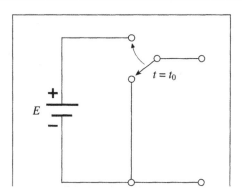

Figura 1.16 Realização prática do gerador de degrau $E\,H(t - t_0)$.

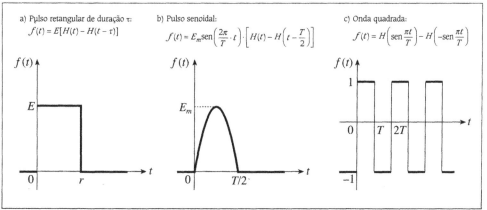

Figura 1.17 Exemplo de funções realizadas com o degrau unitário

c) Excitação impulsiva:

Esta excitação é descrita pelas *funções impulsivas*, que se baseiam no *impulso unitário*, ou *função de Dirac*. Notemos desde já que as funções impulsivas não são funções no sentido matemático habitual, pertencendo à classe das chamadas *funções generalizadas*. Vamos aqui introduzir estas funções de maneira intuitiva sem nenhum rigor matemático. O estudante interessado em mais detalhes poderá consultar o livro de Papoulis[1].

Para chegar ao conceito intuitivo de impulso unitário, consideremos as *funções rampa* $f_i(t)$ e suas derivadas $\dot{f}_i(t)$, $i = 1, 2, 3, \ldots$, representadas na figura 1.18.

Fazendo sucessivamente $\tau_i = \tau_1, \tau_2, \tau_3, \ldots$, obtemos uma seqüência de funções (derivadas) que satisfazem à seguinte propriedade:

$$\lim_{\tau_i \to 0} \int_{-t_1}^{t_2} \dot{f}_i(t)\,dt = 1, \qquad \forall t_1, t_2 > 0 \qquad (1.39)$$

---

[1] PAPOULIS, A., *The Fourier Integral and its Applications*, Ap. 1, New York: McGraw-Hill, 1962

Quando os τ_i tendem a zero os pulsos retangulares da figura 1.18-b tendem a uma largura nula e uma altura infinita, mas sempre com uma área igual a 1. Vamos admitir que este limite seja a *função de Dirac* ou *impulso unitário*, representada por $\delta(t)$.

Sempre intuitivamente, podemos verificar que o impulso unitário tem as seguintes propriedades:

$$\begin{cases} \text{a)} & \delta(t) = 0, \qquad \forall t \neq 0 \\ \text{b)} & \int_{-\infty}^{\infty} \delta(t)dt = \int_{-t_1}^{t_2} \delta(t)dt = 1, \qquad \forall t_1, t_2 > 0 \\ \text{c)} & \int_{-\infty}^{\infty} f(t)\delta(t)dt = f(0), \text{ para } f(\cdot) \text{ contínua na origem} \end{cases} \qquad (1.40)$$

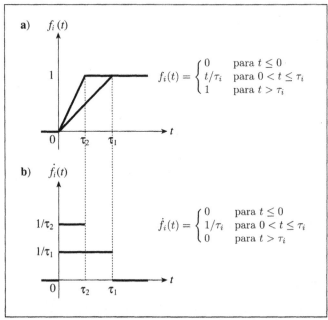

Figura 1.18 Rampas (a) e suas derivadas (b).

A expressão c) justifica-se, heuristicamente, considerando que o integrando é sempre nulo, exceto na origem e, portanto, $f(t)$ pode ser substituída por $f(0)$ e passada para fora da integral. Note-se que o impulso ocorre quando o argumento do impulso unitário se anula.

Sempre intuitivamente, podemos notar que a função impulsiva corresponde à derivada do degrau unitário (sempre no sentido de funções generalizadas):

$$\frac{d}{dt}H(t) = \delta(t) \qquad (1.41)$$

Inversamente, o degrau unitário é a integral da função impulsiva:

$$H(t) = \int_{-t_1}^{t_2} \delta(t)dt, \qquad \forall t_1, t_2 > 0 \qquad (1.42)$$

Um *impulso de amplitude A* obtém-se multiplicando a função impulsiva pela amplitude A. Como no caso do degrau, o impulso pode ser deslocado da origem, substituindo t por $t - \tau$, onde τ é uma constante. Assim, a função $f(t) = A\,\delta(t - \tau)$ corresponde a um impulso de amplitude A, que ocorre no instante τ. Esta função está representada graficamente na figura (1.19).

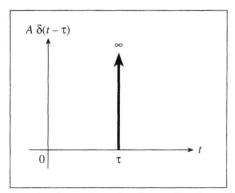

Figura 1.19 Representação de um impulso de amplitude A, deslocado no tempo.

A função impulsiva foi introduzida na década de 20 pelo físico Dirac. Embora seja um ente matemático assaz complicado (sua rigorização só foi efetuada na década de 50, pelo matemático francês Laurent Schwartz[2], usando a teoria das distribuições), seu emprego em Teoria de Circuitos leva a importantes simplificações e as dificuldades matemáticas podem ser suplantadas com o uso judicioso da intuição.

Uma conseqüência importante da propriedade (1.40)-c, leva à utilização do impulso unitário na amostragem de uma função $f(t)$. De fato, supondo esta função contínua numa vizinhança de $t = T$, multiplicando-a por $\delta(t - T)$ e integrando de $-\infty$ a $+\infty$ obtemos

$$\int_{-\infty}^{\infty} f(t)\delta(t - T)dt = \int_{-\infty}^{\infty} f(T)\delta(t - T)dt = f(T) \qquad (1.43)$$

pois $\delta(t - T)$ só é não nula em $t = T$, quando a $f(t)$ vale $f(T)$. A integral acima fornece pois uma amostra da $f(\cdot)$ no instante T.

d) Excitação exponencial:

É uma excitação do tipo

$$e(t) = Ee^{st} \qquad (1.44)$$

onde E e s são considerados constantes. Se ambos forem reais teremos uma *excitação exponencial real*. Se s for complexo, com E real ou complexo, teremos uma *excitação exponencial complexa*.

A excitação exponencial complexa está intimamente ligada às excitações senoidais, de modo que voltaremos a ela logo mais. Consideremos aqui o caso em que E e s são reais, com s negativo. Façamos então $s = -\sigma$, com σ real e > 0. Então

$$e(t) = Ee^{-\sigma t} \qquad (1.45)$$

---

[2] SCHWARZT, L., *La Théorie des Distributions*, Hermann, Paris, 1966.

e a exponencial é decrescente. A constante σ é chamada *freqüência neperiana* da excitação e seu inverso

$$\tau = 1/\sigma \tag{1.46}$$

é a *constante de tempo* da exponencial.

Uma exponencial decrescente pode ser desenhada com boa aproximação pela construção indicada na figura 1.20.

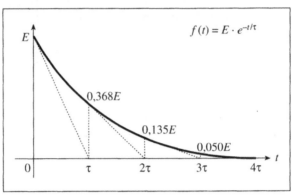

Figura 1.20 Construção da exponencial decrescente.

Nota: Muitas vezes usaremos exponenciais que "começam" num instante t_0. Tais funções serão descritas por

$$e(t) = Ee^{-\sigma(t-t_0)} H(t - t_0) \tag{1.47}$$

Quando $t_0 = 0$ costuma-se omitir a função degrau escrevendo, por exemplo,

$$e(t) = Ee^{-\sigma t}, \qquad t \geq 0 \tag{1.48}$$

Exemplo:

A tensão $v(t) = 10\, e^{-2t}$ volts (t em segundos) é aplicada a um capacitor de 0,5 F, em $t = 0$. Qual é a corrente através do capacitor?

A corrente calcula-se por

$$i(t) = C\frac{dv}{dt} = 0,5(-20e^{-2t}) = -10e^{-2t}, \qquad t \geq 0, \qquad (A)$$

e) Excitação co-senoidal (ou senoidal):

As *funções co-senoidais* (ou *senoidais*) são amplamente empregadas em Engenharia Elétrica, por múltiplas razões:

a) a soma de um número finito de senóides da mesma freqüência, bem como sua derivada ou integral também são senóides;

b) existem numerosos dispositivos eletromecânicos ou eletrônicos que geram excitações praticamente senoidais;

c) numa rede linear excitada por senóides todas as correntes ou tensões são senoidais, uma vez atingido o *regime permanente*;

d) por meio da série ou integral de Fourier a grande maioria das excitações de interesse prático pode ser representada em termos de senóides ou co-senóides.

Consideraremos aqui excitações co-senoidais descritas por funções da forma

$$f(t) = A_m \cos(\omega t + \theta), \qquad t \in (-\infty, +\infty) \tag{1.49}$$

onde:

A_m = amplitude ou valor máximo, real e > 0;
ω = freqüência angular, real e medida em radianos/segundo;
θ = defasagem, real e medida em radianos ou graus.

Vale ainda

$$\omega = 2\pi f = 2\pi/T \tag{1.50}$$

com

f = freqüência (cíclica), real e medida em hertz (Hz);
T = período = $1/f$, real e medido em segundos.

Naturalmente as funções senoidais podem também ser representadas na forma (1.49), mediante a escolha de uma defasagem adequada.

Observação: O produto ωt em (1.49) resulta em radianos, ao passo que a defasagem pode ser dada em radianos ou em graus. Antes de somar as duas parcelas é essencial convertê-las à mesma unidade!

Passando do corpo real ao complexo, isto é, introduzindo-se variáveis complexas, as funções senoidais podem ser reconduzidas a funções exponenciais complexas. Esta conversão se faz usando as conhecidas *fórmulas de Euler*:

$$\begin{cases} e^{j\omega t} = \cos \omega t + j\,\text{sen}\,\omega t \\ e^{-j\omega t} = \cos \omega t - j\,\text{sen}\,\omega t \end{cases} \tag{1.51}$$

onde $j = \sqrt{-1}$ é a unidade imaginária.

Somando ou subtraindo estas duas expressões obtemos facilmente

$$\begin{cases} \cos \omega t = \dfrac{1}{2}(e^{j\omega t} + e^{-j\omega t}) \\ \text{sen}\,\omega t = \dfrac{1}{2j}(e^{j\omega t} - e^{-j\omega t}) \end{cases} \tag{1.52}$$

que são as desejadas expressões de senos e co-senos em termos de exponenciais complexas.

Evidentemente é possível introduzir uma defasagem nessa representação. De fato, verifica-se facilmente que

$$\cos(\omega t + \theta) = \frac{1}{2}(e^{j(\omega t + \theta)} + e^{-j(\omega t + \theta)})$$

Multiplicando tudo por uma amplitude A_m (maior que zero!) e separando os fatores que dependem do tempo chegamos a

$$A_m \cos(\omega t + \theta) = \frac{1}{2} A_m e^{j\theta} e^{j\omega t} + \frac{1}{2} A_m e^{-j\theta} e^{-j\omega t} \qquad (1.53)$$

Note-se que as duas parcelas do segundo membro desta relação são complexos conjugados.

Esta expressão sugere a definição de um ente extremamente útil em Engenharia Elétrica, o *fasor* representativo de uma co-senóide. Assim, definiremos o *fasor representativo* da co-senóide (1.53) por

$$\hat{A}_m = A_m e^{j\theta} \qquad (1.54)$$

O fasor $\hat{A}_m$ é pois um complexo cujo módulo é a amplitude da co-senóide e cujo argumento é a sua defasagem; o fasor contém, portanto, as informações de amplitude e defasagem da co-senóide. Note-se que o fasor não contém informação da freqüência; esta deve ser dada à parte. No caso da rede de energia elétrica no Brasil a freqüência é de 60 Hz, ou 377 rad/seg.

Na definição (1.54) o fasor foi apresentado na sua *forma polar*, mas pode sem dificuldade ser passado para a *forma retangular* ou *cartesiana*

$$\hat{A}_m = A_m \cos\theta + j A_m \, \text{sen}\, \theta \qquad (1.55)$$

Na figura 1.21 indicamos a representação do fasor no plano complexo.

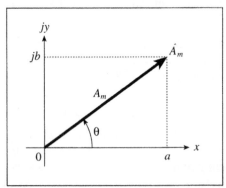

Figura 1.21 Representação do fasor $\hat{A}_m = A_m e^{j\theta}$ no plano complexo.

O conjugado do fasor (1.54) será

$$\hat{A}_m^* = A_m e^{-j\theta} \qquad (1.56)$$

Introduzindo o fasor (1.54) e o seu conjugado (1.56) em (1.53) resulta

$$A_m \cos(\omega t + \theta) = \frac{1}{2}(\hat{A}_m e^{j\omega t} + \hat{A}_m^* e^{-j\omega t}) \qquad (1.57)$$

As funções de excitação **27**

Esta igualdade fornece a primeira representação de uma função co-senoidal em termos de fasores. Se notarmos agora que o segundo membro de (1.57), soma de dois complexos conjugados, é igual ao dobro da parte real de um dos complexos, podemos ainda escrever

$$A_m \cos(\omega t + \theta) = \Re(\hat{A}_m e^{j\omega t}) \qquad (1.58)$$

onde $\Re e$ é o operador que toma a parte real do complexo. Esta expressão fornece a segunda representação da função co-senoidal em termos de fasores.

Dada a importância dos fasores na prática da Engenharia Elétrica vamos explicitar as regras práticas para passar de uma grandeza co-senoidal a um fasor, e vice-versa:

1. *Determinação de um fasor associado a uma função co-senoidal:*
   - Dada a função co-senoidal, coloque-a na forma

   $$f(t) = A_m \cos(\omega t + \theta), \qquad A_m > 0$$

   O fasor representativo desta função é o complexo cujo módulo é a amplitude da função e cujo argumento é a sua defasagem:

   $$\hat{A}_m = A_m e^{j\theta}$$

   Costuma-se também indicar os fasores pela notação de Kennely:

   $$\hat{A}_m = A_m \angle \theta° \qquad (1.59)$$

   Nesta notação os ângulos são sempre indicados em graus.

2. *Determinação da co-senóide associada a um fasor:*
   - Dado o fasor $\hat{A}_m$ devemos inicialmente colocá-lo na forma polar:

   $$\hat{A}_m = |\hat{A}_m| e^{j\theta}$$

   O módulo do fasor será a amplitude da co-senóide e seu argumento θ é a defasagem da co-senóide.

Exemplo 1:

Seja $i(t) = -10 \operatorname{sen}(10t + 45°)$ e vamos determinar o correspondente fasor.

Para isso colocamos a função $i(t)$ na forma padrão, usando identidades trigonométricas:

$-10 \operatorname{sen}(10t + 45°) = 10 \operatorname{sen}(10t + 225°) = 10 \cos(10t + 135°) \rightarrow \hat{I}_m = 10 e^{j135°}$, ($\omega = 10$)

Exemplo 2:

Determinar o valor instantâneo da tensão complexa $\hat{V}_m = -80 + j60$ volts, com freqüência de 1.000 Hz.

Colocando na forma polar,

$$\hat{V}_m = \sqrt{80^2 + 60^2} \angle \text{arctg}[60/(-80)] = 100\angle 143,1° \quad \text{(volts)}$$

Portanto, $v(t) = 100 \cos(2.000\,\pi t + 143,1°)$ volts.

Exemplo 3:

Uma corrente representada pelo fasor $\hat{I}_m = 8 + j6$ (A) e de freqüência 1.000 Hz atravessa um indutor ideal de 2 mH. Determinar:

a) o fasor da tensão no indutor;
b) a tensão instantânea no indutor.

A corrente instantânea no indutor será $i(t) = \Re(\hat{I}_m e^{j\omega t})$ e a tensão é proporcional à derivada da corrente:

$$v(t) = L\frac{di}{dt} = L\frac{d}{dt}[\Re(\hat{I}_m e^{j\omega t})] = \Re(j\omega L \hat{I}_m e^{j\omega t})$$

pois o operador $\Re$ comuta com a derivação e a multiplicação por constante.

Resulta então que o fasor da tensão é $\hat{V}_m = j\omega L\, \hat{I}_m$. Como $\omega = 2\pi \cdot 1.000 = 2.000\,\pi$ rad/seg, teremos

$$\hat{V}_m = j \cdot 2.000\pi \cdot 2 \cdot 10^{-3} \cdot (8 + j6) = -75,40 + j100,53 = 125,66 \angle 126,87° \text{ (volts)}$$

Portanto a tensão instantânea no indutor será

$$v(t) = 125,66 \cos(2.000\pi t + 126,87°) = 125,66 \cos(2.000\,\pi t + 2,21(\text{rad})) \text{ volts.}$$

Nota: Em muitas aplicações, sobretudo na área de Potência, é mais conveniente fazer o módulo dos fasores igual ao *valor eficaz* das grandezas senoidais, em vez de usar o valor máximo. Neste caso, para obter a amplitude das senóides será necessário multiplicar o módulo do fasor por $\sqrt{2}$.

Quando houver perigo de confusão, indicaremos os fasores correspondentes a valores máximos com um índice m, ao passo que os fasores correspondentes aos valores eficazes serão representados com um índice *ef*.

f) Excitações exponenciais complexas:

São excitações representadas por funções do tipo $E \cdot e^{st}$, onde $s = -\sigma + j\omega$, com σ e ω reais, e E é a amplitude da exponencial.

Como casos particulares, para $\omega = 0$ recaímos na excitação exponencial, já estudada; para $\sigma = 0$ ficamos com uma exponencial do tipo usado na representação das funções senoidais.

A variável s, definida sobre o plano complexo, será designada por *freqüência complexa* da excitação. Sua parte real é a *freqüência neperiana* porque corresponde, como veremos, ao amortecimento da função; sua parte imaginária é uma *freqüência angular*.

Relações Fasoriais nos Bipolos Ideais

Usando a fórmula de Euler, a exponencial complexa, com E real, pode ser escrita na forma

$$Ee^{st} = Ee^{-\sigma t}e^{j\omega t} = Ee^{-\sigma t}(\cos \omega t + j\,\mathrm{sen}\,\omega t) \qquad (1.60)$$

Somando duas excitações exponenciais complexas conjugadas obtemos uma co-senóide amortecida, real. De fato, supondo E real para simplificar, e indicando o conjugado de s por $s^* = -\sigma - j\omega$, teremos

$$Ee^{st} + Ee^{s^*t} = Ee^{-\sigma t}(e^{j\omega t} + e^{-j\omega t}) = 2Ee^{-\sigma t}\cos \omega t \qquad (1.61)$$

Para σ positivo esta expressão corresponde, efetivamente, a uma co-senóide exponencialmente amortecida.

Se usarmos um fasor $\hat{E} = |\hat{E}|e^{j\theta}$ como amplitude da exponencial, a excitação composta pela soma de duas exponenciais conjugadas fornece um co-seno amortecido com defasagem:

$$\hat{E}e^{(-\sigma + j\omega t)} + \hat{E}^*e^{(-\sigma - j\omega t)} = |\hat{E}|e^{-\sigma t}\left(e^{j(\omega t+\theta)} + e^{-j(\omega t+\theta)}\right) = 2|\hat{E}|e^{-\sigma t}\cos(\omega t + \theta) \qquad (1.62)$$

1.8 Relações Fasoriais nos Bipolos Ideais

Dada a importância das correntes e tensões senoidais e o interesse de sua representação por fasores, convém destacarmos desde já as relações entre as correntes e as tensões nos bipolos passivos ideais.

Consideremos então uma tensão $v(t) = V_m \cos(\omega t + \theta)$ volts, representada pelo fasor $\hat{V}_m = V_m e^{j\theta}$, aplicada a um resistor ideal de resistência R. A corrente através do resistor será então

$$i(t) = \frac{1}{R}v(t) = \frac{V_m}{R}\cos(\omega t + \theta)$$

à qual corresponde o fasor

$$\hat{I}_m = \frac{1}{R}\hat{V}_m = G\hat{V}_m \qquad (1.63)$$

Invertendo esta última relação,

$$\hat{V}_m = R\hat{I}_m \qquad (1.64)$$

Estas serão portanto as relações fasoriais entre corrente e tensão num resistor.

Tomemos agora um capacitor de capacitância C, ao qual também se aplica a mesma tensão. Teremos agora

$$i(t) = C\frac{dv(t)}{dt} = -\omega C V_m \mathrm{sen}(\omega t + \theta)$$

ou, como $-\mathrm{sen}\,x = \cos(x + \pi/2)$,

$$i(t) = \omega C V_m \cos(\omega t + \theta + \pi/2)$$

O fasor representativo de $i(t)$ será então

$$\hat{I}_m = \omega C V_m e^{j(\theta + \pi/2)} = e^{j\pi/2}\, \omega C V_m e^{j\theta},$$

donde a relação entre fasores

$$\hat{I}_m = j\omega C \hat{V}_m \qquad (1.65)$$

Invertendo esta relação obtemos

$$\hat{V}_m = \frac{1}{j\omega C}\hat{I}_m = -j\frac{1}{\omega C}\hat{I}_m \qquad (1.66)$$

Estas duas últimas equações são as relações entre os fasores da tensão e da corrente num capacitor.

Finalmente, considerando a mesma tensão $v(t)$ aplicada a um indutor de indutância L resultará a corrente

$$i(t) = \frac{1}{L}\int v(t)dt = \frac{V_m}{\omega L}\operatorname{sen}(\omega t + \theta)$$

A constante de integração foi ignorada, pois só estamos interessados em componentes senoidais.

É fácil verificar que a corrente pode ser posta na forma

$$i(t) = -\frac{1}{\omega L}V_m \cos(\omega t + \theta + \pi/2)$$

à qual corresponde o fasor

$$\hat{I}_m = e^{j\pi}\frac{1}{\omega L}V_m e^{j(\theta + \pi/2)}$$

de modo que, finalmente,

$$\hat{I}_m = -j\frac{1}{\omega L}\hat{V}_m = \frac{1}{j\omega L}\hat{V}_m \qquad (1.67)$$

Esta expressão fornece o fasor da corrente no indutor em função do fasor da tensão aplicada. Inversamente, a relação

$$\hat{V}_m = j\omega L \hat{I}_m \qquad (1.68)$$

permite a determinação do fasor da tensão num indutor atravessado por uma corrente representada pelo fasor $\hat{I}_m$.

Veremos mais tarde que as relações (1.63) a (1.68) têm um papel básico nos cálculos de circuitos em *regime permanente senoidal*. Estes cálculos são extremamente freqüentes em Engenharia Elétrica.

Para referência, um resumo das *relações constitutivas* nos bipolos elementares está apresentado da Tabela 1, no fim deste Capítulo.

1.9 Os Quadripolos

O conceito de bipolo pode ser generalizado, imaginando-se *multipolos*, dispositivos elétricos com mais de dois terminais acessíveis. Dentre os multipolos têm especial interesse os *quadripolos*, com quatro terminais. Cada par de terminais de um quadripolo pode ser ligado a um bipolo (fig. 1.22), de modo que o quadripolo pode ser considerado com um dispositivo que interliga um par de bipolos.

Cada par de terminais do quadripolo constitui um *acesso* (ou *porta*), de modo que o quadripolo é também chamado de *rede de dois acessos* (ou de *duas portas*).

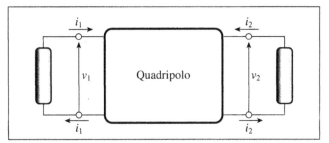

Figura 1.22 Quadripolo interligando dois bipolos.

Em cada acesso definimos uma corrente e uma tensão, como indicado na figura 1.22. Para compatibilidade com os bipolos imporemos que, em cada instante, as correntes que entram e saem em cada par de terminais de acesso sejam iguais. Aos quadripolos correspondem então quatro variáveis elétricas: duas tensões e duas correntes.

Vamos introduzir em seguida alguns quadripolos ideais que serão úteis no decorrer do curso:

a) Amplificador operacional ideal:

Há dois tipos de amplificadores operacionais ideais lineares, cujos símbolos estão indicados na fig. 1.23. Em (a) temos o *amplificador operacional ideal com saída assimétrica* (que é o tipo mais usado) e em (b) temos o *operador operacional ideal com saída simétrica*.

Em ambos os casos vale

$$\begin{cases} v_2 = -\mu v_1 \\ i_1 = 0 \end{cases} \quad (1.69)$$

onde $\mu > 0$ é uma constante, chamada ganho de tensão do amplificador.

Na figura 1.23-c, indicamos um modelo de um amplificador ideal linear, com ganho μ e resistência de entrada infinita.

Na prática encontram-se amplificadores operacionais, realizados com circuitos integrados, que são bem próximos dos ideais. A diferença mais marcante é que os amplificadores operacionais reais *saturam* em tensões próximas das tensões de alimentação positiva (V_{CC}) e negativa ($-V_{EE}$) do amplificador. A característica entrada-saída destes amplificadores tem o aspecto geral indicado na figura 1.24. A corrente de entrada i_1 pode ser considerada nula, com razoável aproximação.

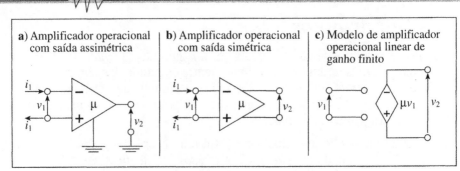

Figura 1.23 Amplificadores operacionais ideais.

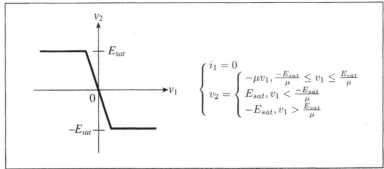

Figura 1.24 Característica entrada-saída de amplificador operacional real, exibindo saturação.

São também muito úteis os *amplificadores operacionais de ganho infinito*. Neste caso, $\mu \to \infty$ e, para que v_2 se mantenha finito, é necessário que seja $v_1 = 0$.

b) O transformador ideal:

O *transformador ideal*, representado pelo símbolo da figura 1.25, é definido pelas relações

$$\begin{cases} v_2 = \dfrac{n_2}{n_1} v_1 \\ i_2 = -\dfrac{n_1}{n_2} i_1 \end{cases} \tag{1.70}$$

onde n_1 e n_2 são duas constantes positivas.

Desta definição resulta que $v_1 i_1 = -v_2 i_2$, de modo que o transformador ideal não consome energia, mas apenas transfere a potência aplicada à sua entrada.

O transformador ideal pode ser realizado aproximadamente por um transformador (real) com duas bobinas enroladas cuidadosamente sobre um núcleo magnético toroidal de alta permeabilidade.

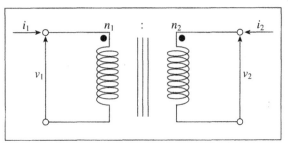

Figura 1.25 Transformador ideal.

c) Girador ideal:

O *girador ideal* é representado pelo símbolo da figura 1.26, onde K é uma constante real, chamada *raio de giro*.

As relações entre tensão e corrente no girador ideal são, por definição,

$$\begin{cases} v_1 = Ki_2 \\ v_2 = -Ki_1 \end{cases} \qquad (1.71)$$

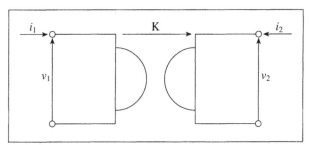

Figura 1.26 O girador ideal.

O girador ideal pode ser realizado, aproximadamente, por meio de circuitos eletrônicos adequados[3].

Nos exemplos seguintes são apresentados alguns circuitos interessantes com amplificador operacional, transformador e girador ideais.

---

[3] HOROWITZ, P., *The Art of Electronics*, 2nd. Ed., pgs. 266 ss.: Cambridge: Cambridge Univ. Press, 1989.

Exemplo 1:

Mostre que o circuito a amplificador operacional ideal de ganho infinito da figura 1.27 é um integrador-somador.

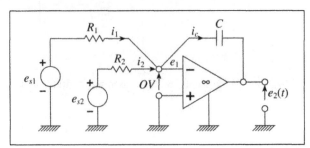

Figura 1.27 Integrador-somador com amplificador operacional ideal de ganho infinito.

De fato, como o ganho do operacional é infinito, segue-se que $e_1 = 0$ (por isso o nó 1 é chamado de *terra virtual*). Em conseqüência, valem as relações

$$\begin{cases} i_1 = e_{s1}/R_1 \quad i_2 = e_{s2}/R_2 \\ i_c = i_1 + i_2 = -C\, de_2/dt \end{cases}$$

Combinando estas relações obtemos

$-C\, de_2/dt = e_{s1}/R_1 + e_{s2}/R_2$

Integrando esta relação de t_0 a t resulta

$$e_2(t) = -\frac{1}{C}\int_{t_0}^{t}\left(\frac{e_{s1}}{R_1} + \frac{e_{s2}}{R_2}\right)dt + e_2(t_0)$$

Impondo $e_2(t_0) = 0$, isto é, condição inicial nula, a tensão de saída resulta proporcional ao negativo da integral de

$e_{s1}/R_1 + e_{s2}/R_2$.

Exemplo 2:

Um transformador ideal é terminado por um resistor de resistência R, como indicado na figura 1.28. Vamos determinar a relação v_1/i_1 na entrada do quadripolo.

No bipolo resistivo temos $v_2/i_2 = -R \rightarrow v_2 = -R\, i_2$ pois v_2 e i_2 estão relacionados, no bipolo, pela convenção do gerador

Pelas relações de definição (1.70)

$(n_2/n_1)v_1 = (n_1/n_2)R\, i_1$

donde

$v_1/i_1 = (n_1/n_2)^2\, R$

Tudo se passa como se o transformador ideal transformasse a resistência R, multiplicando-a pelo quadrado da relação de transformação.

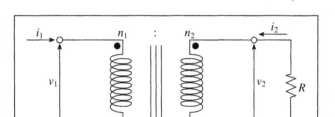

Figura 1.28 Transformador ideal terminado por resistor.

Exemplo 3:

Um girador ideal, com raio de giro K, é terminado por um capacitor de capacitância C, como indicado na figura 1.29. Qual a relação entre tensão e corrente na entrada do girador?

Como $i_2 = -C\, dv_2/dt$, levando em conta as relações de definição (1.71) temos

$i_2 = K\, C\, di_1/dt$

Mas $i_2 = v_1/K$, de modo que resulta

$v_1 = K^2\, C\, di_1/dt$

Tudo se passa como se o girador transformasse a capacitância multiplicada pelo quadrado do raio de giro numa indutância.

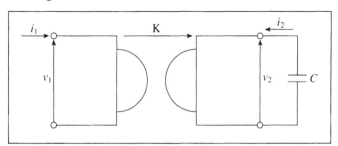

Figura 1.29 Girador ideal terminado por capacitor.

Esta propriedade dos giradores pode ser usada para sintetizar indutores eletronicamente.

Bibliografia do Capítulo 1:

1) GUILLEMIN, E. A., Introductory Circuit Theory, New York: Wiley, 1953.
2) VALKENBURG, M. E. VAN, Network Analysis, Englewood-Cliffs, N. J.: Prentice Hall, 1955.
3) NILSSON, J. W., Electric Circuits, 3rd. Ed., Reading, Mass.: Addison-Wesley, 1996.
4) CHUA, L. O., DESOER, C. A. e KUH, E., Linear and Nonlinear Circuits, New York: McGraw-Hill, 1987.
5) IRWIN, J. D., Basic Engineering Circuit Analysis, 5th. Ed.: Upper Saddle River, N. J.: Prentice-Hall, 1996.

EXERCÍCIOS BÁSICOS DO CAPÍTULO 1

1. Uma bateria de automóvel (12V) completamente descarregada, é carregada a 10A por 8h. Supondo que a corrente é constituída exclusivamente de cargas negativas (elétrons) em movimento, pergunta-se:

   a) Qual é a quantidade total de cargas negativas (em coulombs) que saíram pelo terminal positivo?

   b) Qual é a quantidade de cargas negativas que entraram pelo terminal negativo? Se a mesma quantidade de carga que entra por um terminal sai pelo outro, como é que a bateria armazena energia?

   c) Qual é a quantidade de carga da bateria (em ampères-hora e em coulombs)? Isto é, se for ligado um resistor entre os dois terminais da bateria, qual é a quantidade de carga que irá fluir pelo resistor até acabar a carga da bateria, supondo que toda carga armazenada é aproveitada?

   Resp.: a) Q_n = 80 Ah = 288.000 C; b) Q_p = 288 kC; a energia é armazenada quimicamente; c) Q = 288 kC.

2. Em um tipo de válvulas a gás, um mesmo número de elétrons e íons positivos movem-se da esquerda para a direita e da direita para a esquerda, respectivamente. Se $12,5 \cdot 10^{18}$ íons positivos foram movidos através de uma seção transversal do tubo em 0,2 s, qual foi o módulo da corrente total na válvula?

   Resp.: 20 A.

3. Uma bateria de carro típica (12 V) pode armazenar uma carga de $2 \cdot 10^5$ C. Qual a quantidade de energia que esta carga representa, em joules e em kWh?

   Resp.: 24×10^5 J ou 0,667 kWh.

4. Um gravador portátil opera com 2 baterias de 1,5 V cada (ligadas em série), ambas armazenando juntas 3000 J de energia quando novas.

   a) Qual a carga de cada bateria, quando nova?

   b) Quanto tempo vão durar as baterias se o gravador for utilizado para gravar, drenando uma corrente de 25 mA? Qual a energia total dissipada?

   Resp.: a) 1.000 C; b) 11h, 6m e 36s, W = 3.000 J.

5. Dois circuitos A e B estão conectados conforme a figura abaixo. Para cada par de valores de v e i indicados, calcule a potência nos terminais de interconexão e determine se a potência está fluindo de A para B ou vice-versa:

   a) i = 5A, v = 120V
   b) i = –8A, v = 250V
   c) i = 16A, v = –150V
   d) i = –10A, v = –480V

   Resp.: a) 600 W, B → A; b) 2.000 W, A → B; c) 2.400 W, A → B; d) 4.800 W, B → A.

Exercícios Básicos do Capítulo 1 **37**

6   O fio de cobre de 35 mm² possui uma resistência de 0,524 Ω/km. Qual a condutância de 12 km deste fio?

   Resp.: 0,159 S.

7   Qual a potência que deve suportar um resistor de 1 kΩ, atravessado por uma corrente de 50 mA?

   Resp.: 2,5 W.

8   Qual a corrente através de um capacitor de 2 μF, se a tensão através dele cresce linearmente de 0 a 250 V, em 100 ms?

   Resp.: 5 mA.

9   A tensão num capacitor de 10 μF é 6 V em $t = 0$ e a corrente é 12sen(0,120πt) (mA, ms). Qual será máxima tensão no capacitor e quando ela ocorre? Qual a máxima potência instantânea no capacitor?

   Resp.: $V_m = 12,37$ V, $t_m = 8,33$ ms; $P_m = 0,116$ W.

10 Ao se efetuar a carga de um capacitor, o número de elétrons que entra por um de seus terminais é, em qualquer instante, exatamente igual ao número que sai pelo outro terminal. Como é que o capacitor fica carregado?

   Resp.: Pelas cargas induzidas pela polarização do dielétrico.

11 a) Qual será a tensão induzida numa bobina de 150 mH, quando a corrente que a atravessa é constante e igual a 4 A? b) E quando a corrente varia numa taxa de + 4 A/s?

   Resp.: a) 0 V; b) 0,6 V.

12 Determine a tensão num indutor em $t = 0$, sabendo-se que a potência instantânea no bipolo é dada por 12cos100 πt(mW, ms) e a corrente no indutor é 150 mA em $t = 0$.

   Resp.: v(0) = 0,08 V.

13 Dada a tensão v = 36cos200t (V, s) num indutor de 3 H, determine a corrente no indutor, com a convenção do receptor, em $t = \pi/400$ s se for $i_L(0) = -0,1$A.

   Resp.: –0,04 A

14 O que acontece no instante em que um indutor (digamos, de 1 H) é ligado a uma fonte de tensão ideal (digamos, de 10 V)? Depois de 1s, a conexão é desfeita. O que acontece neste instante?

   Resp.: A corrente cresce linearmente de 0 a $i(1_-) = 10$ A; desligando a chave, $i(1+) = 0$ e aparece a tensão impulsiva $10\delta(1)$, ocasionando faiscamento numa chave real.

15 Uma lâmpada de 1,5V é ligada a uma pilha de 1,5V em série com um capacitor (digamos, de 10 μF). a) O que você observa? b) E se a lâmpada for ligada em série com um indutor (digamos, de 1 mH)?

Resp.: a) Há na lâmpada um pico de brilho que decai exponencialmente; b) o brilho da lâmpada cresce exponencialmente de zero até seu valor máximo.

16 Um gerador de tensão de 12 V e um gerador de corrente de 2 A estão ligados a um resistor de 10 Ω, como indicado na figura E1.1. Determine:
   a) a potência dissipada no resistor;
   b) as potências fornecidas por cada um dos geradores.

Resp.: a) 14,4 W; b) $P_v = -9,6$ W, $P_i = 24$ W.

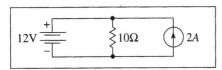

Figura E1.1

17 Uma corrente $i(t) = 10 \operatorname{sen}(4\pi t)$ (A, s) atravessa um indutor de 5 H. Qual será a tensão no indutor, com a convenção do receptor?

Resp.: $v(t) = 200\pi \cos(4\pi t)$, (V).

18 Uma tensão $v(t) = 10 \operatorname{sen}(4\pi t)$ (V, s) é aplicada a um capacitor de 5 F. a) Qual será a corrente através do capacitor, com a convenção do receptor? b) E se for usada a convenção do gerador?

Resp.: a) $i(t) = 200\pi \cos(4\pi t)$; b) $i(t) = -200\pi \cos(4\pi t)$.

EXERCÍCIOS SOBRE NÚMEROS COMPLEXOS E FASORES

1 Verifique as seguintes conversões da forma polar à forma cartesiana ou vice-versa:
   a) $3 + j4 = 5e^{j53,13°}$;
   b) $-3 + j4 = 5 \angle 126,87°$;
   c) $3 - j4 = 5 \angle -53,31°$;
   d) $10 - j10 = 14,1 \angle -45°$;
   e) $10e^{j30°} = 8,66 + j5$;
   f) $10e^{j120°} = -5,0 - j8,66$;
   g) $10e^{j\pi} = -10,0$;
   h) $e^{\pm j\pi/2} = \pm j1$;
   i) $\pi e^{j180°} = -3,14$;
   j) $e^{j1} = 0,54 + j0,84$;
   k) $(\sqrt{-1})^{\sqrt{-1}} = 0,2079$

Exercícios Básicos do Capítulo 1 **39**

2 Dados $A = 3 + j2$, $B = 1 - j3$, $C = -2 + j1$, mostre que:
   a) $AB = 9 - j7$;
   b) $(A + B) \cdot (A + C) = 7 + j11$;
   c) $j(A + B) \cdot (3 + 2C) = -9 - j2$;
   d) $(A + A^*) \cdot (B - B^*) \cdot C \cdot C^* = -j180°$;
   e) $\dfrac{A + B}{B + C} = -0{,}4 + j1{,}8$
   f) $AB/(B + C) = 1 + j5 = 5{,}099 \angle 78{,}69°$

3 Calcule
   a) $\dfrac{28{,}6 \angle 137° - 6{,}93 \angle -23{,}70°}{2{,}34 - j3{,}45}$ $(= -8{,}09 - j2{,}40)$;
   b) $(0{,}65 - j1{,}05)^4$ $(= -1{,}4009 + j1{,}8563)$;
   c) $(-1{,}409 + j1{,}8563)^4$ $(= 1{,}0500 + j0{,}6500)$;
   d) $\cos(-3 + j0{,}2)$ $(= -1{,}0099 + j0{,}0284)$.

4 Determine os fasores que representam as seguintes funções:
   a) $i(t) = -8\cos(10t + 240°)$;
   b) $v(t) = 5\,\text{sen}(10t + 30°) - 8\cos(10t + 90°)$;
   c) $v(t) = 10\,\text{sen}(10t) + 20\cos(20t)$;
   d) $p(t) = [10\cos(20t)] \cdot [5\,\text{sen}(20t)]$;
   e) $v(t) = 5\cos(377t) + 10\cos(1585t + 30°)$.
   Resp.: a) $\hat{I} = 8 \angle 60°$, $\omega = 10$ rd/s; b) $\hat{V} = 12{,}581 \angle -78{,}54°$, $\omega = 10$ rd/s;
   c) Não existe o fasor; d) $\hat{P} = 25 \angle -90°$, $\omega = 40$ rad/s; e) Não existe o fasor.

5 Determine os valores instantâneos das grandezas representadas pelos seguintes fasores, sabendo que sua freqüência angular é de 10 rad/seg:
   a) $\hat{V} = 100 e^{j2{,}5\pi}$;
   b) $\hat{I} = 5 \angle 82°$;
   c) $\hat{V} = (5 + j5) \cdot 10 e^{j30°}$;
   d) $\hat{V} = \dfrac{-3 - j2}{5 + j5}$.
   Resp.: a) $v(t) = 100\cos(10t + 90°)$; b) $i(t) = 5\cos(10t + 82°)$;
   c) $v(t) = 70{,}71\cos(10t + 75°)$; d) $v(t) = 0{,}51\cos(10t - 191{,}31°)$.

6 Dada a função de variável complexa $F(s) = \dfrac{s^2 + 2s + 5}{s^3 + 6s^2 + 11s + 6}$
   verifique que: $F(j1) = 0{,}4472 \angle -63{,}43°$ e $F(j2) = 0{,}1808 \angle -66{,}16°$.

7. Demonstre que o fasor representativo da soma de n co-senóides, de mesma freqüência e sincronizadas, é igual à soma dos fasores de cada uma das co-senóides.

TABELA 1 RELAÇÕES CONSTITUTIVAS NOS BIPOLOS ELEMENTARES

Elemento	Domínio do tempo	Domínio da freqüência
R	$v = R\,i$ $i = v/R$	$\hat{V} = R\,\hat{I}$ $\hat{I} = \hat{V}/R$
L	$v = L\,di/dt$ $i = \dfrac{1}{L}\displaystyle\int_{t_0}^{t} v(\tau)d\tau + i(t_0)$	$\hat{V} = j\omega L\,\hat{I}$ $\hat{I} = -j\,\hat{V}/(\omega L)$
C	$v = \dfrac{1}{C}\displaystyle\int_{t_0}^{t} i(\tau)d\tau + v(t_0)$ $i = C\,dv/dt$	$\hat{V} = -j\,\hat{I}/(\omega C)$ $\hat{I} = j\omega C\,\hat{V}$

Capítulo 2
ASSOCIAÇÕES DE BIPOLOS E LEIS DE KIRCHHOFF

2.1 Redes de Bipolos e Grafos

Os bipolos podem ser associados interligando seus terminais por condutores perfeitos, equipotenciais. Uma associação qualquer de bipolos será designada por *rede de bipolos*. Os pontos em que se juntam os terminais de vários bipolos serão designados por *nós* da rede, e os bipolos serão os seus *ramos*.

Para indicar geometricamente as interconexões dos bipolos de uma rede construiremos o seu *grafo* (ou *gráfico*). Para isso, cada bipolo será representado, simplesmente, por um arco de curva, qualquer que seja a sua natureza. Estas curvas serão os *ramos* (ou *arestas*) *do grafo*. Os pontos de encontro dos terminais dos bipolos serão representados por pontos, designados por *nós* (ou *vértices*) *do grafo*. Mais formalmente, definiremos:

> Um grafo é um conjunto de nós e ramos, tais que os ramos interligam exatamente dois nós.

Os sentidos de referência positivos de corrente associados com os vários ramos de uma rede podem ser transpostos para o correspondente grafo tornando-o, assim, um *grafo orientado* (ou *dígrafo*).

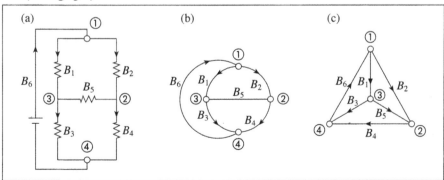

Figura 2.1 Circuito em ponte e grafo associado.

Exemplo:

Na figura 2.1 representamos o diagrama de um circuito em ponte e dois grafos orientados a ele associados.

Note-se que a forma do grafo não é importante, pois sua função é indicar as interconexões da rede. Dois grafos que indicam as mesmas interconexões, embora tenham forma geométrica diferente, são ditos *congruentes*. Assim, os dois grafos da figura 2.1 (b) e (c) são congruentes.

Vejamos algumas definições referentes a grafos:

Um grafo é dito *conexo* quando é possível determinar pelo menos um caminho entre dois nós quaisquer do grafo, independentemente da orientação dos ramos. Caso contrário o grafo é dito *não conexo* e terá duas, ou mais, *partes separadas* (figura 2.2).

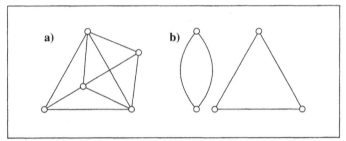

Figura 2.2   a) Grafo conexo; b) grafo com duas partes separadas.

Evidentemente um grafo não conexo terá pelo menos duas partes separadas. No que se segue, salvo menção expressa em contrário, consideraremos sempre grafos conexos.

Subgrafo de um grafo dado é qualquer conjunto de nós e ramos dele extraído. Um subgrafo constituído por um só nó é dito *degenerado*.

Um dos subgrafos mais importantes é a *árvore* do grafo:

Árvore de um grafo conexo é qualquer subgrafo, também conexo, que contém todos os nós do grafo original e um número de ramos apenas suficiente para interligar todos os nós. Em conseqüência, não é possível determinar nenhum circuito fechado numa árvore.

Dado um grafo com n_t nós será possível extrair dele muitas árvores distintas, como exemplificado na figura 2.3. De fato, mostra-se que num grafo com n_t nós e com um só ramo entre cada par de nós podem-se extrair $n_t^{n_t-2}$ árvores distintas. No entanto, todas estas árvores têm o mesmo número n de ramos. É fácil ver que

$$n = n_t - 1 \qquad (2.1)$$

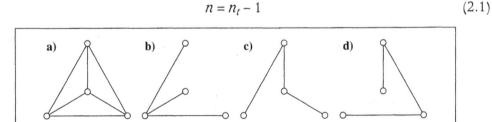

Figura 2.3   Árvores b), c) e d) de um grafo a).

Redes de Bipolos e Grafos

Escolhida uma árvore num grafo, os ramos desse grafo se dividem em duas classes:

- *ramos de árvore*, pertencentes à árvore;
- *ramos de ligação* (ou *elos*), não pertencentes à árvore.

Consideremos agora um grafo com r ramos e n_t nós. Designando por n o número de ramos de árvore e por l o número de ramos de ligação (ou elos), obviamente vale $l + n = r$ pois um ramo ou é de árvore ou é de ligação. À vista de (2.1) temos a seguinte expressão para o número de ramos de ligação:

$$l = r - n = r - n_t + 1 \qquad (2.2)$$

Laço de um grafo é qualquer subgrafo conexo tal que dois, e apenas dois, de seus ramos incidem em cada nó e precisamente dois nós pertencem a cada ramo.

Intuitivamente, um laço é pois uma trajetória fechada, construída com ramos do grafo, independentemente de sua orientação, e passando uma só vez em cada nó. Alguns exemplos estão indicados na figura 2.4.

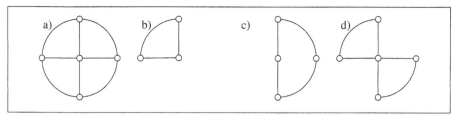

Figura 2.4 Os subgrafos indicados em (b) e (c) são laços do grafo (a); o subgráfico (d) não é laço.

Uma árvore não possui nenhum laço. Por outro lado, se colocarmos um só ramo de ligação numa árvore criamos uma e uma só trajetória fechada, correspondente a um único laço. Este laço será chamado *laço fundamental*, associado ao ramo de ligação introduzido. Evidentemente, a cada árvore correspondem l laços fundamentais.

Conjunto de corte ou, abreviadamente, *corte* de um grafo conexo é um conjunto de ramos tal que : a) a remoção de todos os ramos do corte faz com que o grafo se decomponha em duas partes separadas; b) removendo todos os ramos do corte, menos um, o grafo continua conexo.

Assim, na figura 2.5 os conjuntos de ramos {3, 4, 8}, {1, 3, 6, 7} e {1, 2, 6} constituem conjuntos de corte, ou cortes do grafo dado. Assim, por exemplo, suprimindo os ramos 3, 4 e 8 ficamos com dois subgrafos desconexos, sendo um deles constituído apenas de um nó (subgrafo degenerado).

Escolhida uma árvore num grafo, podemos compor um corte com um ramo de árvore e alguns ramos de ligação. Este corte, assim associado a um ramo de árvore, é chamado *corte fundamental*. Evidentemente o número de cortes fundamentais associados a uma dada árvore é igual ao número de nós menos um.

Para determinar o corte fundamental associado a um ramo de árvore faremos o seguinte:
- a) Escolhemos um ramo na árvore do grafo e verificamos que a supressão deste ramo divide a árvore em dois subgrafos desconexos;

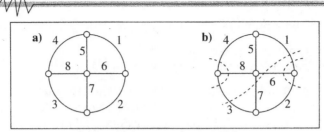

Figura 2.5 Corte de um grafo.

b) determinamos agora todos os ramos de ligação do grafo original que vão de um a outro dos subgrafos desconexos;

c) estes ramos de ligação e o ramo de árvore escolhido inicialmente constituem o conjunto de corte associado ao ramo da árvore.

Este procedimento está ilustrado na figura 2.6.

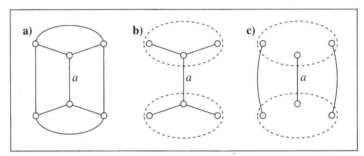

Figura 2.6 a) grafo dado; b) árvore escolhida; c) conjunto de corte associado ao ramo a da árvore.

As propriedades fundamentais das árvores dos grafos podem ser resumidas no seguinte teorema básico:

Uma árvore qualquer de um dado grafo conexo de n_t nós e r ramos tem as seguintes propriedades:

a) existe sobre a árvore um caminho único entre qualquer par de nós a ela pertencentes;

b) há $n_t - 1$ ramos de árvore e $r - n_t + 1$ ramos de ligação;

c) cada ramo de ligação determina um único *laço fundamental*, constituído pelo ramo de ligação e pelos ramos de árvore que compõem uma trajetória única entre os nós do ramo de ligação;

d) cada ramo de árvore determina um único *corte fundamental*, constituído pelo ramo de árvore e alguns ramos de ligação.

A demonstração deste teorema, aliás quase evidente, não será feita aqui (ver referências [1] e [2] no fim do Capítulo).

A última definição desta seção é a de *grafo planar*:

Um grafo conexo é dito *planar* quando for possível desenhá-lo num plano (ou sobre uma superfície esférica) de modo que seus ramos não se cruzem em nenhum ponto que não seja um nó do grafo.

Todos os grafos das figuras anteriores são planares. Na figura 2.7 apresentamos exemplos de grafos não planares.

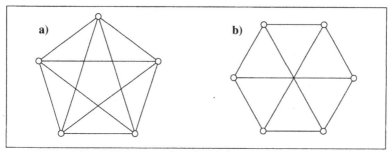

Figura 2.7 Exemplos de grafos não planares.

Às vezes pode ser difícil determinar se um grafo é, ou não, planar. Há um teorema, devido a Kuratovsky, que afirma que um grafo é planar se, e apenas se, não admitir nenhum dos grafos da figura 2.7 como subgrafo.

Nota histórica:

A Teoria dos Grafos foi iniciada pelo grande matemático suíço Leonard Euler em 1736, ao resolver o célebre *problema de Königsberg*, que pode ser assim formulado:

O rio Pregel, ao atravessar a cidade de Königsberg (hoje Kaliningrado) forma duas ilhas (A e D), que estão ligadas entre si e às duas margens opostas (C e B) por sete pontes, como indicado na figura 2.8,a (adaptada da Ref.[2]). O problema era encontrar um caminho que atravessasse uma só vez todas as sete pontes. Criando um grafo em que cada massa de terra corresponde a um nó e cada ponte a um ramo, chegamos ao resultado da figura 2.8,b.

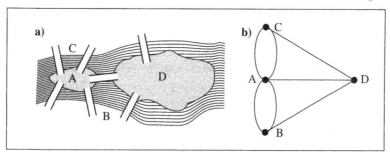

Figura 2.8 a) as pontes de Königsberg; b) o grafo correspondente.

Demonstra-se que o problema não tem solução porque em todos os nós do grafo convergem números ímpares de ramos.

2.2 Primeira Lei de Kirchhoff

a) Enunciado da Primeira Lei de Kirchhoff:

A Primeira Lei de Kirchhoff aplica-se aos nós de uma rede e afirma que, em cada instante, a soma das correntes elétricas que convergem num nó é igual a zero. Indicando por $j_k(t)$,

$k = 1, 2, \ldots, n$, as correntes que entram ou saem de um dado nó, a Primeira Lei de Kirchhoff se exprime por

$$\sum_k [\pm j_k(t)] = 0, \qquad \forall t \qquad (2.3)$$

Note-se que as correntes aparecem afetadas de um sinal positivo ou negativo, independentemente de terem valores negativos ou positivos. A escolha desse sinal será detalhada abaixo.

Para aplicar esta lei a um dado nó de uma rede devemos, preliminarmente:

1. estabelecer (arbitrariamente) sentidos de referência positivos para as correntes nos vários ramos que pertençam ao nó, isto é, orientar esses ramos;

2. fixar uma regra para escolher, em (2.3), os sinais (positivos ou negativos) de acordo com os sentidos de referência. Normalmente atribuiremos o sinal positivo se o sentido de referência sair do nó.

Note-se que, em princípio, a orientação dos ramos pode ser feita de maneira inteiramente arbitrária. No entanto, uma vez fixada a orientação, ela deve ser mantida. Lembremos também que estes sentidos de referência fornecem uma regra para ligar amperímetros aos ramos: a flecha de referência deve entrar pelo terminal positivo ("+") do aparelho.

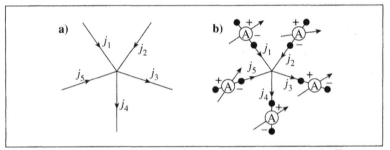

Figura 2.9 Exemplo de aplicação da 1ª Lei de Kirchhoff.

Na figura 2.9, a, indicamos um nó de uma rede, em que convergem 5 ramos orientados; na figura 2.9-b, mostramos como devem ser ligados os amperímetros (supostos ideais!) para medir as cinco correntes. A primeira lei de Kirchhoff assegura que a soma algébrica das leituras instantâneas dos cinco aparelhos é igual a zero, em qualquer instante.

Isto mostra claramente que não há acumulação de cargas elétricas nos nós da rede.

Exemplo 1:

A aplicação da 1a . L.K. ao nó indicado na figura 2.9, a, tomando sinal positivo para as correntes que saem do nó fornece:

$-j_1 - j_2 + j_3 + j_4 - j_5 = 0$

Suponhamos, por exemplo, que j1 = 1, j2 = -2, j3 = 3, j4 = 5. O valor de j_5 será dado por

$j_5 = -j_1 - j_2 + j_3 + j_4 = -1 + 2 + 3 + 5 = 9$

Primeira Lei de Kirchhoff

Exemplo 2:

No nó indicado na figura 2.10, a), convergem três correntes, sendo que $j_R(t)$ e $j_C(t)$ são dados pelos gráficos b) e c) da mesma figura. Qual será o gráfico de $j_D(t)$?

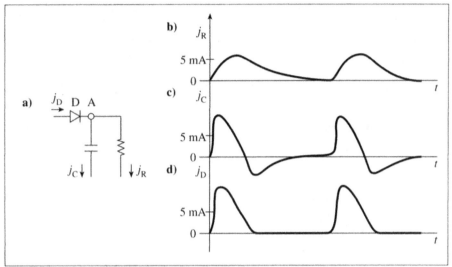

Figura 2.10 Aplicação gráfica da 1ª Lei de Kirchhoff.

Aplicando a 1ª Lei de Kirchhoff ao nó A resulta:

$j_C + j_R - j_D = 0 \quad \rightarrow \quad j_D = j_R + j_C$

Esta adição foi feita graficamente na figura 2.10-d.

b) Generalização da Primeira Lei de Kirchhoff:

A Primeira Lei de Kirchhoff pode ser aplicada aos ramos que constituem um *conjunto de corte* qualquer da rede. Para fazer esta aplicação é necessário *orientar o corte*. No caso de cortes fundamentais, convém atribuir-lhes uma orientação concordante com o ramo de árvore que define o corte.

Exemplo 3:

Consideremos uma instalação geradora de energia elétrica (por exemplo, uma usina hidroelétrica) que alimenta uma carga (uma cidade) por meio de uma linha trifásica de quatro fios, como indicado na figura 2.11. Sabendo-se que

$$\begin{cases} i_1(t) = 250\cos(377t + 30°) & (A) \\ i_2(t) = 250\cos(377t + 150°) & (A) \\ i_3(t) = 250\cos(377t - 90°) & (A) \end{cases}$$

Qual será o valor corrente $i_n(t)$?

Figura 2.11 Aplicação da 1ª. Lei de Kirchhoff generalizada.

Os ramos correspondentes aos quatro fios de linha certamente constituem um corte da rede. Vale, portanto,

$i_1 + i_2 + i_3 + i_n = 0$

donde

$i_n = -(i_1 + i_2 + i_3)$

Verifica-se, sem muita dificuldade (sobretudo usando fasores) que vale, para qualquer t,

$i_1(t) + i_2(t) + i_3(t) = 0$

Segue-se, então, que $i_n(t) = 0$, para qualquer t. De fato, i_n é a *corrente de neutro* da instalação. Como veremos mais tarde, se a instalação for equilibrada, realmente a corrente no neutro será nula.

2.3 A Matriz de Incidência Nós-ramos e a 1ª. Lei de Kirchhoff

Como vimos, as interconexões de uma rede elétrica e as orientações dos respectivos ramos podem ser representadas pictoricamente por um *grafo orientado*. A mesma informação poderá também ser fornecida por uma tabela em que as linhas e colunas correspondam, respectivamente, aos nós e aos ramos da rede.

Para preencher a tabela, se um ramo sair de um dado nó marcamos +1 na interseção da linha correspondente ao nó com a coluna correspondente ao ramo; se o ramo entrar no nó, marcaremos –1. Nas demais interseções colocaremos 0. Assim construída, esta tabela pode ser considerada uma matriz, que será designada por *matriz de incidência aumentada* $\mathbf{A_a}$ (ou *matriz de incidência nós-ramos aumentada*) da rede considerada.

Dada uma rede cujo grafo contém n_t nós e r ramos, sua matriz de incidência aumentada caracteriza-se por:

a) a matriz terá n_t linhas e r colunas correspondentes, respectivamente, a cada um dos nós e a cada um dos ramos da rede;

b) o elemento genérico a_{ij} da matriz $\mathbf{A_a}$ será definido por:
   $a_{ij} = +1$, se o ramo j incidir no nó i e sua orientação for *eferente* (sai do nó);
   $a_{ij} = -1$, se o ramo j incidir no nó i e sua orientação for *aferente* (entra no nó);
   $a_{ij} = 0$, se o ramo j não incidir no nó i.

Evidentemente a matriz $\mathbf{A_a}$ pode ser considerada como uma maneira alternativa de apresentar a informação das interconexões do grafo orientado.

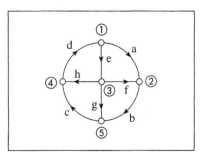

Figura 2.12 Grafo orientado de um circuito.

A matriz de incidência aumentada do grafo da figura 2.12 está apresentada abaixo:

$$\text{Matriz } \mathbf{A_a}$$

$$\text{Ramos} \rightarrow \quad a \quad b \quad c \quad d \quad e \quad f \quad g \quad h$$

$$\text{Nós} \downarrow$$

$$\mathbf{A_a} = \begin{array}{c} 1 \\ 2 \\ 3 \\ 4 \\ 5 \end{array} \begin{bmatrix} 1 & 0 & 0 & -1 & 1 & 0 & 0 & 0 \\ -1 & 1 & 0 & 0 & 0 & -1 & 0 & 0 \\ 0 & 0 & 0 & 0 & -1 & 1 & 1 & 1 \\ 0 & 0 & -1 & 1 & 0 & 0 & 0 & -1 \\ 0 & -1 & 1 & 0 & 0 & 0 & -1 & 0 \end{bmatrix}$$

Note-se que cada coluna de $\mathbf{A_a}$ contém exatamente dois elementos não nulos, +1 e –1, pois cada ramo necessariamente sai de um nó e entra em outro. Em conseqüência, a soma por colunas de todas as linhas de $\mathbf{A_a}$ dá um resultado nulo, o que indica que estas linhas não são linearmente independentes. A informação contida numa só linha pode assim ser obtida das demais linhas.

A matriz que se obtém de $\mathbf{A_a}$ suprimindo uma linha qualquer é chamada *matriz de incidência (reduzida)* e será indicada por $\mathbf{A}$. Suprimindo, por exemplo, a 5ª linha da matriz anterior obtemos a matriz de incidência

$$\mathbf{A} = \begin{bmatrix} 1 & 0 & 0 & -1 & 1 & 0 & 0 & 0 \\ -1 & 1 & 0 & 0 & 0 & -1 & 0 & 0 \\ 0 & 0 & 0 & 0 & -1 & 1 & 1 & 1 \\ 0 & 0 & -1 & 1 & 0 & 0 & 0 & -1 \end{bmatrix}$$

Habitualmente o nó correspondente à linha suprimida é designado por *nó de referência*, sendo indicado pelo símbolo da figura 2.13. Normalmente escolhe-se como nó de referência a *terra* do circuito.

O número de linhas da matriz de incidência reduzida é igual ao número de ramos de árvore do grafo do circuito, isto é,

$$n = n_t - 1$$

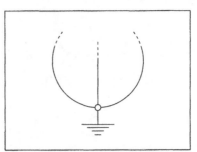

Figura 2.13 Símbolo do nó de referência ("terra").

Vamos agora indicar por $j_1, j_2, ..., j_r$ as várias correntes dos ramos da rede, e com elas compor um *vetor de correntes de ramos* **j**, definido por

$$\mathbf{j} = \begin{bmatrix} j_1 \\ j_2 \\ \vdots \\ j_r \end{bmatrix}$$

É fácil verificar agora que a expressão matricial

$$\mathbf{A\,j} = \mathbf{0} \qquad (2.4)$$

onde **0** é o vetor nulo (de ordem adequada), resume as equações da 1ª Lei de Kirchhoff aplicada aos n nós não de referência da rede.

A (2.4) mostra também que as correntes numa rede não são inteiramente arbitrárias, pois devem pertencer ao espaço nulo (ou núcleo) da matriz $\mathbf{A_a}$.

Assim, por exemplo, indicando o vetor de correntes de ramo do grafo anterior por

$$\mathbf{j} = [j_a \ j_b \ j_c \ j_d \ j_e \ j_f \ j_g \ j_h]^T$$

(onde T em expoente indica transposição do vetor) resulta a equação matricial:

$$\mathbf{Aj} = \begin{bmatrix} 1 & 0 & 0 & -1 & 1 & 0 & 0 & 0 \\ -1 & 1 & 0 & 0 & 0 & -1 & 0 & 0 \\ 0 & 0 & 0 & 0 & -1 & 1 & 1 & 1 \\ 0 & 0 & -1 & 1 & 0 & 0 & 0 & -1 \end{bmatrix} \cdot \begin{bmatrix} j_a \\ j_b \\ j_c \\ j_d \\ j_e \\ j_f \\ j_g \\ j_h \end{bmatrix} = \begin{bmatrix} 0 \\ 0 \\ 0 \\ 0 \end{bmatrix}$$

Efetuando o produto indicado e igualando elemento por elemento, resultam as relações

$$\begin{cases} j_a - j_d + j_e = 0 \\ -j_a + j_b - j_f = 0 \\ -j_e + j_f + j_g + j_h = 0 \\ -j_c + j_d - j_h = 0 \end{cases}$$

que são, justamente, as equações da 1ª lei de Kirchhoff para os nós não de referência da rede.

Um fato importante é que estas relações são *linearmente independentes*, pois cada uma difere da outra ao menos por uma corrente. Mais precisamente, este fato decorre de ser o posto (ou característica) da matriz **A** necessariamente igual a $n = n_t - 1$ (ver demonstração nas referências [1] e [2] no fim do Capítulo).

2.4 A Segunda Lei de Kirchhoff e sua Expressão Matricial

a) Enunciado da Segunda Lei de Kirchhoff:

Consideremos um laço qualquer de uma rede elétrica, constituído por l bipolos com a tensão $v_i(t)$ no i-ésimo bipolo. A Segunda Lei de Kirchhoff nos afirma que

$$\sum \pm v_i(t) = 0, \qquad \forall t \qquad (2.5)$$

ou seja, a soma algébrica das tensões medidas ordenadamente ao longo do laço é nula em qualquer instante.

Para aplicar esta lei devemos inicialmente fixar todos os *sentidos de referência de tensão* nos bipolos que compõem o laço. Relembremos que, com isso, estabelecemos regras para a ligação de voltímetros para a medida das tensões de ramos. Em seguida devemos *orientar* o laço, atribuindo-lhe, também arbitrariamente, um *sentido de percurso positivo* (que pode ser horário ou anti-horário). Finalmente, adotamos uma regra para atribuir os sinais positivo ou negativo que compareçam em (2.5). Assim, por exemplo, podemos adotar o sinal positivo para as tensões cujos sentidos de referência *discordam* da orientação do laço.

Na figura 2.14-a, indicamos um laço de um circuito, devidamente orientado para a aplicação da 2ª Lei de Kirchhoff. Na mesma figura, b, mostramos como devem ser ligados os voltímetros para a leitura dos v_i do laço. Em qualquer instante, a soma algébrica das leituras dos voltímetros (considerados ideais) deve ser igual a zero, de acordo com a 2ª Lei.

Fazendo uma ligação com o Eletromagnetismo, devemos notar que a 2ª Lei de Kirchhoff implica também em que a circuitação do vetor do campo elétrico é nula ao longo do laço.

b) Generalização da Segunda Lei de Kirchhoff:

Esta lei pode ser aplicada sobre qualquer curva fechada que passe por terminais dos bipolos.

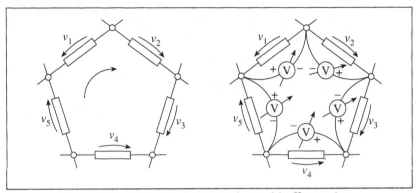

Figura 2.14 Aplicação da 2ª Lei de Kirchhoff a um laço.

Exemplo 1:

No laço da figura 2.14 a aplicação da 2ª Lei de Kirchhoff fornece

$v_1 - v_2 - v_3 + v_4 - v_5 = 0$

Exemplo 2:

No circuito de retificador de pico, indicado na figura 2.15 temos

$e_S - v_D - v_R = 0$.

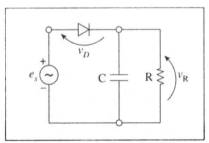

Figura 2.15 Retificador de pico.

Suponhamos agora que e_S e v_R são dados pelos gráficos da figura 2.16. Qual será o gráfico de v_D?

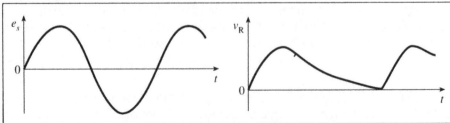

Figura 2.16 - Gráficos das tensões e_S e v_R.

Temos $v_D = e_S - v_R$. Subtraindo as ordenadas correspondentes de e_S e v_R obtemos o gráfico de v_D, indicado na figura 2.17.

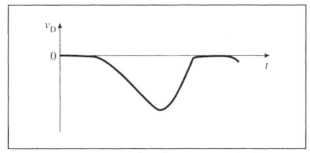

Figura 2.17 Gráfico da tensão no diodo.

Exemplo 3:

A soma das três tensões de linha num trifásico de três fios é igual a zero em cada instante. De fato, sobre a curva fechada indicada na figura 2.18 (que passa necessariamente por três nós do circuito alimentado pela linha) temos

$v_1(t) + v_2(t) + v_3(t) = 0$

pela 2ª Lei de Kirchhoff.

No caso do trifásico podemos ter, por exemplo

$$\begin{cases} v_1(t) = V_m \cos(\omega t - 90°) \\ v_2(t) = V_m \cos(\omega t + 150°) \\ v_3(t) = V_m \cos(\omega t + 30°) \end{cases}$$

É fácil verificar que a soma destas três tensões é igual a zero, usando identidades trigonométricas ou fasores.

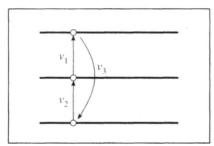

Figura 2.18 Tensões de linha numa linha trifásica.

c) Expressões matriciais da Segunda Lei de Kirchhoff:

Vamos procurar agora uma expressão matricial que contenha o maior número possível de equações linearmente independentes da 2ª Lei de Kirchhoff de um circuito.

Uma possibilidade de obter este conjunto decorre da aplicação da 2ª Lei de Kirchhoff a todos os *laços fundamentais* correspondentes a uma dada árvore do grafo da rede; assim, cada equação difere das demais ao menos por uma tensão de ramo de ligação, o que torna o conjunto de equações linearmente independente. Consideremos que os laços fundamentais foram *orientados*, isto é, foi fixado (arbitrariamente) um sentido de circulação ao longo de cada laço. Suporemos ainda que este sentido de orientação coincide com a orientação do ramo que define o laço fundamental.

Suponhamos então escolhida uma árvore da rede dada, suposta com grafo conexo, e vamos definir a matriz **B**, *matriz dos laços fundamentais associados à árvore*, por:

a) a matriz **B** tem um número de linhas igual ao número de laços fundamentais e tantas colunas quanto forem os ramos da rede. Assim, a cada linha de **B** corresponderá um laço e a cada coluna corresponderá um ramo;

b) indicando por b_{ij} o elemento genérico (da i-ésima linha e da j-ésima coluna) faremos:
$b_{ij} = +1$, se o ramo j pertencer ao laço i, com orientação concordante com o laço;
$b_{ij} = -1$, se o ramo j pertencer ao laço i, com orientação discordante com o laço;
$b_{ij} = 0$, se o ramo j não pertencer ao laço i.

Convém relembrar aqui que consideramos a orientação do ramo relacionada com o sentido de referência da corrente, estando este sentido relacionado com o da tensão pela convenção do receptor, conforme indicado na figura 2.19.

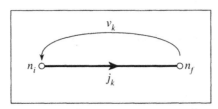

Figura 2.19 Orientações das referências de tensão e de corrente num ramo, de acordo com a convenção do receptor.

Por esta construção resulta que o posto (ou característica) de **B** é igual ao número l de ramos de ligação (veja o Exemplo 4, a seguir).

Definamos agora o *vetor das tensões de ramo* por

$$\mathbf{v} = [v_1\ v_2\ v_3\ ...\ v_r]^T$$

onde os v_i são as tensões de ramo e o T em expoente significa transposição do vetor. Portanto **v** é, efetivamente, um vetor coluna.

É fácil verificar então que as equações da 2ª Lei de Kirchhoff para os laços fundamentais estão contidas na equação matricial

$$\mathbf{B\,v} = \mathbf{0} \tag{2.6}$$

onde **0** representa, como de costume, o vetor nulo de ordem adequada.

De fato, ao efetuar o produto de cada linha de **B** pelo vetor **v** obtemos a soma algébrica ordenada das tensões de ramos ao longo do laço correspondente à linha de **B**.

Exemplo 4:

Consideremos o grafo da figura 2.20, com a árvore constituída pelos ramos 4, 5 e 6.

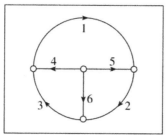

Figura 2.20 Grafo para a aplicação da 2ª Lei de Kirchhoff.

A matriz dos laços fundamentais correspondente à árvore escolhida será:

Ramos → 1 2 3   4   5   6   ↓Laços

$$\mathbf{B} = \begin{bmatrix} 1 & 0 & 0 & 1 & -1 & 0 \\ 0 & 1 & 0 & 0 & 1 & -1 \\ 0 & 0 & 1 & -1 & 0 & 1 \end{bmatrix} \begin{matrix} 1 \\ 2 \\ 3 \end{matrix}$$

　　　　　Ramos ｜ Ramos
　　　　　 de 　｜ de
　　　　　ligação｜ árvore

Portanto a expressão matricial da 2ª Lei de Kirchhoff será

$$\mathbf{B} \cdot \mathbf{v} = \begin{bmatrix} 1 & 0 & 0 & 1 & -1 & 0 \\ 0 & 1 & 0 & 0 & 1 & -1 \\ 0 & 0 & 1 & -1 & 0 & 1 \end{bmatrix} \cdot \begin{bmatrix} v_1 \\ v_2 \\ v_3 \\ v_4 \\ v_5 \\ v_6 \end{bmatrix} = \mathbf{0}$$

Nota: Este exemplo mostra que o posto (ou característica) da matriz **B** é necessariamente igual ao número de ramos de ligação, pois a primeira partição da matriz acima indicada é, por construção, uma matriz diagonal, com elementos +1 ou –1 na diagonal principal. Esta propriedade assegura a independência linear das equações da 2ª. lei de Kirchhoff referentes aos laços fundamentais.

Vamos agora introduzir as *tensões nodais* de uma rede e utilizar a 2ª. lei de Kirchhoff para relacioná-las com as tensões de ramos.

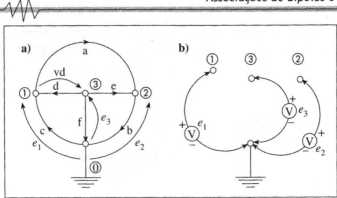

Figura 2.21 a) Grafo da rede; b) tensões nodais da rede.

Para definir as tensões nodais consideremos o grafo orientado e conexo de uma rede, e escolhamos um nó como *nó de referência* (que, muito freqüentemente, é a *terra* do circuito). As tensões nodais e_k da rede serão as tensões medidas entre cada um dos nós e o nó de referência, com o "–" do voltímetro ligado ao nó de referência, como indicado na figura 2.21.

Para relacionar uma tensão de ramo às tensões nodais aplicamos a 2ª lei de Kirchhoff a uma curva fechada que passa pelo nó de referência e pelos dois nós do ramo considerado. Assim, para o ramo *d* da figura 2.21-a, escreveremos

$$e_1 + v_d - e_3 = 0 \quad \rightarrow \quad v_d = e_3 - e_1$$

Este exemplo mostra que a tensão de ramo é a diferença entre as tensões nodais do nó inicial e do nó final do ramo, definidos os nós inicial e final de acordo com o sentido de referência da corrente. Neste exemplo os sentidos de referência da corrente e da tensão foram escolhidos com a convenção do receptor.

As relações entre tensões de ramo e tensões nodais de uma rede (ou de seu grafo) podem se exprimir por uma relação matricial que envolve a matriz de incidência (reduzida) do grafo da rede. Naturalmente, deve-se tomar o mesmo nó de referência para construir a matriz e para definir as tensões nodais.

Dada uma rede com $n + 1$ nós, definiremos o *vetor das tensões nodais* por

$$\mathbf{e} = [e_1 \; e_2 \; e_3 \; ... \; e_n]^T$$

Sendo **v** o vetor das tensões de ramo, vale a relação

$$\mathbf{A}^T \cdot \mathbf{e} = \mathbf{v} \qquad (2.7)$$

onde $\mathbf{A}^T$ indica a transposta da matriz de incidência reduzida.

Para verificar a validade de (2.7) notemos, inicialmente, que cada *coluna* da matriz **A** conterá no máximo dois elementos não nulos, com valores +1 ou –1, se o ramo correspondente à coluna não pertencer ao nó de referência; caso contrário, a coluna terá só um elemento não nulo. Em conseqüência, cada *linha* de sua transposta $\mathbf{A}^T$ indica os nós que pertencem a um dado ramo. Nessas condições, cada linha do produto $\mathbf{A}^T\mathbf{e}$ consistirá na diferença das duas tensões nodais dos extremos do ramo, já com os sinais corretos, se o ramo não pertencer ao nó de referência. Quando o ramo pertence ao nó de referência a tensão do outro nó corresponde, a menos do sinal, à própria tensão do ramo.

Exemplo 5:

No circuito com o grafo da figura 2.22 temos:

$$\mathbf{A} = \begin{matrix}(a & b & c & d & e & f)\\(1)\\(2)\\(3)\end{matrix}\begin{bmatrix} 1 & 0 & 1 & -1 & 0 & 0 \\ -1 & 1 & 0 & 0 & -1 & 0 \\ 0 & 0 & 0 & 1 & 1 & 1 \end{bmatrix}$$

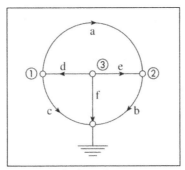

Figura 2.22 Grafo de rede para o Exemplo 5.

Portanto, a relação entre as tensões de ramo e as tensões nodais será

$$\mathbf{A}^T \cdot \mathbf{e} = \begin{bmatrix} 1 & -1 & 0 \\ 0 & 1 & 0 \\ 1 & 0 & 0 \\ -1 & 0 & 1 \\ 0 & -1 & 1 \\ 0 & 0 & 1 \end{bmatrix} \cdot \begin{bmatrix} e_1 \\ e_2 \\ e_3 \end{bmatrix} = \begin{bmatrix} e_1 - e_2 \\ e_2 \\ e_1 \\ -e_1 + e_3 \\ -e_2 + e_3 \\ e_3 \end{bmatrix} = \begin{bmatrix} v_a \\ v_b \\ v_c \\ v_d \\ v_e \\ v_f \end{bmatrix}$$

Esta é bem a expressão das tensões de ramo em termos das tensões nodais.

2.5 Forma Fasorial das Leis de Kirchhoff

Consideremos uma rede linear e a parâmetros constantes, em que todas as tensões e todas as correntes são senoidais e exatamente da mesma freqüência. Isto exige que todos os geradores que excitam a rede sejam *de mesma freqüência e sincronizados*, mantendo assim sempre a mesma relação de defasagens. A rede estará então em *regime permanente senoidal*.

Indicando a freqüência angular por ω, as correntes nos r ramos da rede serão do tipo

$$j_k(t) = A_k \cos(\omega t + \theta_k), \qquad k = 1, 2, 3, ..., r, \; A_k > 0 \qquad (2.8)$$

A estas correntes correspondem os fasores

$$\hat{J}_k = A_k e^{j\theta_k}$$

de modo que a corrente instantânea pode ser expressa por

$$j_k(t) = \frac{1}{2}[\hat{J}_k e^{j\omega t} + \hat{J}_k^* e^{-j\omega t}] \qquad (2.9)$$

como já sabemos. Introduzindo agora na 1ª Lei de Kirchhoff (2.3) a representação acima, obtemos

$$\sum_k \left[\pm \frac{1}{2}[\hat{J}_k e^{j\omega t} + \hat{J}_k^* e^{-j\omega t}] \right] = 0, \qquad \forall t$$

Para satisfazer a esta equação para qualquer t, os coeficientes das duas exponenciais devem ser nulos separadamente. Resulta então a *forma fasorial da 1ª. Lei de Kirchhoff*:

$$\sum_k (\pm \hat{J}_k) = 0 \qquad (2.10)$$

para qualquer nó da rede.

Analogamente, considerando que as tensões numa rede em regime permanente senoidal são do tipo

$$v_k(t) = B_k \cos(\omega t + \psi_k), \qquad B_k > 0,$$

com os fasores representativos

$$\hat{V}_k = B_k \cdot e^{j\psi_k}$$

podemos demonstrar que para qualquer laço da rede vale

$$\sum_k (\pm \hat{V}_k) = 0 \qquad (2.11)$$

Esta é a *forma fasorial da 2ª. Lei de Kirchhoff*.

É interessante notar que (2.10) e (2.11) têm, respectivamente, a mesma forma de (2.3) e (2.5). A diferença essencial é que em (2.10) e (2.11) aparecem números complexos, em vez dos reais de (2.3) e (2.5). Esta igualdade formal será útil mais tarde.

2.6 A Dualidade nos Circuitos Elétricos

As relações básicas até agora introduzidas para o desenvolvimento da Teoria dos Circuitos foram as relações nos bipolos ideais e as duas leis de Kirchhoff. Estas relações estão listadas abaixo, em duas colunas:

$v = Ri$	$i = Gv$
$i = C\,dv/dt$	$v = L\,di/dt$
$v = \dfrac{1}{C}\int i\,dt$	$i = \dfrac{1}{L}\int v\,dt$
$q = Cv$	$\Psi = Li$
$\sum_k (\pm i_k) = 0$	$\sum_k (\pm v_k) = 0$

Podemos notar que as relações de uma das colunas obtêm-se das correspondentes relações da outra coluna, mediante as seguintes trocas ordenadas de símbolos:

Lista de elementos duais:		
v	$\Leftrightarrow$	i
R	$\Leftrightarrow$	G
L	$\Leftrightarrow$	C
q	$\Leftrightarrow$	ψ

Em conseqüência, as grandezas indicadas numa mesma linha da lista acima se dizem *duais*. Dada então uma qualquer propriedade, deduzida apenas do grupo de relações acima, a troca de termos por seus duais leva a uma outra propriedade, também válida e *dual* da primeira.

A lista de duais acima apresentada será ampliada no decorrer do curso. Anotemos desde já as seguintes extensões, que se verificam facilmente:

Relações de dualidade		
ligação série	$\Leftrightarrow$	ligação paralela
gerador ideal de tensão	$\Leftrightarrow$	gerador ideal de corrente
curto - circuito	$\Leftrightarrow$	circuito aberto

Para justificar a primeira relação basta notar que dois bipolos ligados em série têm a mesma corrente. Dualmente, teremos dois bipolos à mesma tensão, o que corresponde a uma ligação paralela.

Como exemplo de aplicação consideremos o modelo comum de um gerador real de tensão, constituído pela associação série de um gerador ideal de tensão e um resistor R, como indicado na figura 2.23-a. Seu dual será pois constituído pela associação paralela de um gerador de corrente e um resistor de condutância G, apresentado na figura 2.23-b.

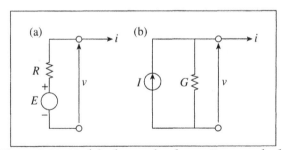

Figura 2.23 Modelo de gerador de tensão e seu dual.

Se valerem numericamente as igualdades $E = I$ e $R = G$ os circuitos da figura 2.23 serão ditos *estritamente duais*. Caso contrário, isto é, se as estruturas forem duais, mas os valores numéricos não forem iguais, os circuitos serão ditos *potencialmente duais*.

Bibliografia do Capítulo 2:

1) DESOER, C. A. e KUH, E. S., Basic Circuit Theory, New York: McGraw-Hill, 1969.
2) SESHU, S. e REED, M. B., Linear Graphs and Electrical Networks, Reading, Mass.: Addison-Wesley, 1961.
3) KUPFMÜLLER, K., Einfuhrung in die Theoretische Elektrotechnik, 4ª Ed., Berlin: Springer, 1952.
4) SWAMY, M. N. S. e THULASHIRAMAN, Graphs, Networks and Algorithms, New York: Wiley, 1981.
5) CHUA, L. O., DESOER, C. A. e KUH, E. S., Linear and Non-Linear Circuits, New York: McGraw-Hill, 1987.

EXERCÍCIOS BÁSICOS DO CAPÍTULO 2

1 No integrador-somador da figura 1.27, substitua o amplificador operacional pelo modelo indicado na figura 1.23-c e desenhe um grafo orientado correspondente a esse circuito. Use o nó de terra como nó de referência.

a) Quantos ramos e nós você obteve?

b) Quantos são os ramos de árvore e de ligação?

Resp.: a) 6 ramos e 5 nós; b) 4 ramos de árvore, 2 ramos de ligação.

2 A tabela E2.1 indica as interconexões dos ramos de um grafo. Na sua construção as linhas e colunas correspondem, respectivamente, aos nós e aos ramos do grafo; em cada coluna os símbolos "x" indicam entre quais nós está ligado o ramo correspondente. Assim, por exemplo, a tabela indica que o ramo "a" interliga os nós 1 e 4.

a) Desenhe o grafo correspondente a esta tabela;

b) Escolha agora uma árvore que contenha o ramo "a" e determine o corte fundamental associado a este ramo.

Tabela E2.1

	a	b	c	d	e	f
1	x	x	x			
2		x		x	x	
3			x	x		x
4	x				x	x

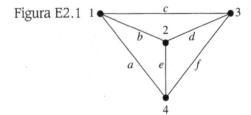

Figura E2.1

Resp.: a) Figura E2.1; b) por exemplo, árvore {a, f, d} e corte {a, b, c}.

Exercícios básicos do capítulo 2 **61**

3   Num circuito com o grafo orientado da Figura E2.2 sabe-se que $i_1 = 5$, $i_2 = -2$ e $i_3 = 1$. Determine as outras três correntes. *Nota*: Obtenha uma solução simples, mas resolva também empregando a fórmula 2.4.

Figura E2.2

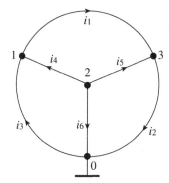

Resp.: $i_4 = 4$ A, $i_5 = -7$ A, $i_6 = 3$ A; usando a (2.4) vem:

$$\begin{bmatrix} 1 & 0 & -1 & -1 & 0 & 0 \\ 0 & 0 & 0 & 1 & 1 & 1 \\ -1 & 1 & 0 & 0 & -1 & 0 \end{bmatrix} \begin{bmatrix} i_1 \\ i_2 \\ i_3 \\ i_4 \\ i_5 \\ i_6 \end{bmatrix} = \begin{bmatrix} 0 \\ 0 \\ 0 \end{bmatrix}$$

donde se obtêm as mesmas respostas anteriores.

4   Indique por v_j a tensão no ramo com corrente i_j ($j = 1, 2, \ldots, 6$) no grafo da figura E2.2, usando a convenção do receptor.

a)   Construa a matriz dos laços fundamentais associada com a árvore constituída pelos ramos 1, 3 e 4.

b)   Suponha que o circuito correspondente a esse grafo está em regime permanente senoidal e que

$\hat{V}_1 = 5\angle 0°$, $\hat{V}_2 = 10\angle -30°$, $\hat{V}_6 = 2\angle 60°$

Calcule os fasores das demais tensões de ramos da rede.

Resp.: a) Matriz dos laços fundamentais:

$$\mathbf{B} = \begin{bmatrix} 1 & 1 & 1 & 0 & 0 & 0 \\ -1 & 0 & 0 & -1 & 1 & 0 \\ 0 & 0 & 1 & -1 & 0 & 1 \end{bmatrix}$$

b) $\hat{V}_5 = 10,2\angle 138,7°$, $\hat{V}_4 = 14,34\angle 152°$, $V_3 = 14,59\angle 159,9°$

5. Ainda com referência ao grafo da figura E2.2, escreva a relação matricial 2.7, que relaciona tensões nodais e tensões de ramos.

Resp.:
$$\begin{bmatrix} 1 & 0 & -1 \\ 0 & 0 & 1 \\ -1 & 0 & 0 \\ -1 & 1 & 0 \\ 0 & 1 & -1 \\ 0 & 1 & 0 \end{bmatrix} \cdot \begin{bmatrix} e_1 \\ e_2 \\ e_3 \end{bmatrix} = \begin{bmatrix} v_1 \\ v_2 \\ v_3 \\ v_4 \\ v_5 \\ v_6 \end{bmatrix}$$

Capítulo 3

A ANÁLISE NODAL E SUAS VARIANTES; ANÁLISE DE MALHAS

3.1 Introdução

Veremos agora como montar as equações que nos permitem *analisar* uma rede, isto é, calcular todas sua tensões e correntes. Começaremos pela *análise nodal*, uma das mais empregadas atualmente. Veremos também a *análise nodal modificada*, usada sobretudo em programas computacionais.

Faremos aqui uma exposição simples da análise nodal de redes resistivas, começando pelo caso de *redes lineares*. Mostraremos também como é possível estender esta análise para redes não lineares, que envolvem problemas mais complicados de cálculo numérico. Em seguida mostraremos como passar à *análise nodal modificada*, sobretudo utilizada em programas computacionais.

Estes procedimentos serão em seguida estendidos ao caso de *redes R, L, C*, com excitação senoidal, operando em regime permanente senoidal, mediante uma simples passagem do corpo de números reais ao corpo de números complexos, chegando assim à *análise C. A.* (*corrente alternativa*). Na segunda parte deste curso estes procedimentos serão generalizados para redes com excitações arbitrárias.

Para introduzir a análise nodal, começaremos com o caso mais simples de *redes constituídas exclusivamente por resistores lineares e geradores de corrente, independentes ou controlados*.

No primeiro passo da análise nodal, um dos nós do circuito é escolhido como *nó de referência*. Esta escolha é, em princípio, arbitrária, mas razões de ordem prática sugerem que a *terra* do circuito seja escolhida como nó de referência. Em seguida, os nós são numerados, atribuindo-se o *zero* ao nó de referência. A tensão de cada nó, medida em relação ao nó de referência, será designada por *tensão nodal*, como já vimos. As tensões nodais serão as incógnitas a determinar na análise nodal.

A análise nodal parte da aplicação da 1ª Lei de Kirchhoff a cada um dos nós não de referência da rede. Indicando por **j** o vetor das correntes nos ramos da rede (eventualmente funções do tempo) e por **A** sua matriz de incidência nós-ramos, já vimos que a 1ª Lei de Kirchhoff se exprime por

$$\mathbf{Aj}(t) = \mathbf{0}, \quad \forall t \tag{3.1}$$

Na segunda etapa da análise nodal, as correntes desconhecidas devem ser eliminadas pelas relações entre corrente e tensão em cada ramo. Matricialmente, na classe de ramos que estamos considerando, estas relações se exprimem por

$$\mathbf{j}(t) = \mathbf{Gv}(t) + \mathbf{i}_s(t) \tag{3.2}$$

onde **G** é a *matriz das condutâncias de ramos*, $\mathbf{v}(t)$ é o *vetor das tensões de ramos* e $\mathbf{i}_s(t)$ é o *vetor das correntes de fontes*.

Exemplo 1 - Relações de correntes de ramos:

No circuito da figura 3.1, onde a associação paralela de i_s e G_1 será considerada um único ramo, a aplicação de (3.2) fornece:

$$\mathbf{j} = \begin{bmatrix} G_1 & 0 & 0 & 0 \\ 0 & G_2 & 0 & 0 \\ g_m & 0 & 0 & 0 \\ 0 & 0 & 0 & G_4 \end{bmatrix} \cdot \begin{bmatrix} v_1 \\ v_2 \\ v_3 \\ v_4 \end{bmatrix} + \begin{bmatrix} -i_s \\ 0 \\ 0 \\ 0 \end{bmatrix}$$

Note-se que neste exemplo não usamos tensões nodais.

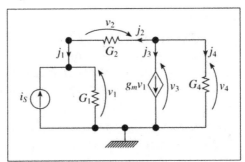

Figura 3.1 Exemplo de relações de ramos.

Voltando à análise nodal, a substituição de (3.2) em (3.1) fornece

$$\mathbf{AG}\,\mathbf{v}(t) = -\mathbf{Ai}_s(t) \tag{3.3}$$

As tensões de ramos podem ser eliminadas por meio da conhecida relação

$$\mathbf{v}(t) = \mathbf{A}^T \mathbf{e}(t)$$

onde $\mathbf{e}(t)$ é o *vetor das tensões nodais*. A (3.3) fornece então

$$\mathbf{AG}\,\mathbf{A}^T \mathbf{e}(t) = -\mathbf{Ai}_s(t) \tag{3.4}$$

Finalmente, definindo a *matriz das condutâncias nodais*

$$\mathbf{G_n} = \mathbf{AG}\,\mathbf{A}^T \tag{3.5}$$

e o *vetor das correntes de fontes equivalentes*

$$\mathbf{i}_{sn}(t) = -\mathbf{A}\mathbf{i}_s(t) \tag{3.6}$$

de (3.4) obtém-se a *equação de análise nodal das redes resistivas*:

$$\mathbf{G}_n\mathbf{e}(t) = \mathbf{i}_{sn}(t) \tag{3.7}$$

Veremos depois que $\mathbf{G}_n$ e $\mathbf{i}_{sn}$ podem ser determinados por simples inspeção do circuito, não sendo necessário efetuar os produtos matriciais indicados.

Conduzindo adequadamente o processo de eliminação, terminamos assim com um sistema determinado de equações algébricas (ou diferenciais, no caso geral de redes R, L, C), cuja solução fornece as tensões nodais da rede. A partir desse resultado, a obtenção das tensões e das correntes de ramos da rede é muito simples. Vamos começar aplicando este procedimento a redes lineares resistivas; para maior simplicidade, escreveremos as equações matriciais linha por linha.

3.2 Análise Nodal de Redes Resistivas Lineares

Consideremos o *i*-ésimo nó não de referência de uma rede resistiva. Vamos começar tratando do caso em que a rede contém apenas resistores e geradores independentes de corrente; o nó genérico é então do tipo representado na figura 3.2. Indicamos apenas dois geradores de corrente para ilustrar as duas possíveis orientações; as orientações dos ramos resistivos são inteiramente arbitrárias.

Aplicando a 1ª lei de Kirchhoff a esse nó e considerando positivas as correntes cujo sentido de referência *sai* do nó, temos:

$$-j_1 + j_2 + \ldots - j_k - i_{s1} + i_{s2} = 0$$

Mas as relações de ramos são

$$\begin{cases} j_1 = G_1 v_1 = G_1(e_1 - e_i) \\ j_2 = G_2 v_2 = G_2(e_i - e_2) \\ \vdots \\ j_k = G_k v_k = G_k(e_k - e_i) \end{cases}$$

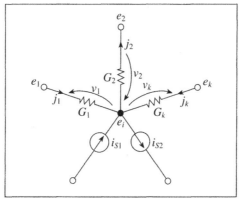

Figura 3.2 Nó genérico de uma rede resistiva.

onde as tensões de ramos já foram eliminadas em função das tensões nodais. A substituição dos j_k na equação da 1ª Lei de Kirchhoff fornece então

Nó i: $\quad -G_1 e_1 - G_2 e_2 + \cdots + (G_1 + G_2 + \cdots G_k) e_i + \cdots - G_k e_k = i_{s1} - i_{s2}$ (3.8)

Daqui segue-se a regra para escrever a equação nodal para um nó não de referência. Para entendermos facilmente esta regra, vamos primeiramente escrever as equações nodais da rede da figura 3.3.

O nó indicado por "0" será o *nó de referência*; e_1, e_2 e e_3 são as *tensões nodais* dos demais nós. As orientações dos ramos que não contém geradores foram escolhidas de maneira inteiramente arbitrária.

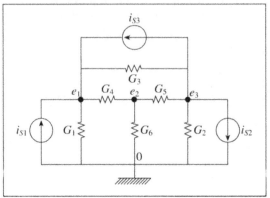

Figura 3.3 Exemplo de análise nodal de rede resistiva.

Aplicando sucessivamente uma relação análoga a (3.8) a cada um dos nós não de referência, obtemos:

$$\begin{cases} (G_1 + G_3 + G_4) e_1 - G_4 e_2 - G_3 e_3 = i_{s1} + i_{s3} \\ -G_4 e_1 + (G_4 + G_5 + G_6) e_2 - G_5 e_3 = 0 \\ -G_3 e_1 - G_5 e_2 + (G_2 + G_3 + G_5) e_3 = -i_{s2} - i_{s3} \end{cases}$$

Usando notação matricial, o sistema acima se escreve na forma

$$\begin{bmatrix} G_1 + G_3 + G_4 & -G_4 & -G_3 \\ -G_4 & G_4 + G_5 + G_6 & -G_5 \\ -G_3 & -G_5 & G_2 + G_3 + G_5 \end{bmatrix} \cdot \begin{bmatrix} e_1 \\ e_2 \\ e_3 \end{bmatrix} = \begin{bmatrix} i_{s1} + i_{s3} \\ 0 \\ -i_{s2} - i_{s3} \end{bmatrix}$$

Esta equação é da forma geral

$$\mathbf{G_n e = i_{sn}} \qquad (3.9)$$

onde $\mathbf{G_n}$ é a *matriz das condutâncias nodais* e $\mathbf{i_{sn}}$ é o *vetor das fontes de corrente equivalentes*.

A matriz das condutâncias nodais determina-se diretamente do circuito por uma regra muito simples:

1º O elemento (j,j) da diagonal principal é dado pela soma das condutâncias pertencentes ao nó j da rede;

2º O elemento (i,j) da matriz, com $i \neq j$, é dado pelo negativo da soma das condutâncias dos ramos que interligam diretamente os nós i, j da rede;

3º Se a rede tiver $n+1$ nós, os índices i e j variam de 1 a n.

Por esta regra é óbvio que a matriz G_n é *simétrica*; se as condutâncias forem todas positivas, é possível demonstrar que ela é sempre *não singular*.

O vetor das fontes de corrente se obtém pela seguinte regra:

1º A j-ésima linha do vetor das fontes de corrente equivalentes é dada pela soma algébrica das correntes de geradores de corrente independentes que pertencem ao nó j (não de referência) da rede. A corrente é tomada com o sinal positivo se *entrar* no nó, e negativamente no caso oposto.

2º Se a rede tiver $n+1$ nós, o índice j varia de 1 a n.

Exemplo numérico:

Vamos fazer a análise nodal da rede da figura 3.4. Todas as condutâncias estão dadas em *siemens* (S) e as correntes em *ampères* (A). As equações nodais desta rede são:

$$\begin{bmatrix} 12 & -2 & 0 \\ -2 & 10 & -3 \\ 0 & -3 & 11 \end{bmatrix} \cdot \begin{bmatrix} e_1 \\ e_2 \\ e_3 \end{bmatrix} = \begin{bmatrix} -10\cos 10t \\ 0 \\ 10\cos 10t \end{bmatrix}$$

Como se sabe, podemos resolver o problema numericamente de várias maneiras. Assim, usando a *regra de Cramer* teremos primeiramente que calcular o determinante da matriz de coeficientes:

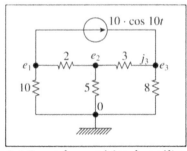

Figura 3.4 Exemplo numérico de análise nodal.

$$\det G_n = \begin{vmatrix} 12 & -2 & 0 \\ -2 & 10 & -3 \\ 0 & -3 & 11 \end{vmatrix} = 1.168$$

A tensão nodal incógnita e_1 será

$$e_1 = \frac{1}{1,168} \begin{vmatrix} -10 & -2 & 0 \\ 0 & 10 & -3 \\ 10 & -3 & 11 \end{vmatrix} \cos 10t = -0,8134 \cos 10t$$

Analogamente obteremos

$e_2 = 0,1199 \cos 10t$
$e_3 = 0,9418 \cos 10t$

Numericamente o emprego da regra de Cramer só é interessante em sistemas de duas ou três equações. De um modo geral será mais conveniente usar a *eliminação de Gauss*, que parte da *matriz aumentada*

$$\begin{bmatrix} 12 & -2 & 0 & | & -10\cos 10t \\ -2 & 10 & -3 & | & 0 \\ 0 & -3 & 11 & | & 10\cos 10t \end{bmatrix}$$

Dividindo a primeira linha por 12 e substituindo a segunda linha pela soma da segunda linha da matriz aumentada pela soma de sua segunda linha original com o dobro da primeira linha modificada, obtemos

$$\begin{bmatrix} 1 & -0,1667 & 0 & | & -0,833\cos 10t \\ 0 & 9,6667 & -3 & | & -1,6667\cos 10t \\ 0 & -3 & 11 & | & 10\cos 10t \end{bmatrix}$$

Repetindo agora as operações anteriores, mas a partir da segunda linha, resulta

$$\begin{bmatrix} 1 & -0,1667 & 0 & | & -0,8333\cos 10t \\ 0 & 1 & -0,3103 & | & -0,1724\cos 10t \\ 0 & 0 & 10,0691 & | & 9,4828\cos 10t \end{bmatrix}$$

A matriz já ficou triangularizada. Podemos agora calcular, sucessivamente,

$$\begin{cases} e_3 = \dfrac{9,4828}{10,06091} \cos 10t = 0,9418 \cos 10t \\[2mm] e_2 = 0,3103 e_3 - 0,1724 \cos 10t = 0,1198 \cos 10t \\ e_1 = 0,1667 e_2 - 0,8333 \cos 10t = -0,8133 \cos 10t \end{cases}$$

O método de eliminação de Gauss, com alguns aperfeiçoamentos estudados nos cursos de Cálculo Numérico, é utilizado na maioria dos programas de análise de circuitos por computador.

3.3 Extensões da Análise Nodal

Vamos agora estender a análise nodal de redes resistivas de modo a incluir nas redes geradores ideais de tensão e geradores vinculados. Estas extensões serão feitas aqui sem muita sistematização, de modo que só serão úteis para o cálculo manual.

a) Inclusão dos geradores ideais de tensão:

Se um gerador ideal de tensão estiver ligado entre dois nós de uma rede resistiva, a segunda etapa da análise nodal (eliminação da corrente de ramo pela relação entre corrente e tensão) não pode ser feita, pois não existe esta relação num gerador ideal de tensão. Neste caso, o que se faz é considerar a corrente no gerador como uma incógnita suplementar. Em compensação, como a tensão do gerador é igual à diferença entre as duas tensões nodais de seus nós, aparece mais uma equação, e o sistema continua determinado.

Vamos aplicar esta receita ao circuito da figura 3.5.

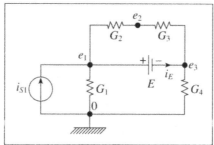

Figura 3.5 Análise nodal com gerador ideal de tensão.

A aplicação da 1ª Lei de Kirchhoff aos três nós do circuito, indicando ainda a corrente no gerador por i_E, fornece

$$\begin{cases} (G_1 + G_2)e_1 - G_2 e_2 + i_E = i_{s1} \\ -G_2 e_1 + (G_2 + G_3)e_2 - G_3 e_3 = 0 \\ -G_3 e_2 + (G_3 + G_4)e_3 - i_E = 0 \end{cases}$$

A estas equações adicionamos a relação entre as tensões no ramo do gerador de tensão:

$$e_1 - e_3 = E$$

Juntando tudo numa equação matricial, vem

$$\begin{bmatrix} G_1 + G_2 & -G_2 & 0 & 1 \\ -G_2 & G_2 + G_3 & -G_3 & 0 \\ 0 & -G_3 & G_3 + G_4 & -1 \\ 1 & 0 & -1 & 0 \end{bmatrix} \cdot \begin{bmatrix} e_1 \\ e_2 \\ e_3 \\ i_E \end{bmatrix} = \begin{bmatrix} i_{s1} \\ 0 \\ 0 \\ E \end{bmatrix}$$

A resolução deste sistema fornece as tensões nodais e a corrente no gerador de tensão independente.

O procedimento acima pode ser simplificado quando o gerador ideal de tensão tiver um de seus terminais ligado ao nó de referência. Basta não escrever a equação nodal para o nó que contém o terminal do gerador não ligado ao nó de referência, pois essa tensão nodal é igual á tensão aplicada pelo gerador. Assim, no circuito da figura 3.6 escreveremos apenas as equações para os nós 2 e 3:

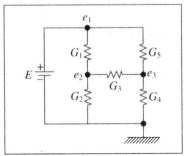

Figura 3.6 Circuito com gerador de tensão com um terminal no nó de referência.

Nó 2: $\qquad -G_1 e_1 + (G_1 + G_2 + G_3)e_2 - G_3 e_3 = 0$

Nó 3: $\qquad -G_5 e_1 - G_3 e_2 + (G_3 + G_4 + G_5)e_3 = 0$

Considerando que $e_1 = E$, estas equações se reduzem a

$$(G_1 + G_2 + G_3)e_2 - G_3 e_3 = G_1 E$$

$$-G_3 e_2 + (G_3 + G_4 + G_5)e_3 = G_5 E$$

Estas equações fornecem e_2 e e_3.

b) Inclusão de geradores vinculados:

Para fazer a análise nodal de uma rede com geradores vinculados devemos seguir a seguinte regra:

1) Os geradores vinculados são tratados inicialmente como se fossem independentes. No caso de gerador de corrente, coloca-se sua corrente no segundo membro da equação; no caso de geradores de tensão, introduz-se a corrente no gerador como variável incógnita;

2) Exprime-se a variável de controle em função das tensões nodais e substitui-se nas equações da rede;

3) As equações são rearranjadas e resolvidas.

Vamos ilustrar essa regra com um exemplo. Consideremos então o circuito da figura 3.7, que contém um gerador de tensão controlado por corrente.

As equações nodais dessa rede são:

Nó 1: $\qquad (G_1 + G_2)e_1 - G_2 e_2 = i_{s1}$

Nó 2: $\qquad -G_2 e_1 + (G_2 + G_3 + G_4)e_2 - G_4 e_3 - i_4 = 0$

Nó 3: $\qquad -G_4 e_2 + (G_4 + G_5)e_3 + i_4 = 0$

A estas equações adiciona-se a relação da 2ª. Lei de Kirchhoff do ramo que contém o gerador vinculado:

$$e_2 - e_3 = r_m j_2$$

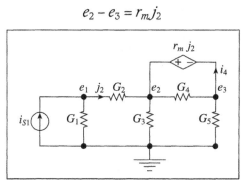

Figura 3.7 Rede com gerador vinculado.

Eliminando a corrente controladora pela relação $j_2 = G_2(e_1 - e_2)$, passando $\bar{e}_1$ e e_2 para o segundo membro e reagrupando todas as equações numa só equação matricial, obtemos

$$\begin{bmatrix} G_1 + G_2 & -G_2 & 0 & 0 \\ -G_2 & G_2 + G_3 + G_4 & -G_4 & -1 \\ 0 & -G_4 & G_4 + G_5 & 1 \\ -r_m G_2 & 1 + r_m G_2 & -1 & 0 \end{bmatrix} \cdot \begin{bmatrix} e_1 \\ e_2 \\ e_3 \\ i_4 \end{bmatrix} = \begin{bmatrix} i_{s1} \\ 0 \\ 0 \\ 0 \end{bmatrix}$$

A introdução do gerador vinculado destruiu a simetria da matriz da equação de análise. Além do mais, a não singularidade da matriz não é mais garantida para qualquer valor de r_m.

3.4 A Análise Nodal Modificada

Como acabamos de ver, a análise nodal pode ser modificada de modo a incluir fontes ideais de tensão e geradores vinculados. No entanto, as regras que utilizamos para estas extensões não foram suficientemente formalizadas para a inclusão em programas computacionais. A necessária formalização se faz por meio da *análise nodal modificada*[1]. Os principais programas computacionais de análise de circuitos utilizam este método.

Na análise nodal modificada consideram-se dois tipos de variáveis incógnitas:

a) as *tensões nodais*, como na análise nodal;

b) as correntes em certos ramos, designados por *ramos tipo impedância*. Na análise de redes resistivas, as correntes nos geradores de tensão ideais ou que controlam geradores vinculados são obrigatoriamente consideradas como incógnitas. Os ramos com geradores de tensão ideais são pois ramos tipo impedância. Para transformar as correntes de geradores vinculados em incógnitas, pode-se criar um novo ramo tipo impedância, colocando um gerador de tensão, com tensão nula, em série com

---

[1] HO, C. W. RUEHLI, A. E. e BREMMAM, P. A., *"The modified nodal approach to network analysis"*, IEEE Trans. Circ. Syst., vol. CASS-22, pgs 504-509 (1975).

o ramo original que contém a corrente controladora. Os ramos cujas correntes não são incógnitas serão designados por *ramos tipo admitância*.

As equações de análise nodal modificada são de dois tipos:

a) equações de 1ª Lei de Kirchhoff para os nós não de referência;
b) equações de 2ª Lei de Kirchhoff para os ramos tipo impedância.

Com isto, obtemos um sistema com número de equações igual ao número de incógnitas.

No caso de análise de redes resistivas convém admitir (embora nem todos os programas o permitam) ramos tipo impedância com a estrutura indicada na figura 3.8. Eventualmente E_k pode ser nulo.

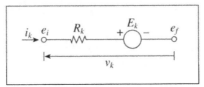

Figura 3.8 Ramo resistivo tipo impedância (com corrente incógnita).

A aplicação da 2ª Lei de Kirchhoff a este ramo fornece

$$v_k = R_k i_k + E_k$$

ou, considerando que $v_k = e_i - e_f$ (onde e_i e e_f são, respectivamente, as tensões nodais dos nós inicial e final do ramo),

$$e_i - e_f - R_k i_k = E_k \qquad (3.10)$$

As equações nodais da rede resistiva serão complementadas por tantas equações do tipo (3.10) quantas forem as correntes incógnitas.

Como primeiro exemplo de análise nodal modificada de redes resistivas consideremos então o circuito da figura 3.9, onde as incógnitas serão as três tensões nodais e_1, e_2 e e_3, bem como as duas correntes de ramo i_1 e i_2. Com essas escolhas, admitimos que a associação série dos bipolos E e R_1 constitui um único ramo.

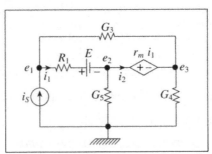

Figura 3.9 Exemplo de análise nodal modificada.

As equações de 1ª Lei de Kirchhoff deste circuito serão:

$$\begin{cases} G_3 \cdot (e_1 - e_3) + i_1 = i_s \\ G_5 e_2 - i_1 + i_2 = 0 \\ (G_3 + G_4) e_3 - G_3 e_1 - i_2 = 0 \end{cases}$$

A Análise Nodal Modificada

Vamos agregar a estas relações as relações constitutivas nos ramos 1 e 2:

$$\begin{cases} e_1 - e_2 - R_1 i_1 = E \\ e_2 - e_3 - r_m i_1 = 0 \end{cases}$$

Agrupando estas últimas cinco equações numa única equação matricial obtemos

$$\begin{bmatrix} G_3 & 0 & -G_3 & 1 & 0 \\ 0 & G_5 & 0 & -1 & 1 \\ -G_3 & 0 & G_3 + G_4 & 0 & -1 \\ \hline 1 & -1 & 0 & -R_1 & 0 \\ 0 & 1 & -1 & -r_m & 0 \end{bmatrix} \cdot \begin{bmatrix} e_1 \\ e_2 \\ e_3 \\ \hline i_1 \\ i_2 \end{bmatrix} = \begin{bmatrix} i_s \\ 0 \\ 0 \\ \hline E \\ 0 \end{bmatrix}$$

Com as partições indicadas vemos que o bloco no canto superior esquerdo da matriz principal corresponde à matriz de condutâncias nodais do circuito, quando se suprimem os ramos cujas correntes foram designadas como variáveis incógnitas. O outro bloco da diagonal principal da mesma matriz contém as resistências ou transresistências destes últimos ramos.

Genericamente, a equação matricial de análise nodal modificada de redes resistivas lineares pode ser escrita na forma

$$\left[\begin{array}{c|c} \mathbf{G_n} & \mathbf{B} \\ \hline \mathbf{F} & -\mathbf{R} \end{array} \right] \cdot \left[\begin{array}{c} \mathbf{e} \\ \hline \mathbf{i} \end{array} \right] = \left[\begin{array}{c} \mathbf{i_{sn}} \\ \mathbf{e_{sn}} \end{array} \right] \qquad (3.11)$$

onde:

$\mathbf{e}$ = vetor das tensões nodais;
$\mathbf{i}$ = vetor das correntes incógnitas;
$\mathbf{i_{sn}}$ = vetor das correntes dos geradores de corrente equivalentes;
$\mathbf{e_{sn}}$ = vetor das tensões dos geradores de tensão equivalentes.

Como se sabe, os blocos de matrizes particionadas podem ser considerados como elementos simples de uma matriz, no sentido em que podem ser submetidos a operações com as mesmas regras dos elementos escalares, desde que se mantenha a ordem correta nas operações, pois os blocos, sendo matrizes, não são comutativos em relação ao produto. Assim, as equações (3.11) podem ser desdobradas nas duas equações matriciais

$$\begin{cases} \mathbf{G_n} \cdot \mathbf{e} + \mathbf{B} \cdot \mathbf{i} = \mathbf{i_{sn}} \\ \mathbf{F} \cdot \mathbf{e} - \mathbf{R} \cdot \mathbf{i} = \mathbf{e_{sn}} \end{cases} \qquad (3.11')$$

A equação (3.11) está particionada de modo que:

a) Os blocos superiores correspondem à aplicação da 1ª Lei de Kirchhoff aos nós não de referência do circuito;

b) Os blocos inferiores correspondem à aplicação da 2ª Lei de Kirchhoff aos ramos cujas correntes são incógnitas;

c) O bloco $\mathbf{G_n}$ corresponde à matriz das condutâncias nodais de um circuito obtido pela supressão dos ramos do circuito original cujas correntes são incógnitas.

Estas observações permitem que se construa a equação (3.11) por inspeção do circuito, ao menos no caso em que ele não contém geradores vinculados.

Convém introduzir uma forma mais compacta de (3.11). Fazendo

$$\left[\begin{array}{c|c} G_n & B \\ \hline F & -R \end{array} \right] = T_{nm}$$

$$\left[\begin{array}{c|c} e^T & i^T \end{array} \right] = x$$

$$\left[\begin{array}{c|c} i_{sn}^T & e_{sn}^T \end{array} \right]^T = u$$

a equação de análise nodal modificada das redes resistivas se escreve, mais sinteticamente,

$$T_{nm} \cdot x = u \tag{3.12}$$

Veremos que esta equação será aumentada com novos termos para os demais tipos de análise.

Exemplo 1:

Vamos escrever as equações de análise nodal modificada do circuito da figura 3.10-a. Considerando a associação R_3, E_3 como constituindo um só ramo, ficamos com as incógnitas e_1, e_2, i_3 e i_4.

Para escrever o bloco superior das equações, basta aplicar a 1ª. Lei de Kirchhoff ao sub-circuito indicado na figura 3.10-b. Obtemos:

$$\left[\begin{array}{cc|cc} G_1+G_2 & -G_2 & 0 & 0 \\ -G_2 & G_2 & 1 & -1 \end{array} \right] \cdot \left[\begin{array}{c} e_1 \\ e_2 \\ i_3 \\ i_4 \end{array} \right] = \left[\begin{array}{c} I_{s1} \\ 0 \end{array} \right]$$

Para obter o bloco inferior, aplicamos a 2ª Lei de Kirchhoff aos ramos com correntes incógnitas, mas substituindo tensões de ramos por diferenças entre tensões nodais. Resultam as equações:

$$\left[\begin{array}{cc|cc} 0 & 1 & -R_3 & 0 \\ 0 & -1 & 1 & 0 \end{array} \right] \cdot \left[\begin{array}{c} e_1 \\ e_2 \\ i_3 \\ i_4 \end{array} \right] = \left[\begin{array}{c} E_3 \\ E_4 \end{array} \right]$$

Juntando os dois blocos, chegamos à equação de análise nodal modificada:

$$\left[\begin{array}{cc|cc} G_1+G_2 & -G_2 & 0 & 0 \\ -G_2 & G_2 & 1 & -1 \\ \hline 0 & 1 & -R_3 & 0 \\ 0 & -1 & 0 & 0 \end{array} \right] \cdot \left[\begin{array}{c} e_1 \\ e_2 \\ i_3 \\ i_4 \end{array} \right] = \left[\begin{array}{c} I_{s1} \\ 0 \\ E_3 \\ E_4 \end{array} \right]$$

A Análise Nodal Modificada

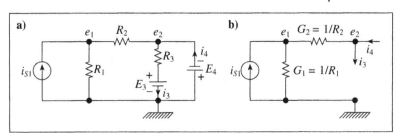

Figura 3.10 Exemplo simples de análise nodal modificada.

Mais detalhes sobre a montagem destas equações serão vistos quando examinarmos como incluí-las em programas computacionais.

Antes de passarmos adiante, notemos duas restrições a este tipo de análise:

a) O circuito não pode ter nenhum corte constituído exclusivamente por geradores ideais de corrente independentes;

b) O circuito não pode ter nenhum laço constituído exclusivamente por geradores ideais de tensão independentes.

De fato, nestes dois casos as leis de Kirchhoff impedirão que se escolham arbitrariamente as correntes ou tensões dos geradores. Se escolhermos estas correntes ou tensões de modo a satisfazer às leis de Kirchhoff e insistirmos em montar as equações de análise, a respectiva matriz resultará singular, pois nem todas as suas linhas serão linearmente independentes. Assim, por exemplo, o circuito da figura 3.11, que tem um corte de geradores de corrente, terá as equações de análise

$$\begin{bmatrix} G_1 + G_4 & 0 & 0 & -G_4 \\ 0 & G_3 & -G_3 & 0 \\ 0 & -G_3 & G_3 & 0 \\ -G_4 & 0 & 0 & G_2 + G_4 \end{bmatrix} \cdot \begin{bmatrix} e_1 \\ e_2 \\ e_3 \\ e_4 \end{bmatrix} = \begin{bmatrix} -i_{s1} \\ i_{s1} \\ -i_{s2} \\ i_{s2} \end{bmatrix}$$

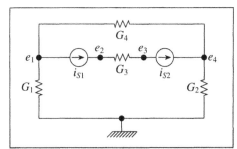

Figura 3.11 Circuito com corte de geradores de corrente.

Obviamente a matriz de condutâncias nodais desta equação é singular e o sistema só tem solução (não única) se for $i_{s1} = i_{s2}$.

Finalmente, notemos que a presença de geradores vinculados pode fazer com que o circuito não tenha solução única, ou mesmo que não tenha nenhuma solução. É o que mostra o exemplo seguinte.

Exemplo 2:

Consideremos inicialmente a rede da figura 3.12-a, que não tem fontes vinculadas. Aplicando as regras para escrever suas equações nodais, obtemos imediatamente a equação nodal

$$\begin{bmatrix} 4 & -2 \\ -2 & 3 \end{bmatrix} \cdot \begin{bmatrix} e_1 \\ e_2 \end{bmatrix} = \begin{bmatrix} 2 \\ -2 \end{bmatrix}$$

Resolvendo o sistema obtemos $e_1 = 0{,}25$ V e $e_2 = -0{,}5$ V.

Suponhamos agora que nossa rede inclui um gerador vinculado, como indicado na figura 3.12-b. A aplicação da análise nodal modificada fornece

$$\begin{bmatrix} 4 & -2 & 0 \\ -2 & 3 & 1 \\ -\mu & 1 & 0 \end{bmatrix} \cdot \begin{bmatrix} e_1 \\ e_2 \\ i_3 \end{bmatrix} = \begin{bmatrix} 2 \\ -2 \\ 0 \end{bmatrix}$$

É fácil verificar que a matriz deste sistema de equações fica singular para $\mu = 2$. Neste caso, o sistema fica incompatível, de modo que não há nenhuma solução. Se, ao contrário, suprimirmos o gerador de corrente independente, sempre com $\mu = 2$, passamos a um problema que tem infinitas soluções!

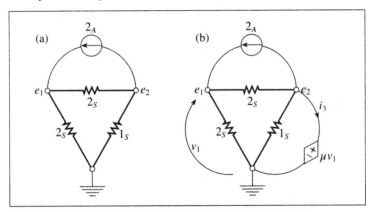

Figura 3.12 Redes para o Exemplo 2.

3.5 Estrutura de um Programa Computacional de Análise Nodal Modificada C. C.

Para completar o estudo da análise nodal modificada, vamos discutir a estruturação de um programa computacional de análise nodal modificada de redes lineares fixas. Nossa discussão se baseará no programa PSIPCE[2]. Este é um dos muitos programas descendentes do programa SPICE de simulação de circuitos eletrônicos, desenvolvido a partir de 1970 na Universidade

---

[2] Para mais informações sobre o PSPICE, visite o site www.cadence.com

da Califórnia em Berkeley. Pela sua grande disseminação, facilidade de uso e precisão este programa tornou-se o padrão da indústria de microeletrônica e será usado neste curso.

Essencialmente um programa de simulação de circuitos eletrônicos consta de quatro grandes etapas:

1ª. Entrada da descrição do circuito;
2ª. Montagem das equações do circuito;
3ª. Solução numérica das equações do circuito;
4ª. Saída da solução desejada.

Embora o PSPICE conte com muitos recursos, vamos por enquanto restringir-nos aos procedimentos de análise de redes resistivas lineares em corrente contínua (análise DC, na nomenclatura do PSPICE).

A entrada do programa é uma descrição do circuito. No PSPICE esta descrição pode ser feita através de um arquivo em que, com uma sintaxe apropriada, são fornecidas as descrições dos vários ramos que compõem o circuito e suas interconexões. Mais comodamente, pode-se entrar com um esquema do circuito, usando o subprograma SCHEMATICS do PSPICE.

Para entrar com essa descrição devemos escolher um certo número de *ramos típicos*. Como vamos nos restringir por enquanto a redes resistivas lineares, escolheremos os ramos típicos indicados na figura 3.13, sempre de acordo com o PSPICE.

O preparo de um circuito para a análise começa identificando seus ramos com os ramos típicos, definindo o nó de referência (*terra*) e os nós não de referência. Ao nó de referência é atribuído, obrigatoriamente, o número zero. O demais nós podem ser numerados arbitrariamente.

Em seguida os ramos são identificados por cadeias alfanuméricas, sendo o primeiro símbolo da cadeia uma letra correspondente ao tipo de ramo, como indicado na figura 3.13. Cada ramo tem um *nó inicial* e um *nó final*, cujas tensões nodais estão indicadas na figura 3.13 respectivamente por e_i e e_f. No SCHEMATICS, subprograma gráfico do PSPICE, o nó inicial é indicado por algum símbolo gráfico como, por exemplo, um "+". A orientação do ramo, correspondente ao sentido positivo de referência da corrente, é sempre do nó inicial ao final. Em todos os ramos é usada a *convenção do receptor*, mesmo nos ramos que são fontes de corrente ou de tensão. A descrição dos ramos é completada introduzindo-se o valor de seu parâmetro – resistência, no caso de ramo resistivo, valor da tensão ou da corrente no caso de fontes independentes, indicação da variável de controle no caso de fontes vinculadas. Maiores detalhes podem ser encontrados nas obras de referência sobre o

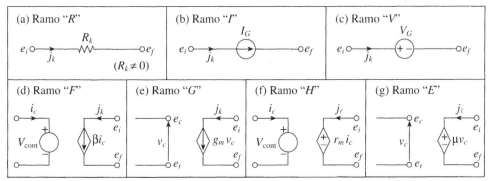

Figura 3.13 Ramos típicos da análise CC linear.

programa[3]. Em especial, o livro de Herniter expõe detalhadamente o uso do SCHEMATICS. Notemos aqui que o PSPICE usa somente o sistema internacional de medidas (SI), permitido o emprego dos sufixos do sistema métrico.

A partir do esquema do circuito (ou de sua descrição) o programa escolhe as incógnitas — tensões nodais e correntes em ramos tipo impedância — e monta as correspondentes equações de análise nodal modificada, de acordo com as regras que já vimos.

A saída do programa, no caso da análise DC que estamos descrevendo, constará de uma lista de tensões nodais e correntes incógnitas. Em outros tipos de análise, que estudaremos mais tarde, haverá outros tipos de saída, inclusive gráficos. A titulo de exemplo, apresentamos na figura 3.14 o desenho do circuito da figura 3.9, feito no SCHEMATICS e uma cópia da listagem de saída (.OUT) da análise CC, obtida com o comando BIAS POINT DETAIL.

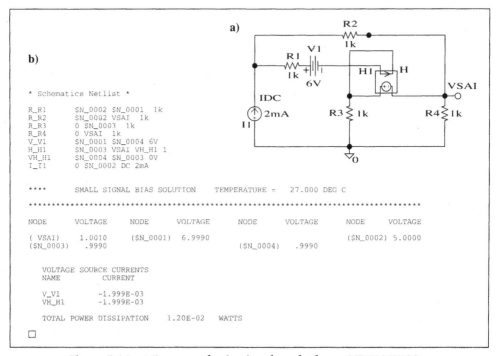

Figura 3.14 a) Esquema de circuito, desenhado no SCHEMATICS e b) listagem do arquivo OUT.

3.6 Extensão da Análise Nodal Modificada ao Regime Permanente Senoidal (Análise C.A.)

Em face da analogia já apontada entre as relações básicas dos circuitos resistivos e as relações fasoriais em regime permanente senoidal, o programa de análise CC delineado na seção anterior pode facilmente ser estendido à análise CA, ou seja, em regime permanente senoidal. Para fazer esta extensão basta:

---
[3] Ver, por exemplo, TUINENGA, P. W., *A Guide to Circuit Simulation Using PSPICE*, 2nd. Ed., New York: Prentice-Hall, 1995, HERNITER, M, E., *Schematics Capture with PSPICE*, 1994, New York: Macmillan Coll. Publis.Co.

Extensão da Análise Nodal Modificada ao Regime Permanente Senoidal (Análise CA)

a) introduzir a freqüência ω (ou $f = \omega/2\pi$), ou um intervalo de freqüências, no arquivo de entrada;

b) definir dois novos tipos de ramos — os *indutores* (*ramos tipo "L"*) e os *capacitores* (*ramos tipo "C"*), como indicado na figura 3.15;

c) representar correntes e tensões pelos respectivos fasores;

d) em correspondência à condutância, introduzir a *admitância* $j\omega\, C_k$ para os capacitores, isto é ramos tipo "C";

e) considerar a corrente nos ramos tipo "L" como uma nova incógnita, introduzir a *impedância* $j\omega\, L_k$ para estes ramos e aplicar-lhes a 2ª Lei de Kirchhoff:

$$\hat{E}_i - \hat{E}_f - j\omega L_k \hat{I}_l = 0 \qquad (3.13)$$

f) introduzir a especificação de CA nos geradores independentes. Assim, por exemplo, um gerador de corrente independente para operar em CC e CA, ligado entre os nós 12 e 15, será descrito no programa por IGER 12 15 DC 2 AC 5 90. Este gerador fornecerá 2 A para a análise CC, e o fasor $5 \angle 90°$ A para a análise CA. A freqüência (ou intervalo de freqüências) será especificada no comando de controle que solicita a análise CA;

g) passar do corpo real ao corpo complexo para resolver as equações de análise CA.

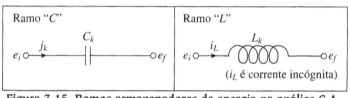

Figura 3.15 Ramos armazenadores de energia na análise C.A.

Na saída do programa teremos agora os fasores das tensões nodais ou das correntes incógnitas. Usando o pós-processador PROBE podemos fazer os gráficos dessas variáveis em função da freqüência. Convém notar que todas as fontes de CA serão consideradas de mesma freqüência e sincronizadas.

Como exemplo, consideremos o circuito da figura 3.16, excitado por uma corrente $i = 10 \cos(2t + 45°)$ ampères.

A equação matricial de análise CA deste circuito, já introduzindo os fasores, as condutâncias dos resistores e as admitâncias dos capacitores, fica

$$\begin{bmatrix} 1 + j\omega & -j\omega \\ -j\omega & 0{,}5 + j3\omega \end{bmatrix} \cdot \begin{bmatrix} \hat{E}_1 \\ \hat{E}_2 \end{bmatrix} = \begin{bmatrix} 10\angle 45° \\ 0 \end{bmatrix}$$

Neste caso $\omega = 2$, de modo que as equações de análise reduzem-se a

$$\begin{bmatrix} 1 + j2 & -j2 \\ -j2 & 0{,}5 + j6 \end{bmatrix} \cdot \begin{bmatrix} \hat{E}_1 \\ \hat{E}_2 \end{bmatrix} = \begin{bmatrix} 10\angle 45° \\ 0 \end{bmatrix}$$

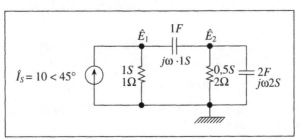

Figura 3.16 Exemplo de análise C.A.

Resolvendo o sistema obtemos

$$\begin{cases} \hat{E}_1 = 5{,}869\angle -6{,}74° & (V_{max}) \\ \hat{E}_2 = 1{,}949\angle -1{,}97° & (V_{max}) \end{cases}$$

de modo que no domínio do tempo, em regime permanente, temos

$$\begin{cases} e_1(t) = 5{,}869\cos(2t - 6{,}74°) & (V_{max}) \\ e_2(t) = 1{,}949\cos(2t - 1{,}97°) & (V_{max}) \end{cases}$$

3.7 Nota Sobre Redes não Lineares

Se a rede contiver resistores ou outros elementos não lineares (decorrentes, por exemplo, da substituição de dispositivos semicondutores por seus modelos CC), as equações de análise nodal ou de análise nodal modificada resultam também não lineares. Estas não linearidades podem, inclusive, impedir que o sistema tenha uma solução analítica.

Sendo dados valores numéricos para os parâmetros, o sistema de equações poderá ser resolvido por um dos métodos estudados em Cálculo Numérico. Em particular, o método de Newton-Raphson é largamente empregado.

Este estudo não será prosseguido neste curso. Vamos apenas considerar aqui, a título de exemplo, a montagem das equações do circuito da figura 3.17, que contém duas não linearidades, introduzidas pelos diodos de junção, com as características

$$i_{Dk} = I_{Sk}(e^{\lambda v_k} - 1) \qquad k = 1,2$$

onde I_{Sk} e λ são duas constantes do diodo.

As equações nodais deste circuito podem ser postas na forma

$$\begin{cases} G_1(e_1 - e_2) + G_2(e_1 - e_3) = I_G \\ G_1(e_2 - e_1) = I_{S1}(e^{\lambda e_2} - 1) = 0 \\ G_2(e_3 - e_1) + I_{S2}(e^{\lambda e_3} - 1) = 0 \end{cases}$$

donde

$$\begin{cases} (G_1 + G_2)e_1 - G_1 e_2 - G_2 e_3 = I_G \\ -G_1 e_1 + G_1 e_2 + I_{S1}(e^{\lambda e_2} - 1) = 0 \\ -G_2 e_1 + G_2 e_3 + I_{S2}(e^{\lambda e_3} - 1) = 0 \end{cases}$$

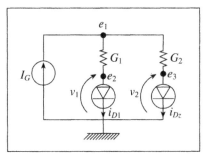

Figura 3.17 Exemplo de circuito não linear.

Este sistema só pode ser resolvido numericamente, desde que se conheçam os valores numéricos de todos os seus parâmetros.

3.8 Introdução à Análise de Malhas

A análise de malhas é, essencialmente, um processo dual da análise nodal, mas aplicável somente a circuitos com *grafos planares*. Nesta seção vamos, portanto, considerar apenas circuitos cujos grafos podem ser desenhados num plano sem cruzamento de ramos, exceto nos nós.

Nos grafos planares define-se uma *malha* (*interna*) como sendo qualquer laço em cujo interior não há nenhum ramo. Ao contrário, a *malha externa* é aquela que contém todos os ramos do grafo e em cujo exterior não há nenhum ramo do grafo.

Assim, no grafo da figura 3.18 temos três malhas (internas), designadas pelos algarismos romanos I, II e III, e constituídas pelos seguintes conjuntos de ramos:

malha I: {1, 4, 5}
malha II: {5, 2, 6}
malha III: {3, 4, 6}

A malha externa deste grafo é constituída pelo conjunto de ramos {1, 2, 3}.

As malhas da análise de malhas correspondem, por dualidade, aos nós da análise nodal. A malha externa é o dual do nó de referência.

Para fazer a análise de malhas de um dado circuito com grafo planar, vamos atribuir uma *corrente de malha* a cada malha interna do grafo. Esta corrente será o dual da tensão nodal da análise nodal. Para maior sistematização, normalmente admitiremos todas estas correntes circulando no mesmo sentido (horário ou anti-horário). Em casos especiais poderemos admitir correntes de malhas circulando em sentidos diferentes no mesmo gráfico. No grafo da figura 3.18 consideraremos então três correntes de malhas, i_1, i_2 e i_3, todas circulando no sentido horário.

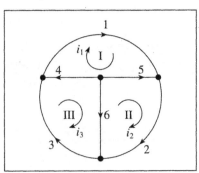

Figura 3.18 Grafo planar com três malhas.

Pela 1ª Lei de Kirchhoff é possível exprimir todas as correntes de ramo em função das correntes de malha. Para o grafo da figura 3.18 temos então as relações:

$$j_1 = i_1, \qquad j_2 = i_2, \qquad j_3 = i_3$$
$$j_4 = i_1 - i_3, \qquad j_5 = i_2 - i_1, \qquad j_6 = i_3 - i_2$$

As equações de análise de malhas obtém-se aplicando a 2ª Lei de Kirchhoff a cada malha interna do circuito. Em seguida as tensões de ramo são eliminadas com a lei de Ohm, aparecendo então as correntes de ramos. Estas correntes de ramos são substituídas pelas m correntes de malha, com a ajuda das relações acima indicadas. Ao fim deste processo ficamos com um sistema linearmente independente de m equações, tendo como incógnitas as m correntes de malha. Antes de formalizar o procedimento da análise de malhas, vamos aplicá-la à rede resistiva com geradores independentes de tensão, representada na figura 3.19. Neste circuito consideraremos o ramo 2 como sendo composto pela associação série de um gerador de tensão e um resistor.

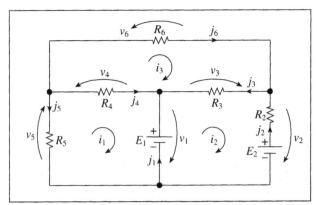

Figura 3.19 Exemplo de análise de malhas de rede resistiva.

Este circuito delimita as três malhas indicadas na figura. As tensões de ramos estão relacionadas com as correspondentes correntes de ramo pela convenção do receptor. Atribuiremos às malhas as três correntes de malha i_1, i_2 e i_3, circulando no sentido horário. Na aplicação da 2ª Lei de Kirchhoff serão tomadas com sinal positivo as tensões que discordam do sentido da corrente de malha. Obtemos assim as equações:

malha 1: $-v_1 - v_5 + v_4 = 0$
malha 2: $v_1 - v_3 - v_2 = 0$
malha 3: $v_3 - v_4 + v_6 = 0$

Valem as seguintes relações entre correntes de ramo e correntes de malha:

$$j_1 = i_2 - i_1; \qquad j_2 = -i_2; \qquad j_3 = i_3 - i_2$$
$$j_4 = i_1 - i_3; \qquad j_5 = -i_1; \qquad j_6 = i_3$$

As relações de ramos, com a eliminação das correntes de ramos, são:

$$v_1 = -E_1$$
$$v_2 = -E_2 + R_2 j_2 = -E_2 - R_2 i_2$$
$$v_3 = R_3 j_3 = R_3 (i_3 - i_2)$$
$$v_4 = R_4 j_4 = R_4 (i_1 - i_3)$$
$$v_5 = R_5 j_5 = -R_5 i_1$$
$$v_6 = R_6 j_6 = R_6 i_3$$

Substituindo estes valores nas relações da 2ª Lei de Kirchhoff, ordenando em relação às correntes de malha e colocando o resultado em forma matricial obtemos

$$\begin{bmatrix} R_5 + R_4 & 0 & -R_4 \\ 0 & R_3 + R_2 & -R_3 \\ -R_4 & -R_3 & R_3 + R_4 + R_6 \end{bmatrix} \cdot \begin{bmatrix} i_1 \\ i_2 \\ i_3 \end{bmatrix} = \begin{bmatrix} -E_1 \\ E_1 - E_2 \\ 0 \end{bmatrix}$$

Este exemplo mostra que, essencialmente, as equações de análise de malhas se obtém somando algebricamente, em cada malha, as tensões devidas às correntes de malha. Para redes resistivas lineares, com geradores de tensão independentes, a equação matricial de análise de malhas reduz-se então à forma geral

$$\mathbf{R_m i = e_{sm}} \qquad (3.14)$$

onde

$\mathbf{R_m}$ = matriz das resistências de malha;
$\mathbf{i}$ = vetor das correntes de malha;
$\mathbf{e_{sm}}$ = vetor das fontes equivalentes de tensão de malha.

O exemplo que acabamos de fazer sugere uma regra para escrever, por inspeção, a equação matricial de análise de malhas para as redes constituídas por resistores lineares e fontes independentes de tensão, com todas as correntes de malha circulando no mesmo sentido:

- A matriz $\mathbf{R_m}$ é quadrada e simétrica, com ordem igual ao número m de malhas;
- O elemento (i, i) da diagonal principal dessa matriz é dado pela soma das resistências em série na malha i;
- O elemento (i, j) da matriz, com $i \neq j$, é dado pelo negativo da soma das resistências que pertencem às malhas i e j;
- O vetor das fontes equivalentes de tensão de malha compõe-se colocando em cada linha a soma algébrica das tensões de fontes pertencentes à malha, com sinal

positivo se a corrente de malha sai pelo terminal "+" do gerador, e com sinal negativo em caso contrário.

A justificativa desta regra é óbvia; basta lembrar que cada linha da equação matricial corresponde à aplicação da 2ª Lei de Kirchhoff à malha correspondente. Note-se que a matriz de análise resulta simétrica. Pode-se também mostrar que esta matriz é não singular, se as resistências forem todas positivas.

A extensão a circuitos resistivos lineares, mas que contenham geradores de corrente, se faz de maneira análoga (ou, mais precisamente, de maneira dual) ao caso de análise nodal. Vamos ilustrar estas extensões com alguns exemplos.

Exemplo 1:

Vamos escrever as equações de análise de malhas do circuito da figura 3.20. Suporemos dados os parâmetros R_i, $i = 1, 2, ..., 5$ e a corrente da fonte i_s.

A regra anterior não se aplica, pois temos um gerador de corrente. Para poder escrever as equações das malhas que contêm este gerador, vamos designar por v_5 a tensão entre os terminais da fonte. Aplicando a 2ª Lei de Kirchhoff às três malhas, obtemos então

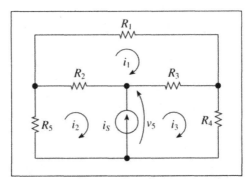

Figura 3.20 Circuito com gerador de corrente.

Malha 1: $(R_1 + R_2 + R_3)i_1 - R_2 i_2 - R_3 i_3 = 0$

Malha 2: $-R_2 i_1 + (R_2 + R_5)i_2 + v_5 = 0$

Malha 3: $-R_3 i_1 + (R_3 + R_4)i_3 - v_5 = 0$

Falta uma equação para determinar o sistema. Esta equação pode ser obtida notando que, no ramo gerador,

$i_3 - i_2 = i_s$

Com estas quatro equações o problema fica resolvido.

Introdução à Análise de Malhas

Exemplo 2:

Consideremos agora o circuito da figura 3.21, que contém geradores de corrente independentes e vinculados.

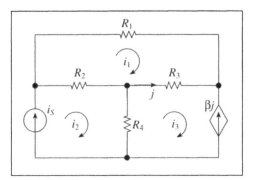

Figura 3.21 Rede com geradores de corrente independente e vinculado.

Neste circuito só podemos escrever a equação de análise de malhas para a malha 1, que não contém geradores de corrente:

$$(R_1 + R_2 + R_3)i_1 - R_2 i_2 - R_3 i_3 = 0$$

Mas para as malhas 2 e 3 valem as relações

$$i_2 = i_S$$
$$i_3 = -\beta j = \beta(i_1 - i_3)$$

Desta última equação vem

$$i_3 = \frac{\beta}{\beta + 1} i_1$$

Substituindo estes valores na equação de análise de malhas, resulta, após um rearranjo,

$$\left(R_1 + R_2 + R_3 \frac{1}{\beta + 1}\right) i_1 = R_2 i_S$$

Como se vê, as equações das malhas que contêm geradores de correntes foram substituídas pelas relações entre as correntes dos geradores e as correntes de malha.

Estes exemplos ilustram as seguintes regras para a inclusão de geradores de corrente na análise de malhas:

• Geradores independentes de corrente em ramos pertencentes à malha externa:

A corrente de malha que atravessa o gerador é, a menos do sinal, igual à corrente do gerador. Como uma corrente de malha fica assim determinada, a equação de malha correspondente é desnecessária.

- **Geradores independentes de corrente em ramo não pertencente à malha externa:**

A tensão do gerador é introduzida como incógnita auxiliar e uma equação suplementar é obtida exprimindo a corrente do gerador como soma algébrica de duas correntes de malha.

- **Inclusão de geradores de corrente vinculados:**

Estes geradores são tratados inicialmente como geradores independentes. Em seguida, a variável de controle é expressa em função de correntes de malha e as equações de análise são rearranjadas.

Com estas observações concluímos a exposição dos principais métodos de análise de redes resistivas lineares. No prosseguimento do curso estes métodos serão generalizados sucessivamente, até chegarmos às equações gerais das redes lineares, invariantes no tempo (ou fixas) e com resistores, indutores e capacitores.

3.9 A Análise de Malhas em Regime Permanente Senoidal (Análise C.A.)

Como já foi feito para a análise nodal, também podemos estender a análise de malhas para redes lineares fixas, operando em regime permanente senoidal. Devemos, para isso:

a) Considerar todos os geradores independentes senoidais, de mesma freqüência e sincronizados;

b) Representar correntes e tensões por *fasores*;

c) Introduzir:
   - a *impedância dos resistores*, $Z_R(j\omega) = R$;
   - a *impedância dos capacitores*, $Z_C(j\omega) = -j/\omega C$;
   - a *impedância dos indutores*, $Z_L(j\omega) = j\omega L$;

d) Modificar as regras de montagem das equações, usando fasores de correntes e de tensões e substituindo resistências por impedâncias.

Assim procedendo, a equação matricial de análise de malhas em regime permanente senoidal (CA) pode ser posta na forma

$$\mathbf{Z_m}(j\omega) \cdot \hat{\mathbf{I}} = \hat{\mathbf{E}}_{Sm} \tag{3.15}$$

onde

$\mathbf{Z_m}(j\omega)$ = matriz de impedâncias de malhas;
$\hat{\mathbf{I}}$ = vetor dos fasores de correntes de malha;
$\hat{\mathbf{E}}_{Sm}$ = vetor dos fasores das fontes equivalentes de tensões de malha.

Para ilustrar a aplicação desta regra, consideremos o circuito da figura 3.22, operando em regime permanente senoidal. Note-se que na figura já indicamos os valores (em ohms) das impedâncias dos vários elementos do circuito, na freqüência do gerador, igual a 2 rad/s, como indicado na figura.

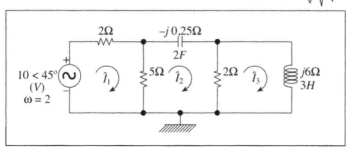

Figura 3.22 Exemplo de análise de malhas CA.

Montando a equação matricial de análise de malhas, de acordo com as regras acima indicadas, obtemos

$$\begin{bmatrix} 7 & -5 & 0 \\ -5 & 7-j0,25 & -2 \\ 0 & -2 & 2+j6 \end{bmatrix} \cdot \begin{bmatrix} \hat{I}_1 \\ \hat{I}_2 \\ \hat{I}_3 \end{bmatrix} = \begin{bmatrix} 10\angle 45° \\ 0 \\ 0 \end{bmatrix}$$

Resulta assim um sistema algébrico linear no corpo complexo. A resolução deste sistema fornece as correntes de malha:

$$\begin{bmatrix} \hat{I}_1 \\ \hat{I}_2 \\ \hat{I}_3 \end{bmatrix} = \begin{bmatrix} 2,995\angle 41,76° \\ 2,199\angle 38,81° \\ 0,696\angle -32,75° \end{bmatrix} \quad \text{(ampères)}$$

Portanto, as correntes de malha instantâneas (ou no domínio do tempo) serão

$i_1(t) = 2,995 \cos(2t + 41,76°)$ (A)

$i_2(t) = 2,199 \cos(2t + 38,81°)$ (A)

$i_3(t) = 0,696 \cos(2t - 32,75°)$ (A)

Completa-se assim este exemplo.

EXERCÍCIOS BÁSICOS DO CAPÍTULO 3:

1 Determine a tensão v nos terminais do gerador de corrente da figura E3.1.

Resp.: $v = 18$ V

Figura E3.1
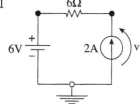

Figura E3.2
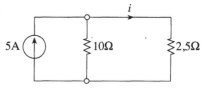

2 Calcule a corrente *i* indicada no circuito da figura E3.2.

Resp.: $i = 4$ A

3 A equação de análise nodal de um circuito resistivo é

$$\begin{bmatrix} 3 & -1 \\ -1 & 3 \end{bmatrix} \cdot \begin{bmatrix} e_1 \\ e_2 \end{bmatrix} = \begin{bmatrix} 2 \\ -2 \end{bmatrix}$$

em unidades S.I. Desenhe um possível esquema desse circuito, indicando os valores dos componentes, com as respectivas unidades.

Resp.: Ver Figura E3.3.

Figura E3.3

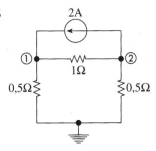

4 No circuito da figura E3.4, e usando análise nodal,
   a) determine a tensão nodal e_1;
   b) determine as potências fornecidas por cada uma das duas fontes;
   c) verifique que a potência dissipada nos resistores é igual à soma das potências fornecidas pelas fontes.

Figura E3.4

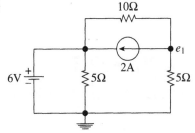

Resp.: a) $e_1 = -4,67$ V;

b) $p_I = 21,34$ W, $p_V = 1,6$ W.;

c) na resistência de 10 ohms, $p_1 = 11,38$ W; na resistência de 5 ohms à esquerda, $p_2 = 7,2$ W e na outra resistência de 5 ohms, $p_3 = 4,36$ W, cuja soma é igual à soma das potências fornecidas pelas duas fontes.

Exercícios Básicos do Capítulo 3

5 Um certo circuito resistivo tem a equação de análise nodal

$$\begin{bmatrix} 3 & -1 \\ 3 & 3 \end{bmatrix} \cdot \begin{bmatrix} e_1 \\ e_2 \end{bmatrix} = \begin{bmatrix} 2 \\ 0 \end{bmatrix}$$

em unidades do sistema A. F. .

a) Determine as tensões e_1 e e_2, em volts;

b) Desenhe um possível esquema deste circuito, com os valores dos componentes e as respectivas unidades.

Resp.: a) $e_1 = 0{,}5$ V; $e_2 = -0{,}5$ V. b) veja circuito da figura E3.5.

Figura E3.5

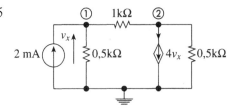

6 A equação de análise de malhas de um certo circuito resistivo é

$$\begin{bmatrix} 3 & -1 \\ -1 & 3 \end{bmatrix} \cdot \begin{bmatrix} i_1 \\ i_2 \end{bmatrix} = \begin{bmatrix} 6 \\ -6 \end{bmatrix}$$

em unidades do S. I. Calcule as correntes i_1 e i_2, indicando as correspondentes unidades e desenhe um possível esquema para este circuito.

Resp.: $i_1 = 1{,}5$ A; $i_2 = -1{,}5$ A, ver Figura E3.6.

Figura E3.6   Figura E3.7

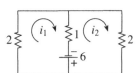 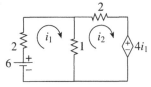

7 Repita o problema anterior para a equação

$$\begin{bmatrix} 3 & -1 \\ 3 & 3 \end{bmatrix} \cdot \begin{bmatrix} i_1 \\ i_2 \end{bmatrix} = \begin{bmatrix} 6 \\ 0 \end{bmatrix}$$

Resp.: $i_1 = 1{,}5$ A; $i_2 = -1.5$ A; veja Figura E3.7.

8 Escreva as equações de análise nodal modificada para o circuito da figura E3.8, usando as incógnitas indicadas na figura. A análise nodal modificada será a melhor maneira de analisar este circuito? Determine também a tensão e_2.

Figura E3.8

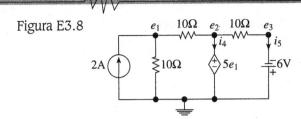

Resp.: A equação de ANM é:

$$\left[\begin{array}{ccc|cc} 0,2 & -0,1 & 0 & 0 & 0 \\ -0,1 & 0,2 & -0,1 & 1 & 0 \\ 0 & -0,1 & 0,1 & 0 & 1 \\ \hline -5 & 1 & 0 & 0 & 0 \\ 0 & 0 & 1 & 0 & 0 \end{array}\right] \cdot \left[\begin{array}{c} e_1 \\ e_2 \\ e_3 \\ i_4 \\ i_5 \end{array}\right] = \left[\begin{array}{c} 2 \\ 0 \\ 0 \\ 0 \\ -6 \end{array}\right]$$

A análise nodal é melhor. Temos $e_2 = -33,33$ V.

9   A equação de análise nodal em regime permanente senoidal para o circuito da figura E3.9, quando submetido a uma excitação co-senoidal, é

$$\begin{bmatrix} 2-j2 & j2 \\ j2 & -j1 \end{bmatrix} \cdot \begin{bmatrix} \hat{E}_1 \\ \hat{E}_2 \end{bmatrix} = \begin{bmatrix} 10 \\ 0 \end{bmatrix}$$

Determine a freqüência angular da excitação, o fasor da tensão $e_1(t)$ e os valores dos parâmetros R_1 e C.

Figura E3.9

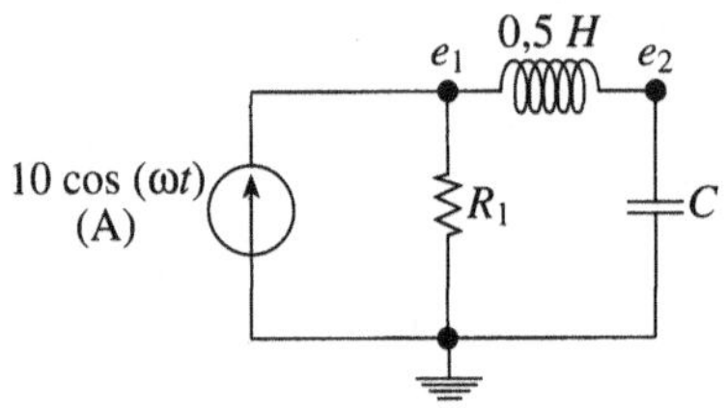

Resp.: $\omega = 1$ rd/s; $R_1 = 0,5$ Ω, $C = 1$F; $\hat{E}_1 = \dfrac{5}{\sqrt{2}} \angle -45° = 2,5 - j2,5$ V.

REDUÇÃO DE REDES E APLICAÇÕES TECNOLÓGICAS DE REDES RESISTIVAS

4.1 Técnicas de Redução e Simplificação de Redes

Os cálculos necessários para fazer uma análise de redes aumentam muito rapidamente com o número de equações de análise. Em conseqüência convém, na medida do possível, *simplificar* ou *reduzir* a rede antes de iniciar sua análise formal. Estas simplificações ou reduções podem ajudar não só em reduzir os cálculos como, sobretudo, em facilitar a compreensão do funcionamento da rede.

As técnicas de redução ou simplificação que examinaremos neste capítulo essencialmente reduzem o número de ramos ou o número de nós da rede, transformando-a em uma rede mais simples, mas equivalente à rede original para fins de análise.

Passemos a examinar os principais recursos para estas simplificações e reduções.

4.2 Associação de Elementos em Série ou em Paralelo

Elementos do mesmo tipo, quando ligados em série ou em paralelo, podem ser substituídos pelo elemento equivalente à associação, sem modificar as correntes e tensões no resto do circuito. As regras para determinar os elementos equivalentes estão indicadas na figura 4.1, e demonstram-se facilmente aplicando as duas leis de Kirchhoff e as relações de bipolo apropriadas. Sua verificação fica como exercício para o estudante.

A aplicação sucessiva e ordenada destas regras pode levar a simplificações drásticas do circuito, como indicado no exemplo da figura 4.2.

Observações:

a) Nem sempre um bipolo constituído por uma associação de elementos do mesmo tipo pode ser reduzido a um conjunto de associações série-paralelo, de modo que as regras acima não serão aplicáveis. Eventualmente pode-se, no entanto, reduzir o bipolo a um elemento equivalente, usando análise de redes, como indicado no Exemplo 1.

b) A resistência (ou indutância, ou capacitância) de uma rede com dois terminais, constituída exclusivamente por elementos de um mesmo tipo, é designada por *resistência (indutância, capacitância) de entrada*, ou *resistência (indutância, capacitância) vista pelos terminais* correspondentes. Os Exemplos 1 e 2 seguintes ilustram estes conceitos.

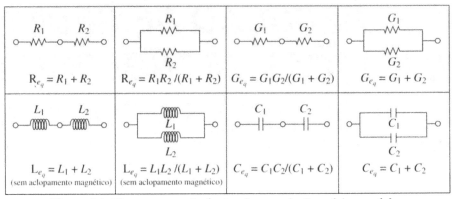

Figura 4.1 Elementos equivalentes às associações série-paralelo.

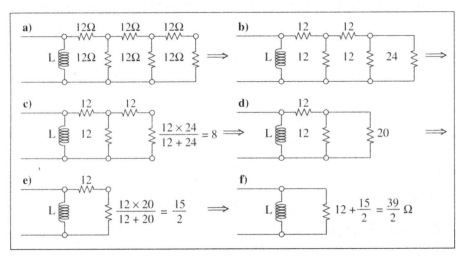

Figura 4.2 Exemplo de simplificação de um circuito por aplicações sucessivas das regras de associações série-paralela.

Exemplo 1:

A *resistência de entrada* do circuito ponte da figura 4.3, ou a *resistência vista pelos terminais a e b*, pode ser calculada admitindo que um gerador de corrente, com corrente interna i_1, está ligado entre estes terminais. A equação de análise nodal desta rede, com o nó de referência indicado na figura, é

$$\begin{bmatrix} 4 & -2 & -2 \\ -2 & 8 & -2 \\ -2 & -2 & 12 \end{bmatrix} \cdot \begin{bmatrix} e_1 \\ e_2 \\ e_3 \end{bmatrix} = \begin{bmatrix} i_1 \\ 0 \\ 0 \end{bmatrix}$$

Resolvendo em relação a e_1, obtemos

$e_1 = (23/68)i_1$

de modo que a resistência de entrada fica

$R_{in} = e_1/i_1 = 23/68 = 0,338$ (Ω)

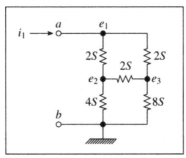

Figura 4.3 Resistência de entrada do circuito ponte.

Exemplo 2:

Determinar as resistências vistas pelos terminais a, b e b, c, na rede da figura 4.4.

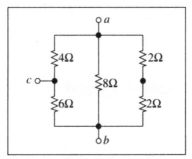

Figura 4.4 Exemplo de resistência vista por terminais.

Entre os terminais a, b a rede reduz-se à associação da resistência de 8 ohms em paralelo com duas associações série, a primeira de 2 ohms com 2 ohms e a segunda de 4 ohms com 6 ohms. Em conseqüência,

$$R_{ab} = 8 // 4 // 10 = \frac{1}{\dfrac{1}{8} + \dfrac{1}{4} + \dfrac{1}{10}} = 2,105 \Omega$$

Analogamente, entre os terminais b, c obtemos

$R_{bc} = 6//(4 + 8//4) = 3,158\ \Omega$

Nota: O símbolo "//" significa "em paralelo com".

4.3 Associação de Resistores Não-lineares

As associações série ou paralela de resistores não lineares com curvas características, isto é, descritos por relações do tipo $i = g(v)$ ou $v = r(i)$ (ver figura 1.5) podem ser substituídas por um *resistor equivalente*, também não linear, determinado das seguintes maneiras:

a) Associação série:

Na associação série, indicada na figura 4.5-a, a aplicação das leis de Kirchhoff fornece

$$\begin{cases} i = i_1 = i_2 \\ v = v_1 + v_2 \end{cases}$$

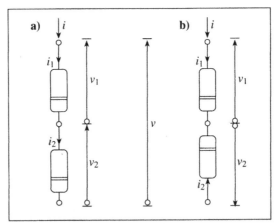

Figura 4.5 Associação série de resistores não lineares.

Na figura 4.5-b, um dos resistores foi invertido, e temos

$$\begin{cases} i = i_1 = -i_2 \\ v = v_1 - v_2 \end{cases}$$

Em qualquer dos casos, a curva característica pode ser obtida graficamente, como indicado na figura 4.6. Basta somar algebricamente as tensões v_1 e v_2 para cada valor da corrente.

Um problema que ocorre freqüentemente em Eletrônica é a determinação da corrente numa associação série de bipolos não lineares, alimentada por uma tensão v_T (figura 4.7-b). Este problema pode ser resolvido pela construção indicada na figura 4.7-a: uma característica é invertida e sobreposta à outra característica, com sua origem em v_T. O ponto de cruzamento das duas características é a solução do problema, pois a corrente é a mesma nos dois bipolos e a soma de suas tensões é igual à tensão total.

Em Eletrônica esta construção é designada por *determinação do ponto de operação* (Q) *do circuito*.

Associação de Resistores Não-lineares 95

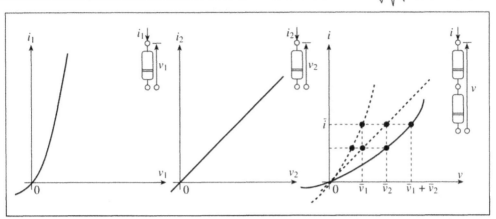

Figura 4.6 Obtenção gráfica da característica da associação série de resistores não lineares.

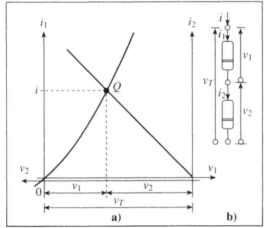

Figura 4.7 Determinação gráfica do ponto de operação do circuito.

Exemplo:

Determinar a corrente e a tensão do diodo no circuito da figura 4.8-b, sabendo que a característica do mesmo é

$i_D = 10^{-12} \, (e^{40 v_D} - 1)$ (mA, V)

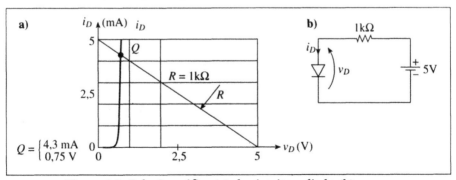

Figura 4.8 Solução gráfica (a) do circuito a diodo (b).

Solução: Do gráfico da figura 4.8-a, obtemos

$v_D = 0,75$ (V)

$i_D = 4,3$ (mA)

Nota: Usando um microcomputador podemos resolver numericamente este problema. Basta determinar a solução do sistema de equações

$$\begin{cases} v_D + 1 \cdot i_D = 5 \\ i_D = 10^{-12}[\exp(40 v_D) - 1] \end{cases}$$

com um programa de resolução de sistemas não lineares. Como valores iniciais para o processo iterativo podemos tomar os resultados (de pouca precisão) fornecidos pelo método gráfico. Neste exemplo obteremos assim

$i_D = 4,2729$ (mA) e $v_D = 0,7271$ (V).

b) Associação paralela:

Consideremos a associação paralela da figura 4.9.

As equações a serem satisfeitas agora são

$$v = v_1 = v_2$$
$$i = i_1 + i_2$$

Estas relações são duais daquelas correspondentes à associação série. Para resolver o problema da associação paralela basta então dualizar o problema anterior. Esta dualização fica recomendada como exercício.

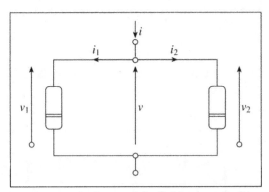

Figura 4.9 Associação paralela de bipolos não lineares.

4.4 Divisão de Tensão e de Corrente

A divisão de tensão entre duas resistências em série e a divisão de corrente entre duas resistências em paralelo estão indicadas na figura 4.10. As demonstrações correspondentes ficam como um exercício simples.

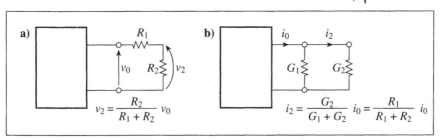

Figura 4.10 Divisão de tensão e divisão de corrente.

4.5 Fontes Equivalentes e Transformações de Fontes

Muitas vezes os geradores reais são representados por modelos constituídos pela associação de um gerador ideal em série ou em paralelo com um resistor, como indicado na figura 4.11.

Vejamos a condição de equivalência dos modelos série e paralelo. Aplicando a 2ª lei de Kirchhoff ao modelo série temos

$$v = e_S - R_s\, i \qquad (4.1)$$

Dualmente, aplicando a 1ª lei de Kirchhoff a um dos terminais do modelo paralelo resulta

$$i = i_S - v/R_p \quad \rightarrow \quad v = R_p\, i_S - R_p\, i \qquad (4.2)$$

Para que (4.1) e (4.2) sejam equivalentes para quaisquer valores de v e i devemos ter

$$\begin{cases} R_p = R_s \\ R_p i_S = e_S \end{cases} \qquad (4.3)$$

Satisfeitas estas duas condições, um gerador poderá ser representado por qualquer dos dois modelos.

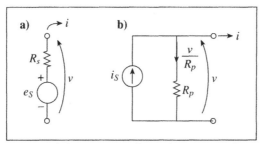

Figura 4.11 Modelos com geradores de tensão e de corrente.

Muitas vezes a transformação de um a outro modelo permite simplificações importantes no cálculo do circuito, como exemplificado na figura 4.12, onde se pretende calcular a tensão em R_3.

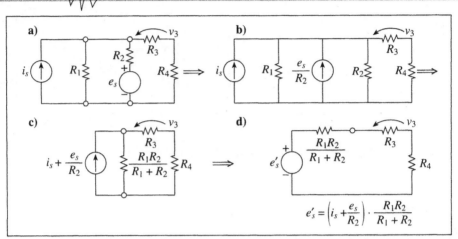

Figura 4.12 Simplificação de rede por transformação de fontes.

Feitas as transformações indicadas na figura, finalmente a tensão v_3 se calcula aplicando a regra de divisão de tensão ao circuito da figura 4.12-d:

$$v = \frac{e'_s}{\frac{R_1 R_2}{R_1 + R_2} + R_3 + R_4} \cdot R_3 = (i_s + e_s / R_2) \cdot \frac{R_1 \cdot R_2}{R_1 + R_2} \cdot \frac{R_3}{\frac{R_1 \cdot R_2}{R_1 + R_2} + R_3 + R_4} =$$

$$= (i_s + e_s / R_2) \cdot \frac{R_1 \cdot R_2 \cdot R_3}{R_1 \cdot R_2 + (R_3 + R_4) \cdot (R_1 + R_2)}$$

A transformação de fontes é um recurso extremamente útil no cálculo de circuitos. Podemos utilizá-la, por exemplo, na preparação de um circuito para análise nodal, transformando geradores ideais de tensão em série com resistores na associação paralela de geradores ideais de corrente em paralelo com resistores. Veremos mais tarde que estas transformações de fontes são casos particulares dos teoremas de Thévenin e Norton, que serão estudados mais adiante.

É importante ressaltar que a transformação de fontes corresponde apenas a uma *equivalência entre terminais*. No exemplo simples indicado na figura 4.13 os dois geradores equivalentes fornecem uma corrente de 1 A ao resistor de 4 Ω.

No entanto, os geradores ideais de tensão e de corrente dos circuitos *a* e *b* fornecem potências muito diferentes: 6 W para o gerador de tensão e 12 W para o gerador de corrente.

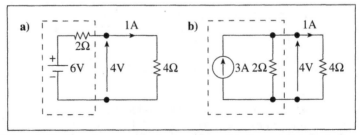

Figura 4.13 Geradores equivalentes alimentando resistor de 4 ohms.

As transformações de fontes não podem ser efetuadas quando há na rede um gerador ideal de tensão sem resistência série ou, dualmente, um gerador ideal de corrente sem condutância paralela. Nesses casos pode-se recorrer ao deslocamento de fontes, apresentado a seguir.

4.6 Deslocamento de Fontes Ideais

a) Fontes ideais de tensão:

Consideremos uma fonte ideal de tensão entre os nós a e a' da rede da figura 4.14-a. Esta fonte pode ser deslocada através de um dos nós (por exemplo, do nó a), como indicado na figura 4.14-b, sem modificar correntes e tensões no resto da rede.

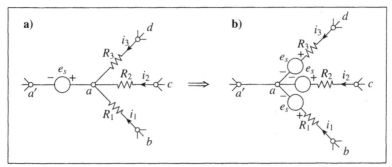

Figura 4.14 Deslocamento de fonte de tensão.

De fato, antes e depois do deslocamento temos

$$v_{ba'} = R_1 i_1 + e_S$$
$$v_{ca'} = R_2 i_2 + e_S$$
$$v_{da'} = R_3 i_3 + e_S$$

Além do mais, nos dois casos o resto da rede injeta, através do ramo aa', a corrente $i_1 + i_2 + i_3$.

Como as relações correspondentes aos dois subconjuntos de ramos são as mesmas, resulta que a substituição de um subconjunto pelo outro não altera as equações da rede, a menos de transformar $v_{aa'}$ de e_S para zero. Em conseqüência, as correntes e as demais tensões no restante da rede não se modificam.

b) Fontes ideais de corrente:

Dualmente ao caso anterior, podemos mostrar a possibilidade de deslocar uma fonte de corrente, substituindo-a por fontes idênticas em paralelo com todos os ramos de um laço qualquer que contenha a fonte inicial.

De fato, no circuito da figura 4.15-a, o papel da fonte de corrente é o de injetar a corrente i_S no nó a e extraí-la do nó e. No circuito da figura 4.15-b, isto também ocorre, embora pela ação de duas fontes distintas. Além disso, nos demais nós do laço as duas correntes de fonte se anulam, não perturbando o circuito.

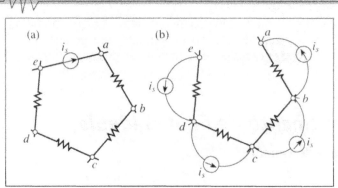

Figura 4.15 Deslocamento de fontes de corrente.

Exemplo:

Para determinar a tensão v no circuito da figura 4.16-a, aplicando deslocamento e transformação de fontes, executam-se as etapas indicadas em b, c, d, e e da mesma figura. Resulta

$v = -5/6 = -0,833$ volts.

Nota: É importante não "perder" a variável que se deseja calcular durante as transformações. Assim, por exemplo, a tensão no resistor de 6 Ω fica "perdida" nas sucessivas transformações.

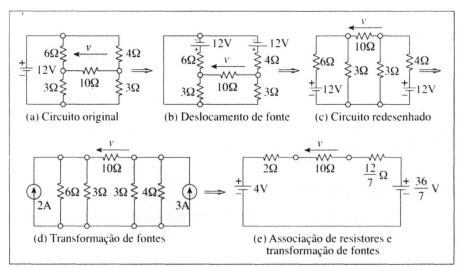

Figura 4.16 Exemplo de simplificação de rede por deslocamentos e transformações de fontes

4.7 Transformações Estrela-triângulo (Y-Δ) e Triângulo-estrela (Δ-Y)

Vamos mostrar que é possível transformar uma estrela de três ramos de uma rede resistiva num triângulo. Esta transformação suprime um nó da rede reduzindo, em conseqüência, o número de equações para a análise nodal. Examinaremos também a transformação inversa, a *transformação triângulo-estrela*, que transforma um triângulo de ramos numa estrela.

Seja então a estrela com três ramos, indicada na figura 4.17-a, que será transformada no triângulo representado na mesma figura, b.

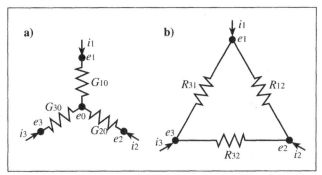

Figura 4.17 Transformação estrela-triângulo.

Para que as duas redes sejam equivalentes, as correntes fornecidas pelo resto da rede à estrela ou ao triângulo devem ser as mesmas, para as mesmas tensões nodais. Ora, no caso do triângulo a corrente i_1 será

$$i_1 = \frac{e_1 - e_2}{R_{12}} + \frac{e_1 - e_3}{R_{31}}$$

Generalizando para uma i_j ($j = 1, 2, 3$) qualquer,

$$i_j = \sum_{k=1}^{3} \frac{e_j - e_k}{R_{jk}}, \qquad (k \neq j, \quad R_{jk} = R_{kj}) \tag{4.4}$$

No caso da estrela,

$$i_j = (e_j - e_0) \cdot G_{j0}, \qquad (j = 1, 2, 3) \tag{4.5}$$

Vamos agora eliminar e_0 nesta equação. Para isso notemos que no nó correspondente a e_0 vale

$$\sum_{j=1}^{n} i_j = 0,$$

pela 1ª Lei de Kirchhoff. Fazendo o somatório das equações (4.5) obtemos

$$\sum_{j=1}^{3} (e_j - e_0) \cdot G_{j0} = 0$$

donde

$$e_0 = \left(\sum_{j=1}^{3} G_{j0} \cdot e_j\right) / \sum_{j=1}^{3} G_{j0} \qquad (4.6)$$

Definindo agora a *condutância da estrela* por

$$G_Y = \sum_{j=1}^{3} G_{j0} \qquad (4.7)$$

e introduzindo este valor em (4.6), obtemos uma expressão para e_0. Substituindo em (4.5) resulta

$$i_j = G_{j0} e_j - \frac{G_{j0}}{G_Y} \cdot \sum_{j=1}^{3} G_{j0} e_j$$

ou ainda

$$i_j = \left(G_{j0} - \frac{G_{j0}^2}{G_Y}\right) \cdot e_j - \frac{G_{j0}}{G_Y} \cdot \sum_{k=1}^{3} G_{k0} \cdot e_k \qquad (k \neq j) \qquad (4.8)$$

Identificando os coeficientes das tensões homônimas em (4.4), concluímos que

$$R_{jk} = \frac{G_Y}{G_{j0} \cdot G_{k0}} \qquad (j, k = 1, 2, 3; \quad k \neq j) \qquad (4.9)$$

Detalhando esta relação para as resistências de todos os lados do triângulo, obtemos

$$\begin{cases} R_{12} = \dfrac{G_Y}{G_{10} \cdot G_{20}} \\ R_{23} = \dfrac{G_Y}{G_{20} \cdot G_{30}} \\ R_{31} = \dfrac{G_Y}{G_{30} \cdot G_{10}} \end{cases} \qquad (4.10)$$

Vamos agora inverter as relações (4.10), para calcular as resistências da estrela em função das resistências do triângulo. Para isso, vamos definir a *resistência do triângulo* por

$$R_\Delta = R_{12} + R_{23} + R_{31} \qquad (4.11)$$

Somando as três relações (4.10) obtemos

$$R_\Delta = \frac{G_Y^2}{G_{10} \cdot G_{20} \cdot G_{30}}$$

Multiplicando membro a membro a primeira e a última das relações (4.10), vem

$$R_{12} \cdot R_{31} = \frac{G_Y^2}{G_{10}^2 \cdot G_{20} \cdot G_{30}} = \frac{R_\Delta}{G_{10}}$$

Portanto,

$$G_{10} = \frac{R_\Delta}{R_{12} \cdot R_{31}}$$

De maneira análoga calcularíamos as demais condutâncias. Invertendo as condutâncias, para obter as resistências da estrela, chegamos finalmente às relações

$$\begin{cases} R_{10} = \dfrac{R_{12} \cdot R_{31}}{R_\Delta} \\ R_{20} = \dfrac{R_{12} \cdot R_{23}}{R_\Delta} \\ R_{30} = \dfrac{R_{31} \cdot R_{23}}{R_\Delta} \end{cases} \quad (4.12)$$

As transformações estrela-triângulo ou triângulo-estrela ficam particularmente simples quando as três resistências de cada rede são iguais. Nesse caso, as fórmulas de transformação se reduzem a

$$R \text{ (estrela)} = \frac{1}{3} R \text{ (triângulo)} \quad (4.13)$$

Mais tarde estas fórmulas serão estendidas a redes com indutores e capacitores, operando em regime permanente senoidal. Elas serão especialmente úteis no estudo dos circuitos trifásicos.

Exemplo:

Determinar a corrente fornecida pela bateria de 6 volts ao circuito da figura 4.18-a.

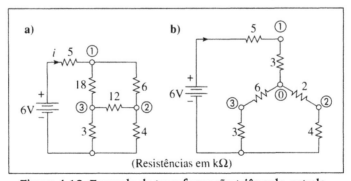

Figura 4.18 Exemplo de transformação triângulo-estrela.

Para resolver o problema vamos, inicialmente, transformar o triângulo das resistências de 6, 12 e 18 kΩ em uma estrela.

Usando a (4.11), a resistência do triângulo será

$R_\Delta = 6 + 12 + 18 = 36$ kΩ

Para calcular as resistências da estrela usamos as (4.12), com a numeração de nós indicada na figura 4.18-b. Resultam:

$$\begin{cases} R_{10} = \dfrac{6 \times 18}{36} = 3 \text{ k}\Omega \\ R_{20} = \dfrac{6 \times 12}{36} = 2 \text{ k}\Omega \\ R_{30} = \dfrac{18 \times 12}{36} = 6 \text{ k}\Omega \end{cases}$$

Resulta então o circuito indicado na figura 4.18-b. Verifica-se aí que o gerador enxerga uma associação série-paralela de resistências, com uma resistência equivalente de 11,6 kΩ. Portanto, a corrente fornecida pelo gerador será

$i = 6/11,6 = 0,5172$ mA.

4.8 Proporcionalidade entre Excitação e Resposta e Superposição de Efeitos

a) Proporcionalidade excitação-resposta:

Como sabemos, a descrição das redes resistivas lineares se faz por meio de equações lineares, do que decorrem as propriedades de proporcionalidade entre resposta e excitação e superposição de efeitos. Assim, por exemplo, usando a equação de análise nodal modificada (3.12), com a matriz de análise suposta invertível, e multiplicando seus dois membros por uma constante escalar k obtemos

$$\mathbf{T}_{nm} k \mathbf{x} = k \mathbf{u}$$

o que mostra que multiplicando todas as excitações por uma mesma constante a respostas virão multiplicadas pela mesma constante. Há, pois, proporcionalidade entre respostas e excitações.

Esta propriedade pode ser aproveitada para simplificar os cálculos das redes em alguma situações, sobretudo no caso de haver uma só excitação na rede. A título de exemplo de aplicação, consideremos a *rede em escada* da figura 4.19, em que desejamos calcular a relação entre a tensão de saída e_4 e a tensão de entrada e_1.

Provisoriamente vamos admitir que $e_4 = 1$ volt. Começando do fim da rede, faremos sucessivamente os seguintes cálculos:

Proporcionalidade entre Excitação e Resposta e Superposição de Efeitos

$$i_3 = e_4 / 50 = 0{,}02 \quad (A)$$
$$e_3 = e_4 + 40{,}91\, i_3 = 1{,}818 \quad (V)$$
$$i_2 = i_3 + e_3 / 10{,}1 = 0{,}200 \quad (A)$$
$$e_2 = e_3 + 81{,}82\, i_2 = 18{,}182 \quad (V)$$
$$i_1 = i_2 + e_2 / 10{,}1 = 2{,}000 \quad (A)$$
$$e_1 = e_2 + 40{,}91\, i_1 = 100{,}01 \quad (V)$$

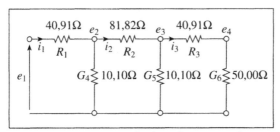

Figura 4.19 Exemplo de rede em escada.

Portanto, pela proporcionalidade entre excitação e resposta, a relação entre tensões de entrada e de saída será

$$e_1/e_4 = 100{,}01$$

ou seja, para qualquer e_1,

$$e_4 = (1/100{,}01)e_1$$

Com boa aproximação, a tensão de saída é igual a um centésimo da tensão de entrada. Este circuito é um exemplo de *atenuador resistivo*, terminado por 50 ohms. Atenuadores deste tipo são muito empregados em laboratórios de medidas elétricas.

Esta rede tem outra propriedade interessante, relacionada à sua *resistência de entrada*. De fato, pelos cálculos já feitos, esta resistência de entrada vale

$$R_{en} = e_1/i_1 = 50\ \Omega$$

Sua resistência de entrada é pois igual à *resistência de terminação*, ou seja, a última resistência da rede em escada.

A título de curiosidade, notemos que a resistência de entrada de uma rede resistiva em escada pode ser expressa por uma *fração contínua*. De fato, designando por R_1, R_2 e R_3 as resistências série e por G_4, G_5 e G_6 as condutâncias em derivação, como indicado na figura 4.19, verifica-se sem dificuldade que a resistência de entrada se exprime pela fração contínua

$$R_{en} = R_1 + \cfrac{1}{G_4 + \cfrac{1}{R_2 + \cfrac{1}{G_5 + \cfrac{1}{R_3 + \cfrac{1}{G_6}}}}}$$

Este tipo de representação é utilizado na Síntese de Redes.

b) Princípio de superposição de efeitos:

Vamos agora considerar o efeito de dois vetores de excitação aplicados a uma mesma rede resistiva linear. Usando duas vezes seguidas a equação de análise nodal modificada (3.12), com excitações u_1 e u_2, teremos

$$T_{nm} X_1 = u_1, \qquad T_{nm} X_2 = u_2$$

Somando membro a membro as duas equações obtemos

$$T_{nm} (X_1 + X_2) = (u_1 + u_2)$$

Supondo T_{nm} invertível, obtemos

$$(X_1 + X_2) = (T_{nm})^{-1}(u_1 + u_2) \qquad (4.14)$$

Esta expressão mostra que a resposta devido a uma soma de excitações pode ser determinada pela soma das respostas devidas separadamente a cada uma das excitações.

Podemos fazer o cálculo de um circuito considerando, de cada vez, apenas uma excitação, fornecida por um dos geradores independentes de tensão ou de corrente e *superpondo* os resultados parciais. É importante notar que os demais geradores devem ser *inativados*, ou seja, os geradores independentes de tensão e de corrente devem ser substituídos, respectivamente, por curto-circuitos e por circuitos abertos. Note-se que os geradores vinculados não podem ser inativados.

O uso adequado da superposição pode facilitar muito a análise de circuitos com várias fontes, como mostramos nos dois exemplos seguintes.

Exemplo 1:

Consideremos o circuito da figura 4.20-a, onde usamos o sistema de unidades A. F., e em que temos uma fonte de tensão e outra de corrente. Vamos calcular e_1 e e_2, usando superposição.

Para isso, primeiro substituímos a fonte de corrente por um circuito aberto, como indicado na figura 4.20-b. Em consequência, o gerador de tensão enxerga uma associação de um resistor de 1 kΩ, em série com a associação paralela de 5 kΩ com 5 kΩ. As tensões e'_1 e e'_2 calculam-se então por divisão de tensão

$$e'_1 = 6 \times \frac{2,5}{3,5} = 4,286 \text{ V}, \qquad e'_2 = \frac{e'_1 \times 3}{5} = 2,571 \text{ V}$$

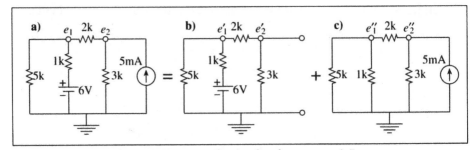

Figura 4.20 Exemplo simples de superposição.

Vamos agora substituir a fonte de tensão por um curto-circuito, e reintroduzir a fonte de corrente, como indicado na figura 4.20-c. A resistência vista pela fonte de corrente será

$$R_{eq} = \frac{\left(2 + \dfrac{5}{6}\right) \times 3}{3 + 2 + \dfrac{5}{6}} = 1,457 \quad k\Omega$$

de modo que teremos $e_2'' = 1,457 \times 5 = 7,286$ V. A tensão e_1'' determina-se agora por divisão de tensão:

$$e_1'' = \frac{7,286}{2 + \dfrac{5}{6}} \times \frac{5}{6} = 2,143 \text{ V}$$

Portanto, $e_1 = e_1' + e_1'' = 6,43$ V e $e_2 = e_2' + e_2'' = 9,86$ V.

Exemplo 2:

Consideremos agora a superposição num circuito com gerador controlado, como o indicado na figura 4.21-a, e vamos determinar a tensão e_2.

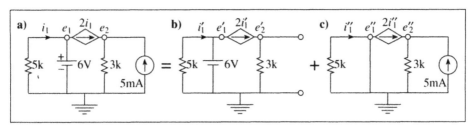

Figura 4.21 Exemplo de superposição em circuito com gerador controlado.

Inativando o gerador de corrente (figura 4.21-b) segue-se imediatamente que $i_1' = -6/5 = -1,2$ mA, de modo que $e_2' = -3 \times 2 \times 1,2 = -7,2$ V. Inativando agora o gerador de tensão (figura 4.21-c) verificamos que $i_1'' = 0$ e $e_2'' = 5 \times 3 = 15$ V. Portanto, $e_2 = e_2' + e_2'' = -7,2 + 15 = 7,8$ V.

Estes dois exemplos mostram como a superposição pode simplificar o cálculo de circuitos.

Para concluir este primeiro estudo da superposição, vamos considerar um caso muito usado em Eletrônica, em que se superpõem as tensões e correntes devidas, respectivamente, ao gerador de alimentação e ao gerador de sinais. É o caso do circuito da figura 4.22-a, modelo simples de um amplificador transistorizado, em que E é o gerador de alimentação e i_S é o gerador de sinais. Faremos a superposição indicada em (b) e (c) da mesma figura.

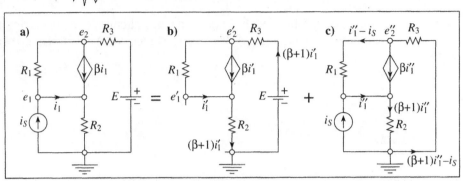

Figura 4.22 Exemplo de superposição em circuito transistorizado.

Para o circuito da figura 4.22-b, em que o gerador de corrente foi inativado, a aplicação da 2ª lei de Kirchhoff fornece

$$E = (R_2 + R_3) \cdot (\beta + 1)i'_1 + R_1 \cdot i'_1 \Rightarrow i'_1 = \frac{E}{(R_2 + R_3)(\beta + 1) + R_1}$$

Mas, ainda pela 2ª lei,

$$e'_2 = E - R_3(\beta + 1)i'_1$$

Substituindo i'_1 por seu valor, calculado acima, e rearranjando o resultado, chegamos a

$$e'_2 = \frac{R_1 + R_2(\beta + 1)}{R_1 + (R_2 + R_3) \cdot (\beta + 1)} \cdot E \qquad (4.15)$$

Inativando agora o gerador de tensão, ficamos com o circuito da figura 4.22-c. Considerando os valores das correntes indicados na figura, provenientes da aplicação da 1ª lei de Kirchhoff aos vários nós, a aplicação da 2ª lei de Kirchhoff ao laço constituído por R_1, R_2 e R_3 fornece

$$R_1(i''_1 - i_S) + R_2(\beta + 1)i''_1 + R_3[(\beta + 1)i''_1 - i_S] = 0 \Rightarrow i''_1 = \frac{R_1 + R_3}{R_1 + (R_2 + R_3) \cdot (\beta + 1)} \cdot i_S$$

Mas agora vale

$$e''_2 = R_3 i_S - R_3(\beta + 1)i''_1$$

Substituindo o valor de i''_1 e após algumas simplificações obtemos

$$e''_2 = R_3 \cdot \frac{R_2(\beta + 1) - R_1\beta}{R_1 + (R_2 + R_3) \cdot (\beta + 1)} \cdot i_S \qquad (4.16)$$

O resultado final é dado pela soma de (4.15) e (4.16):

$$e_2 = \frac{[R_1 + R_2(\beta + 1)]E + R_3[R_2(\beta + 1) - R_1\beta]i_S}{(\beta + 1) \cdot (R_2 + R_3) + R_1}$$

Este exemplo ilustra assim uma aplicação muito freqüente do princípio de superposição aos circuitos eletrônicos: as *tensões quiescentes* (e'_2, no caso) são calculadas independentemente das *tensões de sinal* (e''_2, neste caso). As tensões efetivas na operação do circuito serão dadas pela soma das duas parcelas.

Note-se que esta decomposição é possível se, e apenas se, o circuito for linear. Caso contrário, será necessário previamente recorrer a um *processo de linearização*, que será estudado nos cursos de Eletrônica.

Evidentemente o circuito deste exemplo pode também ser resolvido por análise nodal. Tente fazê-lo, para verificar o resultado e comparar os trabalhos de cálculo.

4.9 Os Geradores Equivalentes de Thévenin e Norton

Muitas vezes é preciso determinar a corrente e a tensão que uma rede de dois terminais fornece, através desses terminais, a uma segunda rede, sem determinar correntes e tensões na rede alimentadora. No caso de redes lineares fixas, demonstra-se que a rede de dois terminais pode ser substituída por um gerador equivalente de tensão — *gerador de Thévenin* — ou, dualmente, por um gerador equivalente de corrente — *gerador de Norton*. Por enquanto vamos apenas mostrar como construir estes geradores equivalentes para redes constituídas apenas por resistores lineares e geradores de tensão e de corrente (independentes ou controlados). A extensão desses resultados a redes R, L, C e sua demonstração geral serão feitas na segunda parte deste curso.

Consideremos então uma rede **A**, com dois terminais e composta exclusivamente por geradores e resistores lineares, como indicado esquematicamente na figura 4.23-a. Pelo teorema de Thévenin (1883), a corrente e tensão que esta rede fornece a uma segunda rede arbitrária, através dos dois terminais, podem ser calculadas substituindo a rede original pelo seu equivalente *gerador de Thévenin*. Este gerador é constituído pela associação série de um gerador ideal, de tensão e_0, e uma resistência R_0, designada por *resistência interna do gerador de Thévenin*. A tensão e_0 do gerador de Thévenin é igual à tensão que aparece entre os terminais a e b, quando em aberto; sua resistência interna R_0 é igual à resistência vista pelos mesmos terminais, inativando-se os geradores independentes da rede **A**.

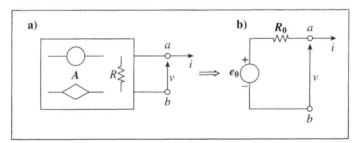

Figura 4.23 Gerador equivalente de Thévenin

Constrói-se assim o *gerador de Thévenin equivalente* à rede *A*, como indicado na figura 4.23-b. Logo mais ilustraremos, com exemplos, como se determinam os dois parâmetros do gerador de Thévenin. Mas, antes disso, vejamos o *gerador de Norton*, dual do gerador de Thévenin.

O *gerador de Norton* constitui-se de um gerador ideal de corrente, com corrente interna i_0, igual à corrente de curto-circuito entre os terminais a, b, em paralelo com uma *condutância interna*, igual à condutância da rede **A**, vista pelos terminais a, b, quando os geradores independentes da rede **A** estiverem inativados. O gerador de Norton equivalente à rede **A** está indicado na figura 4.24-b.

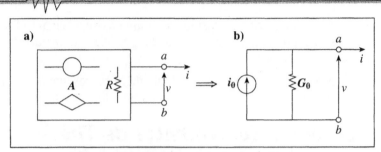

Figura 4.24 Gerador equivalente de Norton.

Vamos agora estabelecer a equivalência entre os dois tipos de geradores, na hipótese em que ambos representem uma mesma rede resistiva. Para isso, notemos que a aplicação da 2ª lei de Kirchhoff ao gerador de Thévenin (figura 4.23-b) fornece

$$v = e_0 - R_0 i \quad \Rightarrow \quad v + R_0 i = e_0 \qquad (4.17)$$

Dualmente, a aplicação da 1ª lei de Kirchhoff ao gerador de Norton fornece

$$i = i_0 - G_0 v \quad \Rightarrow \quad v + (1/G_0)i = i_0/G_0 \qquad (4.18)$$

Identificando os coeficientes de i e os segundos membros das duas equações à direita de (4.17) e (4.18), resultam as condições de equivalência entre os parâmetros dos dois geradores equivalentes:

$$\begin{cases} e_0 = i_0/G_0 = R_0 i_0 \\ R_0 = 1/G_0 \end{cases} \qquad (4.19)$$

Estas relações mostram que para determinar os geradores equivalentes a uma dada rede bastará calcular apenas dois dos três parâmetros: e_0, i_0 e R_0. Ao determinar os geradores equivalentes a uma mesma rede, convém verificar qual é o par mais fácil de calcular. Adotaremos esta estratégia nos exemplos a seguir.

Exemplo 1 – Rede simples:

Como primeiro exemplo, vamos determinar os geradores de Thévenin e Norton equivalentes à rede simples da figura 4.25-a.

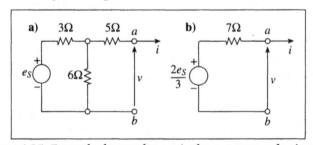

Figura 4.25 Exemplo de gerador equivalente a uma rede simples.

A aplicação da divisão de tensão entre as resistências de 3 e 6 ohms fornece imediatamente a tensão em aberto:

$e_0 = (6/9)\, e_S = (2/3)\, e_S$

A resistência interna do gerador de Thévenin é a resistência vista pelos terminais da rede, com o gerador de tensão substituído por um curto. Obtém-se imediatamente

$R_0 = 5 + 3//6 = 5 + 18/9 = 7$ ohms.

O correspondente gerador de Norton terá a mesma resistência interna e uma corrente interna igual a

$$i_0 = \frac{2}{3 \times 7} e_S = \frac{2}{21} e_S$$

Exemplo 2 – Ponte de Wheatstone:

Consideremos agora a ponte de Wheatstone indicada na figura 4.26, (valores dos parâmetros em unidades do S.I.), e vamos determinar os geradores de Thévenin e Norton equivalentes à rede, vista pelos terminais a, b.

Para determinar a tensão em aberto, é mais fácil começar por uma análise de malhas. De fato, considerando as correntes de malhas indicadas na figura 4.26-a, temos

$$\begin{bmatrix} 32 & -30 \\ -30 & 90 \end{bmatrix} \cdot \begin{bmatrix} i_1 \\ i_2 \end{bmatrix} = \begin{bmatrix} e_S \\ 0 \end{bmatrix} \Rightarrow \begin{bmatrix} i_1 \\ i_2 \end{bmatrix} = \begin{bmatrix} 0,0455 \\ 0,0152 \end{bmatrix} e_S$$

Mas, pela 2ª lei de Kirchhoff temos

$e_0 = 20(i_1 - i_2) - 40 i_2 = 20 i_1 - 60 i_2 = 0$

Portanto, a tensão do gerador de Thévenin é igual a zero. Este resultado não nos deve surpreender, pois a ponte está em equilíbrio. Evidentemente, a corrente interna do gerador de Norton também será nula.

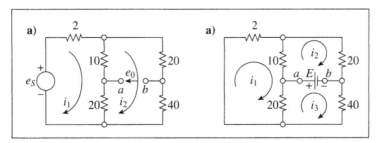

Figura 4.26 a) Circuito em ponte de Wheatstone; b) Introdução de gerador de tensão para cálculo da resistência interna.

Passemos agora à determinação da resistência interna do gerador de Thévenin.

Para isso vamos introduzir um gerador de tensão contínua E entre os terminais a e b, como indicado na figura 4.26-b (com os valores dos parâmetros dados no Sistema Internacional) e fazer uma análise de malhas com as correntes de malhas indicadas na mesma figura. A equação de análise de malhas será

$$\begin{bmatrix} 32 & -10 & -20 \\ -10 & 30 & 0 \\ -20 & 0 & 60 \end{bmatrix} \cdot \begin{bmatrix} i_1 \\ i_2 \\ i_3 \end{bmatrix} = \begin{bmatrix} 0 \\ 1 \\ -1 \end{bmatrix} \cdot E$$

donde

$$\begin{bmatrix} i_1 \\ i_2 \\ i_3 \end{bmatrix} = \begin{bmatrix} 0 \\ 0,0333 \\ -0,01667 \end{bmatrix} \cdot E$$

A corrente fornecida pelo gerador será $i = i_2 - i_3$, de modo que a resistência vista pelo gerador será

$$R_0 = \frac{E}{i_2 - i_3} = \frac{1}{0,05} = 20\,\Omega$$

Portanto, o gerador de Thévenin equivalente ao circuito ponte, visto pelos terminais a, b, tem $e_0 = 0$ e $R_0 = 20$ ohms.

Exemplo 3 – Gerador equivalente a circuito com gerador vinculado:

Consideremos agora o modelo incremental simplificado de um circuito de seguidor de emissor indicado na figura 4.27-a, e vamos construir seus geradores equivalentes de Thévenin e de Norton, indicados na mesma figura, b e c.

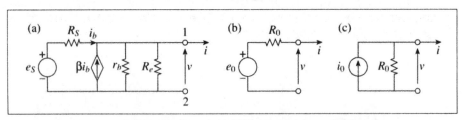

Figura 4.27 Modelo incremental simplificado de um seguidor de emissor e seus equivalentes de Thévenin e Norton.

Começamos calculando a tensão em aberto, e_0. Do circuito da figura, com $i = 0$ obtemos imediatamente

$$e_0 = (\beta + 1)i_b \frac{r_b R_e}{r_b + R_e}$$

Mas, como $i_b = (e_S - e_0)/R_S$, a equação anterior fornece, após alguma manipulação algébrica,

$$e_0 = \frac{(\beta+1)r_b R_e}{R_S(r_b + R_e) + (\beta+1)r_b R_e} e_s$$

Não convém calcular a resistência interna, pois não podemos inativar o gerador vinculado; é mais fácil determinar a corrente de curto-circuito. Supondo então curto-circuitados os terminais 1 e 2, verifica-se imediatamente que

$$i_0 = (\beta+1)i_b = (\beta+1) \cdot \frac{e_S}{R_S}$$

A resistência interna dos geradores equivalentes é pois

$$R_0 = \frac{e_0}{i_0} = \frac{r_b R_S R_e}{R_S(r_b + R_e) + (\beta+1)r_b R_e} = \frac{1}{\left(1 + \dfrac{R_e}{r_b}\right) + (\beta+1)\dfrac{R_e}{R_S}} \cdot R_e$$

Estão assim determinados os três parâmetros e_0, i_0 e R_0.

4.10 Aplicações Tecnológicas das Redes Resistivas

Nesta seção vamos apresentar algumas aplicações típicas das redes resistivas, sobretudo no campo da Instrumentação.

a) Atenuadores logarítmicos[1]:

Os *atenuadores logarítmicos* são redes resistivas em que o logaritmo da relação entre as tensões de saída e de entrada depende da posição da chave do atenuador. Para construí-los usamos a rede da figura 4.28, com resistência total R e com as resistências sucessivas calculadas por

$$R_k = (1 - N) \cdot N^k \cdot R, \qquad k = 0, 1, \ldots, n \qquad (4.20)$$

onde $0 < N < 1$ é uma constante e $n + 1$ é o número de passos do atenuador. Aplicando sucessivamente a (4.20) obtemos

$$\begin{cases} R_0 = (1-N)R \\ R_k = NR_{k-1}, \end{cases} \qquad k = 1, 2, \ldots, n \qquad (4.21)$$

A resistência final da rede, R_F, é calculada por

$$R_F = R - \sum_{i=1}^{n} R_i \qquad (4.22)$$

Suporemos a rede com os terminais de saída em aberto, isto é, com resistência de terminação R_t infinita, como indicado na figura.

---

[1] LANGFORD SMITH, F., *Radio Designer's Handbook* 4ª. Ed., pgs. 794-795, Londres: Ilife & Sons, 1957.

A *atenuação* do atenuador no k-ésimo passo define-se por

$$A_k = v_{2k}/v_1 \qquad (4.23)$$

Por divisão de tensão temos

$$A_k = \frac{1}{R} \cdot [R_F + R_n + R_{n-1} + \cdots + R_k] = \frac{1}{R}\left[\left(R - \sum_{i=0}^{n} R_i\right) + R_n + \cdots + R_k\right] = \frac{1}{R}\left[R - \sum_{i=0}^{k-1} R_i\right]$$

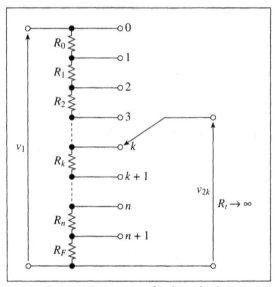

Figura 4.28 Atenuador logarítmico.

Daqui resulta, tendo em vista (4.20),

$$\sum_{i=0}^{k-1} R_i = (1-N)R[1 + N + N^2 + \cdots + N^{k-1}] = R \cdot (1 - N^k),$$

onde substituímos a progressão geométrica por sua soma.

Nessas condições, a atenuação fica

$$A_k = N^k \qquad (4.24)$$

Costuma-se medir a atenuação em *decibéis* (dB), pela definição

$$A_k(dB) = 20 \log A_k \qquad (4.25)$$

ou $\qquad\qquad A_k(dB) = k \cdot 20 \log N \qquad (4.26)$

Tomando, por exemplo, $N = 0,7943$, resulta $A_1(dB) = -2$, ou seja, obtemos um atenuador com atenuação de 2 dB por passo.

Este tipo de atenuador é muito utilizado em sistemas de áudio; tem o inconveniente de exigir uma resistência de terminação muito elevada ($R_t \gg R$), o que limita o seu emprego. No tipo de atenuador que veremos no próximo item esta restrição é eliminada.

Exemplo:

Vamos projetar um atenuador com resistência total $R = 10$ kohms, 5 passos de atenuação ($n = 4$) e atenuação de $3dB$ por passo.

Portanto,

$-3 = 20 \log N \quad \Rightarrow \quad N = 0,7079$
$R_0 = (1 - N) R = 2921 \ \Omega$
$R_1 = NR_0 = 2068 \ \Omega$
$R_2 = NR_1 = 1464 \ \Omega$
$R_3 = NR_2 = 1036 \ \Omega$
$R_4 = NR_3 = 734 \ \Omega$
$R_F = 10000 - (R_0 + R_1 + R_2 + R_3 + R_4) = 1777 \ \Omega$

A título de verificação, notemos que a atenuação no último passo será

$A_5 \ (dB) = 20 \log (1777/10000) = -15 \ dB$,

como desejado.

b) Atenuadores de resistência característica constante:

Vamos examinar a possibilidade de construir um quadripolo resistivo com a seguinte propriedade: terminando-o por uma certa resistência, designada por *resistência característica*, a resistência de entrada do quadripolo fica igual à resistência de terminação.

Quadripolos dotados desta propriedade podem ser associados em cascata, mantendo sempre a mesma resistência de entrada, como ilustrado na figura 4.29.

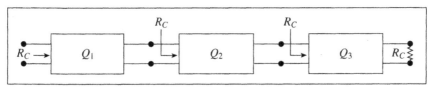

Figura 4.29 Associação em cascata de quadripolos com a mesma resistência característica.

Um quadripolo deste tipo pode ser realizado pela *célula T simétrica*, representada na figura 4.30, onde a resistência característica foi normalizada em 1 ohm.

Vamos definir a *atenuação* da célula por

$$k = v_2/v_1 \qquad (4.27)$$

onde, necessariamente, $k < 1$.

Impondo que a resistência de entrada da célula T da figura 4.30 seja igual à resistência de terminação, resulta a condição

$$R_{ent} = r_s + \frac{r_p(r_s + 1)}{1 + r_p + r_s} = 1 \qquad (4.28)$$

Usando divisão de correntes, obtemos

$$i_2 = \frac{r_p}{1 + r_s + r_p} \cdot i_1 \qquad (4.29)$$

Satisfeita a condição de resistência característica,

$$v_1 = R_{ent} \cdot i_1 = i_1 \qquad e \qquad v_2 = 1 i_2 = i_2$$

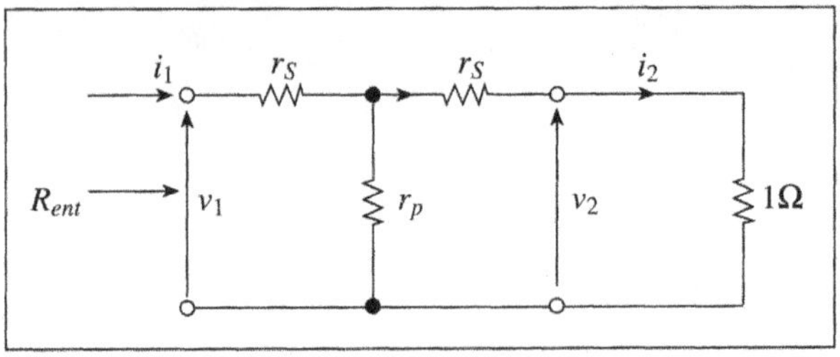

Figura 4.30 Célula T simétrica terminada por resistência normalizada em 1 Ω.

Em conseqüência, (4.29) fornece

$$k = \frac{v_2}{v_1} = \frac{r_p}{1 + r_p + r_s} \qquad (4.30)$$

Das relações (4.28) e (4.30) calculamos r_s e r_p:

$$\begin{cases} r_s = \dfrac{1-k}{1+k} \\ r_p = \dfrac{2k}{1-k^2} \end{cases} \qquad (4.31)$$

Fixada uma atenuação k para a célula, as (4.31) permitem calcular as resistências normalizadas r_s e r_p. Se desejarmos uma resistência de terminação $R_c \neq 1$, as resistências em série e em derivação da célula serão, respectivamente, $r_s R_c$ e $r_p R_c$ (ohms).

Exemplo:

Vamos projetar uma célula T simétrica, com atenuação de 1/10 e resistência característica de 50 ohms.

Tomaremos então $k = 0,1$; as resistências normalizadas se obtém pelas (4.31):

$r_s = 0,9/1,1 = 0,8182$

$r_p = 0,2/0,99 = 0,2020$

Desnormalizando estes valores obtemos as resistências da célula:

$R_s = 0,8182 \cdot 50 = 40,91$ Ω

$R_p = 0,2020 \cdot 50 = 10,10$ Ω

O circuito representado na figura 4.19 foi construído associando em cascata duas células deste tipo. Naturalmente, as duas resistências série foram substituídas pela resistência equivalente, e a atenuação do circuito completo resultou igual a 0,01, como já foi calculado.

Há outras realizações de células com resistência característica constante. Em particular, em vez da célula T podemos empregar a *célula Π*, indicada na figura 4.31. O cálculo das resistências normalizadas desta célula fica como exercício.

Os atenuadores de resistência característica constante são extensamente empregados em Medidas Elétricas, sobretudo quando se precisa obter tensões bastante pequenas e de valor bem conhecido.

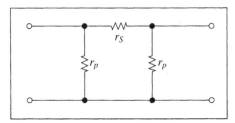

Figura 4.31 Célula Π simétrica.

c) Conversor digital-analógico (D/A) de 4 "bits":

O conversor digital-analógico é um circuito em que entra um número binário, representado por uma seqüência de níveis altos e baixos de tensão (que representam "1" e "0"), e que fornece à sua saída uma tensão proporcional ao valor do número binário. Tipicamente, os níveis alto e baixo da tensão podem ser, respectivamente, da ordem de +5 e 0 volts.

Vamos examinar aqui a operação de um conversor D/A baseado numa *rede resistiva R-2R*.

Suponhamos então que se deseja transformar o número binário de 4 "bits"

$$N_2 = x_3 \, x_2 \, x_1 \, x_0, \qquad x_i = 0 \text{ ou } 1, \qquad i = 0, 1, 2, 3,$$

numa tensão correspondente ao número decimal

$$N_{10} = x_3 \cdot 2^3 + x_2 \cdot 2^2 + x_1 \cdot 2^1 + x_0 \cdot 2^0$$

Nesta expressão x_3 é o *bit mais significativo* e x_0 é o *bit menos significativo*.

O circuito que efetua a conversão recebe os quatro bits de N_2 e deve fornecer uma tensão proporcional a N_{10}. A conversão se baseia na rede R-$2R$ indicada na figura 4.32-a. Os geradores de tensão desta rede podem ser realizados com chaves eletrônicas, como indicado na figura 4.32-b. V_r é uma tensão de referência (igual, por exemplo, a +5 V).

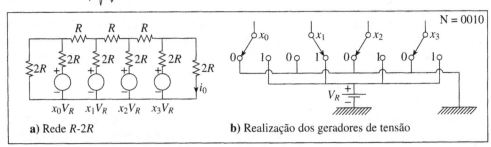

Figura 4.32 Princípio do conversor D/A.

A rede $R\text{-}2R$ tem as seguintes propriedades:

1) A resistência vista por qualquer um dos geradores é

$$R_i = 2R + R = 3R \qquad (4.32)$$

2) A corrente fornecida pelos geradores é

$$i_{gi} = \frac{x_i \cdot V_R}{3R} \qquad (4.33)$$

3) Usando superposição, verifica-se que a corrente i_0 na resistência $2R$ de terminação da rede é

$$i_0 = \frac{V_R}{16 \cdot 3R} \cdot (x_0 + 2x_1 + 2^2 x_2 + 2^3 x_3) = \frac{V_R}{48 \cdot R} \cdot N_{10}, \qquad (4.34)$$

pois a corrente fornecida por qualquer dos geradores se divide por dois ao atingir cada nó superior da rede.

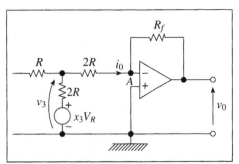

Figura 4.33 Conversão da corrente i_0 em tensão.

Como V_R e R são constantes, a corrente i_0 já é proporcional ao número decimal. Resta transformá-la numa tensão, sem perturbar o funcionamento da rede $R\text{-}2R$. Para isso introduzimos um amplificador operacional, com indicado na figura 4.33. Supondo que o este operacional é ideal, de ganho infinito, o ponto A é terra virtual e a corrente i_0 atravessa R_f. Portanto,

$$v_0 = - R_f i_0,$$

donde, levando em conta (4.34),

$$v = -R_f \frac{V_R}{48R} N_{10} \qquad (4.35)$$

As resistências R e R_f, bem como a tensão V_R, devem ser convenientemente ajustadas. Pode-se assim fazer, por exemplo, que ao número digital 1010 corresponda uma tensão de 10 volts.

Atualmente encontram-se conversores D/A totalmente integrados.

Para uma vista geral sobre a conversão D/A ou sua inversa, a conversão A/D, consultar os artigos abaixo:

R. C. JAEGER, Tutorial: Analog Data Acquisition Technology:

Part I - Digital-to-Analog Conversion, IEEE Micro, May 1982, pgs. 20 – 37;

Part II - Analog-to-Digital Conversion, IEEE Micro, August 1982, pgs. 46-54;

Part III - Sample-and-Holders, Instrumentation Amplifiers and Analog Multiplexers, IEEE Micro, Nov. 1982, pgs. 20-35;

Part IV - System Design, Analysis and Performance, IEEE Micro, Jan. 1983, pgs. 52-61.

EXERCÍCIOS BÁSICOS DO CAPÍTULO 4

1 No circuito da figura E4.1, determine o valor da resistência R de modo que $v_1/v_2 = 10$.
   Resp.: $R = 18$ kΩ.

2 No circuito da figura E4.2, determine o valor da resistência R de modo que $i_1/i_2 = 10$.
   Resp.: $R = 90$ kΩ.

Figura E4.1 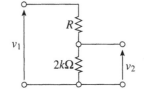   Figura E4.2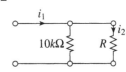

3 Usando divisão de tensão e associação de resistências, determine a tensão v no circuito da figura E4.3.
   Resp.: $v = -2$ V.

Figura E4.3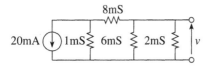

4 Com as mesmas técnicas do problema anterior, determine a tensão v no circuito da figura E4.4.

Resp.: $v(t) = 4\cos 5t$

Figura E4.4

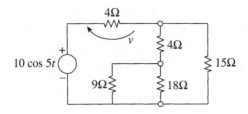

5 Dado um triângulo de resistores, com todas as resistências iguais a R_T, determine as resistências R_Y dos resistores da estrela equivalente.

Resp.: $R_Y = R_T/3$

6 No circuito da figura E4.5 determine a corrente i fornecida pelo gerador de 120 V. *Sugestão*: Transforme a estrela de 20 Ω em triângulo e faça associações série-paralelo.

Resp.: $i = 4{,}62$ A

Figura E4.5

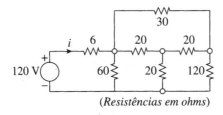

(Resistências em ohms)

7 No circuito da figura E4.6 determine as resistências R_{ab}, R_{bc} e R_{ca} vistas, respectivamente, pelos terminais a, b; b, c e ca.

Resp.: $R_{ab} = 3{,}94$ Ω, $R_{bc} = 5{,}76$ Ω, $R_{ca} = 7{,}27$ Ω

Figura E4.6

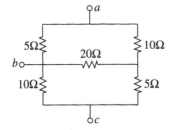

Exercícios Básicos do Capítulo 4 121

8   Determine os geradores de Thévenin e Norton equivalentes, pelos terminais a e b, aos circuitos da figura E4.7, a e b.

Resp.: a) $e_0 = 0$, $i_0 = 0$, $R_0 = 5,25\ \Omega$; b) $e_0 = 0$, $i_0 = 0$, $R_0 = 6,86\ \Omega$

Figura E4.7
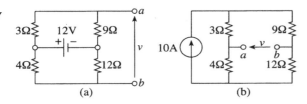

9   Em determinadas condições de operação, o circuito elétrico de um carro pode ser representado pelo esquema da figura E4.8, onde uma bateria de 12 V e um gerador de 13 V (CC) alimentam uma carga (por exemplo, faróis) com uma resistência equivalente a 5 ohms. Pede-se:

a) Usando superposição, calcule a corrente i na resistência de 5 ohms;

b) Determine as potências fornecidas por cada uma das duas fontes. A bateria está carregando ou descarregando?

Resp.: a) $i = 2,514$ A; b) $P_{12} = -227,93$ W, $P_{13} = 279,61$ W, bateria carregando com 18,99 A

Figura E4.8
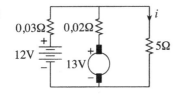

10 Uma carga de 2 kΩ, ligada aos terminais a, b de um bipolo linear e invariante no tempo, puxa uma corrente de 4 mA. Ligando-se uma carga de 3 kΩ aos mesmos terminais, a corrente fornecida é de 3 mA. Determine os geradores de Thévenin e Norton equivalentes ao bipolo.

Resp.: $e_0 = 12$ V, $R_0 = 1$kΩ, $i_0 = 12$ mA

11 Determine o gerador de Thévenin equivalente, pelos terminais a, b, à rede da figura E4.9 (ap. Irwin, Basic Eng. Circ. Analysis, 5ª ed., pg. 211).

Sugestão: Ligue um gerador de corrente entre os terminais a, b.

Resp.: $e_0 = 0$, $R_0 = 2$ kΩ

Figura E4.9

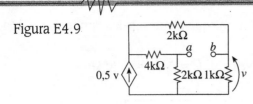

12 a) Determine os valores de r_s e r_p de uma célula T simétrica normalizada (ver figura 4.30), de modo que a relação v_2/v_1 entre as tensões de saída e entrada seja igual a -10 dB. b) Para tornar a resistência característica igual a 600 Ω, com a mesma atenuação, quais devem ser os valores das resistências série e "shunt" da célula?

Resp.: a) $r_S = 0{,}5195$ Ω, $r_P = 0{,}7027$ Ω; b) $r_S = 311{,}7000$ Ω, $r_P = 412{,}6370$ Ω.

Capítulo 5

ESTUDO DE REDES DE PRIMEIRA ORDEM

5.1 Introdução

Os capítulos anteriores foram essencialmente dedicados ao estudo de redes resistivas, descritas matematicamente por sistemas de equações algébricas. Passaremos agora a examinar redes que contenham também capacitores e indutores lineares, que serão descritas por *sistemas de equações diferenciais ordinárias, lineares e a coeficientes constantes*. A *ordem* da rede será definida pela ordem do sistema de equações diferenciais. Em particular, as redes resistivas serão ditas *de ordem zero*, pois em seu modelo matemático não aparecem derivadas.

Neste capítulo vamos examinar em detalhe o funcionamento de *redes lineares fixas de 1ª ordem*, isto é, de redes descritas por uma equação diferencial ordinária, linear e a coeficientes constantes, em que só aparece uma derivada primeira.

Do ponto de vista matemático, nosso estudo corresponderá à determinação de soluções deste tipo de equações. Consideraremos a propósito três problemas distintos:

1. Determinação de *soluções gerais* da equação diferencial;
2. Determinação de *soluções particulares*, dentro de uma classe de funções;
3. Solução completa do *problema de valor inicial*.

Uma *solução* de uma equação diferencial é sempre uma função que, substituída na equação, transforma-a numa identidade; uma *solução geral* é, essencialmente, uma família de funções que satisfaz à equação. Uma *solução particular* é uma particular função que também satisfaz à equação. Terão especial importância neste curso as soluções particulares senoidais ou co-senoidais.

Finalmente, uma *solução completa do problema de valor inicial* é uma função que satisfaz identicamente à equação diferencial e que, além disso, ainda assume um valor pré-fixado para um valor dado da variável independente.

Para ilustrar estes pontos, consideremos a equação diferencial linear, a coeficientes constantes e de 1ª ordem

$$\frac{dx(t)}{dt} + ax(t) = f(t) \tag{5.1}$$

ou
$$\dot{x}(t) + ax(t) = f(t) \tag{5.2}$$

onde a é uma constante, $f(\cdot)$ é uma função dada, t é uma variável real e $x(\cdot)$ é a função incógnita a ser determinada. A $f(\cdot)$ será designada por *excitação* ou *entrada do circuito*.

Como se sabe dos cursos de Cálculo, a solução geral dessa equação é a soma da *solução geral da equação homogênea*

$$\dot{x}(t) + ax(t) = 0 \tag{5.3}$$

com uma *solução particular* $\Phi_p(t)$ da equação completa (5.2). Sabe-se também que a solução geral da equação homogênea é $K_1 e^{pt}$, onde K_1 é uma constante e p satisfaz à *equação característica*

$$p + a = 0 \Rightarrow p = -a \tag{5.3'}$$

A solução geral de (5.2) é então do tipo

$$x(t) = K_1 e^{-at} + \Phi_p(t) \tag{5.4}$$

Nesta solução K_1 é uma constante a determinar e $\Phi_p(\cdot)$ é uma função que depende essencialmente da excitação $f(\cdot)$.

Passando a um problema de valor inicial, vamos impor $x(t_0) = x_0$, onde x_0 é a *condição inicial* dada. Fazendo essa imposição em (5.4) resulta a determinação da constante K_1:

$$K_1 = (x_0 - \phi_p(t_0)) \cdot e^{+at_0} \tag{5.5}$$

de modo que a solução do problema de valor inicial, que corresponde a uma *resposta* do circuito, fica

$$x(t) = (x_0 - \Phi_p(t_0)) \cdot e^{-a(t-t_0)} + \Phi_p(t) \tag{5.6}$$

As duas parcelas do segundo membro desta equação serão designadas, respectivamente, por *resposta transitória* e *resposta permanente* do circuito descrito pela equação diferencial.

A resposta (5.6) pode ainda ser decomposta da seguinte maneira:

$$x(t) = x_0 e^{-a(t-t_0)} + [-\Phi_p(t_0) e^{-a(t-t_0)} + \Phi_p(t)] \tag{5.7}$$

A primeira parcela do segundo membro é agora designada por *resposta livre* (ou *resposta em entrada zero*), pois só depende da condição inicial. A segunda parcela, ao contrário, só depende da excitação e, por isso, é chamada *resposta forçada* (ou *resposta em estado zero*).

As considerações acima não nos dizem como calcular a função $\Phi p(\cdot)$. Para resolver esse problema, vejamos como determinar a solução analítica do problema de valor inicial constituído pela junção da equação (5.2) com a condição inicial $x(t_0) = x_0$. Para isso, vamos procurar satisfazer à equação diferencial com uma função do tipo

Introdução **125**

$$x(t) = K(t) \cdot e^{-at} \tag{5.8}$$

A derivada desta função será, portanto,

$$\dot{x}(t) = \dot{K}(t) \cdot e^{-at} - a \cdot K(t) \cdot e^{-at} \tag{5.9}$$

Substituindo (5.8) e (5.9) na equação diferencial (5.2), desaparecem os termos com $K(t)$ e ficamos com

$$\dot{K}(t)e^{-at} = f(t) \qquad \text{ou} \qquad \dot{K}(t) = e^{+at} f(t)$$

Integrando ambos os membros desta última equação entre t_0 e t, designando a variável de integração por λ e resolvendo em relação a $K(t)$ vem

$$K(t) = K(t_0) + \int_{t_0}^{t} e^{+a\lambda} f(\lambda) d\lambda$$

A solução procurada obtém-se então introduzindo este valor em (5.8):

$$x(t) = e^{-at} K(t_0) + \int_{t_0}^{t} e^{-a(t-\lambda)} f(\lambda) d\lambda \tag{5.10}$$

Para completar a solução do problema de valor inicial, vamos impor $x(t_0) = x_0$. Fazendo $t = t_0$ na última relação, decorre

$$x(t_0) = e^{-at_0} \cdot K(t_0) + 0 \Rightarrow K(t_0) = e^{at_0} \cdot x_0$$

Voltando com o valor de $K(t_0)$ em (5.10) chegamos ao resultado desejado:

$$x(t) = e^{-a(t-t_0)} x_0 + \int_{t_0}^{t} e^{-a(t-\lambda)} f(\lambda) d\lambda \tag{5.11}$$

Nossa resposta completa está agora dividida em duas parcelas: a primeira é a *resposta livre*, que depende do valor inicial; a segunda parcela, que independe do valor inicial, é a *resposta forçada*.

Dispomos assim de duas soluções (5.7) e (5.11). A primeira solução exige a prévia determinação da solução permanente Φ_p, ao passo que a segunda exigirá a execução da integral indicada. Veremos mais tarde como executar esses passos.

Antes de prosseguir, façamos um exemplo.

Exemplo:

Vamos resolver o problema de valor inicial

$$\begin{cases} \dot{x}(t) + 2x(t) = 4 \cdot \mathbf{1}(t) \\ x(0) = x_0 = 4 \end{cases}$$

pelos dois métodos acima indicados.

Começando com o primeiro método, notamos que a equação homogênea

$\dot{x}(t) + 2x(t) = 0$

tem por equação característica (veja curso de Cálculo!) $p + 2 = 0$, donde $p = -2$. Portanto, a solução geral da equação homogênea é $x_h(t) = Ae^{-2t}$. Uma solução particular Φ_p da equação completa obtém-se facilmente notando que uma constante $K = 2$ satisfaz à equação diferencial para os $t > 0$. Portanto, a solução geral fica

$x(t) = A \cdot e^{-2t} + 2$ $(t \geq 0)$

Impondo a condição $x(0) = 4$ vem $4 = A + 2 \Rightarrow A = 2$, de modo que a solução procurada fica

$x(t) = 2e^{-2t} + 2,$ $t \geq 0$

Vamos agora à solução por (5.11). Substituindo os valores nessa expressão, resulta

$x(t) = e^{-2t} \cdot 4 + \int_0^t (e^{-2(t-\lambda)} \cdot 4 \cdot \mathbf{1}(\lambda))d\lambda = e^{-2t} \cdot 4 + e^{-2t} \int_0^t e^{2\lambda} \cdot 4 \cdot d\lambda = 2e^{-2t} + 2,$

$t \geq 0$

Neste exemplo a solução por (5.11) foi mais rápida porque a integral ficou muito simples. Infelizmente isto nem sempre ocorre.

Concluindo este exemplo, notemos que a resposta completa pode ser decomposta nas seguintes parcelas:

- resposta livre: $4 \cdot e^{-2t}$
- resposta forçada: $-2 \cdot e^{-2t} + 2$
- resposta transitória: $4 \cdot e^{-2t} - 2 \cdot e^{-2t}$
- resposta permanente: 2.

5.2 Comportamento Livre do Circuito R, L

Não nos basta saber como integrar equações diferenciais; precisamos conhecer as propriedades dos circuitos básicos. Por isso, vamos começar considerando o circuito constituído pela associação série de um resistor e um indutor lineares, como indicado na figura 5.1-a. Este circuito é *livre*, pois não contém nenhum gerador independente.

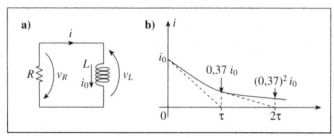

Figura 5.1 Comportamento livre do circuito R, L.

Aplicando a 2ª lei de Kirchhoff a este circuito, resulta

$$L\frac{di(t)}{dt} + Ri(t) = 0$$

ou
$$\frac{di(t)}{dt} + \frac{R}{L}i(t) = 0 \qquad (5.12)$$

O circuito é então descrito por uma equação diferencial homogênea de 1ª ordem.

Evidentemente uma primeira solução desta equação é dada por $i(t) = 0$, para qualquer t. Esta solução, designada por *solução trivial*, não tem interesse, pois não acontece nada no circuito.

Para obter correntes não identicamente nulas, devemos fornecer alguma energia inicial ao circuito. Esta energia poderá decorrer de uma *corrente inicial i_0*, presente no circuito no instante inicial $t = 0$, e estará armazenada no campo magnético por ela criado no indutor. Imporemos então a condição inicial

$$i(0) = i_0 \qquad (5.13)$$

Fizemos aqui a imposição da condição inicial em $t = 0$ apenas para facilitar a notação. Efetivamente, poderíamos fazê-lo num instante t_0 arbitrário. Na figura 5.4, associada ao exemplo seguinte, mostramos um arranjo de circuito que pode impor uma corrente inicial; a chave do circuito deverá estar inicialmente na posição 1 e passar bruscamente à posição 2 no instante inicial.

A energia inicialmente armazenada no indutor será

$$w = \frac{1}{2}Li_0^2 \qquad \text{(joules, henrys, ampères)}$$

Temos então que resolver a (5.12), com a condição inicial (5.13). Para isso, observemos que é possível satisfazer (5.12) com uma função do tipo $A\,e^{pt}$, onde A e p são constantes reais. De fato, substituindo esta exponencial em (5.12) e notando que é $A\,e^{pt} \neq 0$, resulta a condição

$$p + \frac{R}{L} = 0 \qquad (5.14)$$

Esta é a *equação característica* associada à equação diferencial (5.12). Fazendo portanto $p = -R/L$, a solução geral da nossa equação homogênea será

$$i(t) = Ae^{-\frac{R}{L}t}, \qquad \forall t \qquad (5.15)$$

A *constante de integração* A determina-se impondo a condição inicial (5.13):

$$i(0) = Ae^{-0} = i_0 \Rightarrow A = i_0$$

A solução do problema de valor inicial é pois

$$i(t) = i_0 \cdot e^{-\frac{R}{L}t}, \qquad \forall t \geq 0 \qquad (5.16)$$

O gráfico desta função está representado na figura 5.1-b. Observa-se que a corrente inicial decai exponencialmente, com a *constante de tempo*

$$\tau = L/R \qquad (\text{seg, H, }\Omega) \qquad (5.17)$$

As tensões no indutor e no resistor, com os sentidos de referência indicados na figura, serão dadas respectivamente por

$$\begin{cases} v_L(t) = L\dfrac{di(t)}{dt} = -Ri_0 e^{-\frac{R}{L}t}, & \forall t \geq 0 \\ v_R(t) = Ri(t) = Ri_0 e^{-\frac{R}{L}t}, & \forall t \geq 0 \end{cases} \qquad (5.18)$$

Todas as respostas livres deste circuito têm, assim, uma característica comum: decaem exponencialmente, com constante de tempo L/R, a partir do valor inicial. Esta observação nos permitirá resolver problemas de comportamento livre deste circuito sem recorrer à integração formal da equação diferencial.

Para completar este estudo, vamos examinar o que acontece com as potências.

A potência instantânea dissipada no resistor será

$$p(t) = Ri^2(t) = Ri_0^2 e^{-2\frac{R}{L}t}$$

Integrando esta expressão de $t = 0$ a $t = \infty$, obtemos

$$\int_0^\infty p(t)dt = \int_0^\infty Ri_0^2 e^{-2\frac{R}{L}t} dt = \frac{Li_0^2}{2}$$

Este resultado mostra que a energia inicialmente armazenada no indutor acaba sendo totalmente dissipada no resistor. É claro que este resultado poderia ser previsto pelo princípio da conservação da energia.

5.3 Comportamento Forçado do Circuito R, L Série

Consideremos agora o circuito constituído por uma associação R, L série alimentada por um gerador ideal de tensão, como indicado na figura 5.2.

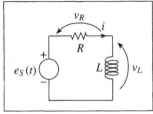

Figura 5.2 Circuito R, L série com gerador.

Comportamento Forçado do Circuito R, L Série

Aplicando a 2ª. lei de Kirchhoff ao circuito vem

$$L\frac{di(t)}{dt} + Ri(t) = e_s(t)$$

ou
$$\frac{di(t)}{dt} + \frac{R}{L}i(t) = \frac{1}{L}e_s(t) \qquad (5.19)$$

Para completar o problema de valor inicial, imporemos ainda que, para um certo t_0,

$$i(t_0) = i_0 \qquad (5.20)$$

sendo i_0 uma constante conhecida.

Como já relembramos, a solução geral de (5.19) será dada pela soma da solução geral da equação homogênea, do tipo $A\,e^{-t/\tau}$, onde τ é a constante de tempo, com uma solução particular $\Phi_p(t)$ da equação completa. Nossa solução geral será então

$$i(t) = Ae^{-t/\tau} + \Phi_p(t), \qquad \tau = L/R \qquad (5.21)$$

A constante A será determinada de modo a satisfazer à condição inicial (5.20).

Relembremos que a parcela exponencial de (5.21) é designada por *resposta transitória*, ao passo que $\Phi_p(t)$ é a *resposta permanente*. Vamos mostrar como determinar esta função para as excitações mais importantes, ou seja, o degrau, o impulso e a co-senóide.

a) Resposta ao degrau:

Tomando $e_s(t) = E\,\mathbf{1}(t - t_0)$, a nossa equação diferencial fica

$$\frac{di(t)}{dt} + \frac{R}{L}i(t) = \frac{1}{L}E\mathbf{1}(t - t_0) \qquad (5.22)$$

Uma solução particular desta equação, para os $t > t_0$ é

$$\Phi_p(t) = E/R \qquad \text{(constante)}$$

De fato, substituindo este valor na equação diferencial acima, para os $t > t_0$, obtemos uma identidade. Em conseqüência, por (5.21) e sempre para os $t > t_0$,

$$i(t) = Ae^{-t/\tau} + E/R \quad , \quad t \geq t_0$$

Vamos agora impor a condição inicial, admitindo que a corrente i é função contínua em t_0 (caso contrário apareceriam tensões impulsivas em L):

$$i(t_0) = i_0 = Ae^{-t_0/\tau} + E/R \Rightarrow A = \left(i_0 - E/R\right)e^{+t_0/\tau}$$

Substituindo este valor de A na expressão da corrente e rearranjando os termos, obtemos

$$i(t) = \left(i_0 - E/R\right)e^{-(t-t_0)/\tau} + E/R \quad , \quad (t \geq t_0) \qquad (5.23)$$

A primeira parcela fornece a resposta transitória, ao passo que a segunda parcela dá a resposta permanente.

Na figura 5.3 apresentamos um gráfico da corrente $i(t)$. A descrição desta corrente é muito simples: começa com o valor i_0 em $t = t_0$ e tende exponencialmente para o valor final E/R, com a constante de tempo $\tau = L/R$.

Na mesma figura, em traço interrompido, representamos o *componente transitório* da solução, que se inicia em $(i_0 - E/R)$ e tende a zero com a constante de tempo τ.

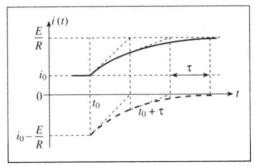

Figura 5.3 Resposta ao degrau do circuito R, L série.

Exemplo:

No circuito da figura 5.4 a chave S, que estava há muito tempo na posição 1, passa bruscamente à posição 2 no instante t_0. Determinar a tensão $v_R(t)$, nos terminais da resistência de 6 ohms, para os $t \geq 0$.

Como a chave estava há muito tempo na posição 1, o sistema já atingiu o estado estacionário e o indutor será atravessado por uma corrente $i_0 = 12/3 = 4$ ampères.

Em $t = t_0$ a chave muda de posição, e o circuito constituído por 1 H em série com 9Ω fica livre. Teremos então

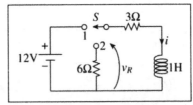

Figura 5.4 Exemplo de comportamento livre.

$$i(t) = i_0 e^{-\frac{R}{L}(t-t_0)} = 4e^{-9(t-t_0)}, \qquad t \geq t_0$$

Portanto,

$$v_R(t) = -6i(t) = -24e^{-9(t-t_0)}, \qquad t \geq t_0 \text{ (volts)}$$

Comportamento Forçado do Circuito R, L Série

Conhecida assim em detalhe a resposta ao degrau, podemos deduzir facilmente as respostas do circuito a excitações compostas por degraus. Assim, por exemplo, consideremos que o circuito é excitado por um pulso retangular, de amplitude E e largura T, isto é,

$$e_S(t) = E[\mathbf{1}(t) - \mathbf{1}(t - T)]$$

Admitindo ainda condições iniciais nulas (ou quiescentes), isto é $i_0 = 0$, a resposta pode ser determinada pelas seguintes considerações: quando vem a frente do pulso inicia-se uma resposta ao degrau, do tipo descrito acima. Quando o pulso termina, o circuito fica livre e, portanto, a resposta prossegue como uma resposta livre, tendo como condição inicial a corrente que prevalecia em $t = T$.

Assim sendo, a resposta $i(t)$ para os t entre 0 e T obtém-se de (5.23), fazendo $i_0 = 0$ e $t_0 = 0$:

$$i(t) = \left(1 - e^{-t/\tau}\right)\frac{E}{R}, \qquad (0 \le t \le T)$$

Para $t = T$, $i(t) = (1 - e^{-T/\tau})\frac{E}{R}$. Como este é o valor inicial para o comportamento livre, a corrente para os $t > T$ obtém-se de (5.16), substituindo i_0 pelo valor $i(T)$ e colocando $(t - T)$ em lugar de t:

$$i(t) = \left(1 - e^{-T/\tau}\right)\frac{E}{R} e^{-(t-T)/\tau}, \qquad (t > T)$$

Na figura 5.5 indicamos os gráficos de $e_S(t)$ e de $i(t)$, na hipótese de $T > \tau$. Recomendamos ao estudante fazer também os gráficos correspondentes a $T \gg \tau$ e $T \ll \tau$.

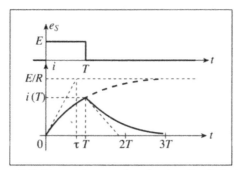

Figura 5.5 Resposta ao pulso do circuito R, L série.

b) Resposta impulsiva:

Tomemos agora como excitação um impulso de amplitude A volts.segundo, isto é,

$$e_S(t) = A\delta(t) \qquad \text{(V)},$$

onde $\delta(t)$ é a função de Dirac.

O impulso de amplitude A ocorre em $t = 0$. Vamos admitir que a corrente no indutor, um pouco antes do impulso, seja i_0, isto é, vamos usá-la como condição inicial em $t = 0_-$: $i(0_-) = i_0$. A equação diferencial do circuito fica então

$$\frac{di(t)}{dt} + \frac{R}{L}i(t) = \frac{A}{L}\delta(t) \qquad (5.24)$$

Vamos integrar esta equação num intervalo infinitésimo do eixo real, centrado sobre a origem. Indicando simbolicamente por 0_+ e 0_- os extremos desse intervalo, teremos

$$\int_{0_-}^{0_+} \frac{di(t)}{dt} dt + \frac{R}{L}\int_{0_-}^{0_+} i(t)dt = \frac{A}{L}\int_{0_-}^{0_+} \delta(t)dt \ .$$

A primeira integral do 1º membro dá, evidentemente, $i(0_+) - i(0_-)$. A integral do 2º membro fornece A/L, pela própria definição da função delta. A segunda integral do 1º membro dá zero, pois a função $i(t)$ não deve conter impulsos. Para justificar este resultado, basta considerar que, caso contrário, a equação (5.24) não seria satisfeita para qualquer t, pois no primeiro membro apareceria uma derivada do impulso, que não existe no segundo membro. Então $i(t)$ poderá, no máximo, apresentar uma descontinuidade em degrau, de modo que sua integral num intervalo infinitésimo será nula. Segue-se então que

$$i(0_+) - i(0_-) = A / L$$

e
$$i(0_+) = i(0_-) + A / L = i_0 + A / L \tag{5.25}$$

Esta expressão mostra que o papel do impulso é de impor uma descontinuidade em degrau na corrente, com amplitude igual a A/L.

Por outro lado, para os $t > 0_+$ o circuito está livre pois a tensão no gerador é constantemente nula; exibirá então o comportamento livre já estudado, ou seja, a corrente será

$$i(t) = \left(i_0 + \frac{A}{L}\right)e^{-\frac{R}{L}t}, \qquad t > 0 \tag{5.26}$$

onde i_0 é agora a corrente inicial, numa vizinhança à esquerda da origem dos tempos.

Vamos agora calcular a tensão $v_L(t)$. Pela equação constitutiva do indutor,

$$v_L(t) = L\frac{di(t)}{dt}, \qquad \forall t$$

Antes de efetuar a derivada, devemos escrever uma expressão para $i(t)$, válida para qualquer t. Supondo $i(t) = i_0$ para os $t < 0$, a equação (5.26) pode ser modificada para

$$i(t) = \left[\left(i_0 + \frac{A}{L}\right)e^{-\frac{R}{L}t} - i_0\right]\mathbf{1}(t) + i_0, \qquad \forall t$$

Efetuando a derivada desta expressão, multiplicando-a por L, rearranjando-a e considerando que $\delta(t)$ é nulo para os $t \neq 0$, obtemos a desejada tensão:

$$v_L(t) = R\left(i_0 + \frac{A}{L}\right)e^{-\frac{R}{L}t}\mathbf{1}(t) + A\delta(t), \qquad \forall t$$

Esta expressão mostra que a tensão no indutor contém um impulso de amplitude igual ao impulso do gerador.

Como verificação, pode-se calcular v_R e verificar que a soma $v_R + v_L$ é sempre igual à tensão do gerador.

Comportamento Forçado do Circuito R, L Série   **133**

c) Resposta à excitação co-senoidal:

Consideremos agora uma excitação co-senoidal

$$e_S(t) = E_m \cos(\omega t + \theta)$$

Como já sabemos, esta excitação pode ser representada pelo fasor

$$\hat{E}_m = E_m e^{j\theta}$$

de modo que a excitação se pode escrever

$$e_S(t) = \Re e[\hat{E}_m e^{j\omega t}] \qquad (5.27)$$

onde $\Re e$ representa o operador que toma a parte real do complexo.

A equação diferencial do circuito fica então

$$\frac{di(t)}{dt} + \frac{R}{L}i(t) = \frac{1}{L}\Re e[\hat{E}_m e^{j\omega t}] \qquad (5.28)$$

Trata-se agora de determinar uma solução particular desta equação. Nesta altura, a introdução do fasor pode parecer uma complicação desnecessária. Pode-se no entanto verificar, sem muita dificuldade, que esta introdução reduz bastante o trabalho de achar a solução particular (experimente depois fazê-lo, sem usar os fasores!). Além disso, o método a ser empregado pode facilmente ser generalizado para circuitos mais complicados.

É fácil ver que a equação (5.28) admite uma solução particular também co-senoidal e, portanto, representável por um fasor. Esta será a *componente permanente* de nossa resposta, por sua característica de periodicidade no tempo. Indicando-a por $i_p(t)$, vamos procurar satisfazer a (5.28) com uma função

$$i_p(t) = \Re e[\hat{I}_m e^{j\omega t}] \qquad (5.29)$$

Introduzindo este valor em (5.28) e levando em conta as duas propriedades seguintes:

a) a derivada da parte real de uma complexo é igual à parte real da derivada do complexo, ou seja

$$\frac{di_p(t)}{dt} = \Re e[j\omega \hat{I}_m e^{j\omega t}]$$

b) a parte real da soma de complexos é igual à soma das suas partes reais, resulta:

$$\Re e\left[j\omega \hat{I}_m e^{j\omega t} + \frac{R}{L}\hat{I}_m e^{j\omega t}\right] = \Re e\left[\frac{1}{L}\hat{E}_m e^{j\omega t}\right]$$

Esta igualdade está contida na igualdade abaixo, pois as partes real e imaginária de ambos os membros devem ser iguais separadamente. Portanto, vale

$$\left[j\omega \hat{I}_m + \frac{R}{L}\hat{I}_m\right]e^{j\omega t} = \frac{1}{L}\hat{E}_m e^{j\omega t}$$

Como a exponencial é sempre diferente de zero, segue-se que o fasor da corrente deve satisfazer a

$$\hat{I}_m = \frac{1}{R + j\omega L} \hat{E}_m \qquad (5.30)$$

A relação $Z(j\omega)$ entre os fasores da tensão e da corrente é, por definição, a *impedância complexa* da associação R, L série:

$$Z(j\omega) = R + j\omega L \qquad (5.31)$$

Podemos então escrever que

$$\hat{I}_m = \frac{\hat{E}_m}{Z(j\omega)} \qquad (5.32)$$

isto é, o fasor da corrente no circuito obtém-se dividindo o fasor da tensão aplicada por sua impedância complexa. Veremos depois que esta relação se generaliza para circuitos mais complicados.

Finalmente, a corrente permanente no circuito será

$$i_p(t) = \Re e(\hat{I}_m e^{j\omega t}) \qquad (5.33)$$

Em conclusão, para determinar a corrente permanente co-senoidal do circuito bastará:

a) Determinar o fasor $\hat{E}_m$ da tensão aplicada;
b) Dividir este fasor pelo complexo $Z(j\omega)$, obtendo o fasor da corrente, $\hat{I}_m$;
c) Determinar a co-senóide representada por este fasor, conhecidos seu módulo e argumento.

À vista de (5.30), o fasor da corrente terá o módulo

$$|\hat{I}_m| = \frac{|\hat{E}_m|}{\sqrt{R^2 + \omega^2 L^2}} \qquad (5.34)$$

e o argumento (ou ângulo)

$$\arg \hat{I}_m = \theta - \arctg \frac{\omega L}{R} = \Psi \qquad (5.35)$$

onde θ é o ângulo de $\hat{E}_m$. A corrente permanente está pois atrasada em relação à tensão de um ângulo igual a $\arctg(\omega L/R)$.

A solução geral de (5.28) será pois

$$i(t) = Ae^{-\frac{R}{L}t} + |\hat{I}_m|\cos(\omega t + \Psi) \qquad (5.36)$$

A constante de integração A será determinada a partir da condição inicial. Assim, por exemplo, se impusermos que $i(0) = i_0$, resulta

Comportamento Forçado do Circuito R, L Série

$$A = i_0 - |\hat{I}_m|\cos\Psi$$

e a solução do problema de valor inicial fica

$$i(t) = (i_0 - |\hat{I}_m|\cos\Psi) \cdot e^{-\frac{R}{L}t} + |\hat{I}_m|\cos(\omega t + \Psi) \tag{5.37}$$

Como o componente transitório decai exponencialmente com o tempo, depois de algumas constantes de tempo predomina o componente permanente, última parcela de (5.37).

A expressão (5.37) mostra ainda que fazendo $i_0 = |\hat{I}_m|\cos\Psi$ podemos inicializar o circuito em $t = 0$ sem transitório; o regime permanente se estabelece desde o início.

Exemplo:

Consideremos um circuito constituído pela associação série de $R = 6\Omega$ e $L = 3$ H, alimentado por um gerador com tensão $e_S(t) = 12\cos 2t$ volts. Determinar:

a) A corrente permanente no circuito;

b) A corrente completa $i(t)$, sabendo que $i(0) = 2\ A$;

c) A tensão $v_L(t)$, nas condições do item (b).

Solução:

a) Como $\omega = 2$, a impedância do circuito é

$$Z(j2) = 6 + j2 \cdot 3 = 6 + j6 \qquad \text{(ohms)}$$

e o fasor da tensão aplicada é $\hat{E}_m = 12\angle 0°$, o fasor da corrente permanente fica

$$\hat{I}_m = \frac{\hat{E}_m}{Z(j2)} = \frac{12\angle 0°}{6+j6} = 1{,}41\angle -45°, \qquad \text{(A)}$$

b) A constante de tempo do circuito é $\tau = 3/6 = 0{,}5$ segundos, de modo que a resposta completa é do tipo

$$i(t) = Ae^{-2t} + 1{,}41\cos(2t - 45°)$$

Para $t = 0$, $i_0 = 2$, de modo que resulta

$$A = 2 - 1{,}41\cos(-45°) = 1$$

Voltando à corrente, obtemos

$$i(t) = e^{-2t} + 1{,}41\cos(2t - 45°), \qquad t \geq 0$$

c) A tensão no indutor é

$$v_L = L\frac{di}{dt} = 3[-2e^{-2t} - 2,82\operatorname{sen}(2t - 45°)]$$

ou seja,

$$v_L(t) = -6e^{-2t} + 8,46\cos(2t + 45°), \qquad \text{volts},\ t \geq 0$$

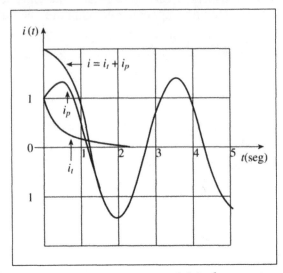

Figura 5.6 Componentes permanente e transitório da corrente no circuito R, L com excitação co-senoidal.

O componente permanente desta tensão está adiantado de 45° em relação à tensão do gerador.

Na figura 5.6 representamos a corrente $i(t)$ e seus componentes permanente $i_p(t)$ e transitório $i_t(t)$.

5.4 O circuito R,C

Consideremos agora a associação paralela de um resistor e um capacitor lineares e fixos, alimentada por um gerador de corrente, como indicado na figura 5.7.

Aplicando a 1ª lei de Kirchhoff ao nó A do circuito obtemos

$$C\frac{dv(t)}{dt} + \frac{1}{R}v(t) = i_S(t)$$

ou

$$\frac{dv(t)}{dt} + \frac{1}{RC}v(t) = \frac{1}{C}i_S(t) \qquad (5.38)$$

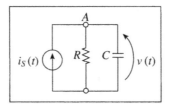

Figura 5.7 Circuito R, C paralelo.

Esta equação é dual da equação (5.19), que descreve o circuito R, L série; apenas encontramos aqui o fator $1/RC = G/C$, em vez de R/L, e correntes foram trocadas por tensões e vice-versa. Em conseqüência, todos os resultados obtidos para o circuito R, L podem ser transpostos para o R, C mediante as substituições de termos apontadas. Como condição inicial imporemos aqui um valor da tensão do capacitor, num certo t_0, isto é,

$$v(t_0) = v_0 \tag{5.39}$$

No instante inicial o capacitor terá então uma carga $q_0 = Cv_0$, à qual corresponderá uma energia armazenada igual a $Cv_0^2/2$.

O *comportamento livre* deste circuito, isto é, com $i_S(t) \equiv 0$, caracteriza-se, dualmente ao circuito R, L, por um decaimento exponencial da tensão do capacitor, com uma constante de tempo

$$\tau = RC \tag{5.40}$$

Teremos então

$$v(t) = v_0 e^{-\frac{(t-t_0)}{RC}}, \qquad t \geq t_0 \tag{5.41}$$

É fácil verificar que a energia dissipada no resistor de $t = t_0$ a $t = \infty$ será exatamente igual a $Cv_0^2/2$.

Vamos agora listar as respostas deste circuito às excitações padrão, sempre transpondo, por dualidade, os resultados já obtidos para o circuito R, L. Assim, teremos:

a) Excitação em degrau:

Tomando $i_S(t) = I \cdot \mathbf{1}(t - t_0)$, onde I é uma constante, e impondo a condição inicial (5.39), obtemos

$$v(t) = (v_0 - RI)e^{-\frac{(t-t_0)}{RC}} + RI, \qquad t \geq t_0 \tag{5.42}$$

Note-se que esta fórmula é a dual de (5.23).

Dualmente ao caso do circuito R, L, este resultado pode ser utilizado para a determinação da resposta do circuito a um pulso retangular de corrente.

b) Excitação impulsiva:

Consideremos agora o circuito excitado por um pulso de amplitude Q ampères · segundo, ou coulombs, isto é, $i_S(t) = Q\delta(t)$, onde $\delta(\cdot)$ é a função de Dirac.

O papel do impulso de corrente é jogar no capacitor, instantaneamente e em $t = 0$, uma carga Q, ou seja, aumentar bruscamente sua tensão de Q/C volts. Teremos assim

$$v(0_+) = v(0_-) + Q/C$$

Como o circuito fica livre para os $t > 0$, resulta

$$v(t) = (v_0 + Q/C)e^{-\frac{t}{RC}}, \qquad t > 0 \qquad (5.43)$$

Note-se que esta fórmula é a dual de (5.26).

c) Excitação co-senoidal:

Passemos a considerar o caso de uma excitação co-senoidal

$$i_S(t) = I_m \cos(\omega t + \theta)$$

Esta excitação será então representada pelo fasor

$$\hat{I}_m = I_m e^{j\theta}$$

Transpondo, por dualidade, a expressão (5.30) para este caso, vemos que o fasor da resposta permanente senoidal será

$$\hat{V}_m = \frac{1}{\frac{1}{R} + j\omega C} \hat{I}_m \qquad (5.44)$$

de modo que a *admitância complexa* da associação paralela fica

$$Y(j\omega) = \frac{\hat{I}_m}{\hat{V}_m} = \frac{1}{R} + j\omega C \qquad (5.45)$$

A resposta completa será pois (dualizando a (5.36)),

$$v(t) = Ae^{-\frac{t}{RC}} + |\hat{V}_m|\cos(\omega t + \Psi), \qquad t \geq 0 \qquad (5.46)$$

onde
$$|\hat{V}_m| = \frac{I_m}{\sqrt{\left(\frac{1}{R}\right)^2 + \omega^2 C^2}} \qquad (5.47)$$

e
$$\Psi = \theta - \text{arctg}(\omega RC) \qquad (5.48)$$

A tensão permanente senoidal estará pois *atrasada* de um ângulo igual a arctg(ωCR) em relação à corrente aplicada.

A determinação da constante de integração A em (5.46) se faz impondo a condição inicial, como já foi visto nos demais casos.

Em prosseguimento, vejamos alguns RC bastante utilizados na prática.

5.5 Os circuitos Diferenciador e Integrador

a) Circuito integrador R, C:

Consideremos o *circuito integrador* indicado na figura 5.8-a, excitado por um pulso retangular de tensão de amplitude E volts e de duração T segundos. A excitação será então representada por

$$e_S(t) = E[\mathbf{1}(t) - \mathbf{1}(t-T)]$$

Vamos determinar a resposta $v_C(t)$ do circuito, supondo condições iniciais nulas (ou quiescentes).

O cálculo da resposta será decomposto em dois intervalos de tempo: o primeiro, de $t = 0$ a T, em que o circuito está submetido ao começo de uma excitação em degrau; o segundo, para os $t > T$, em que o gerador fornece tensão nula, de modo que o circuito está livre. Seja ainda $\tau = RC$ a constante de tempo do circuito.

No intervalo $0 \le t \le T$ a resposta compõe-se da soma da resposta transitória com a permanente, obviamente igual a E. Portanto,

$$v_C(t) = Ae^{-\frac{t}{RC}} + E, \qquad (0 \le t \le T)$$

Em conseqüência, $v_C(0) = A + E = 0$, donde $A = -E$. Voltando à expressão anterior,

$$v_C(t) = E \cdot \left[1 - e^{-\frac{t}{RC}} \right], \qquad 0 \le t \le T \qquad (5.49)$$

Esta expressão corresponde ao primeiro arco de exponencial indicado na figura 5.8-b.

Passemos agora aos $t > T$. O circuito está livre, e a tensão do capacitor no início deste intervalo é

$$v_C(T) = E\left(1 - e^{-\frac{T}{RC}} \right)$$

Esta tensão vai decair com a constante de tempo RC, de modo que teremos

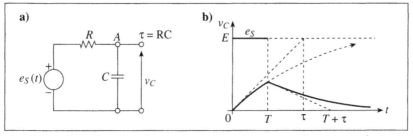

Figura 5.8 Resposta do circuito integrador a um pulso retangular.

$$v_C(t) = E\left(1 - e^{-\frac{T}{RC}}\right) \cdot e^{-\frac{t-T}{RC}} = E\left(e^{\frac{T}{RC}} - 1\right) \cdot e^{-\frac{t}{RC}}, \qquad t \geq T \qquad (5.50)$$

Esta expressão corresponde ao segundo arco de exponencial indicado na figura 5.8-b.

Vamos agora justificar o nome dado ao circuito. Para isso, apliquemos a 1ª lei de Kirchhoff ao nó A da figura 5.8-a. Considerando que as correntes no resistor e no capacitor são, respectivamente, $(e_S - v_C)/R$ e $C dv_C/dt$, resulta, após um pequeno rearranjo,

$$\frac{dv_C(t)}{dt} + \frac{1}{RC} v_C(t) = \frac{1}{RC} e_S(t)$$

Passando o termo em $v_C(t)$ para o segundo membro e integrando obtemos

$$v_C(t) = \frac{1}{RC} \int (e_S(\lambda) - v_C(\lambda)) d\lambda \qquad (5.51)$$

Se $v_C(t)$ for muito menor que $e_S(t)$, para qualquer t, então teremos aproximadamente

$$v_C(t) \cong \frac{1}{RC} \int e_S(\lambda) d\lambda \qquad (5.52)$$

justificando assim o nome do circuito.

Este circuito constitui também um *filtro passa-baixas*. Para ver a razão desta designação, vamos considerar uma excitação co-senoidal $e_S(t) = E_m \cos(\omega t)$. O fasor da excitação será pois $\hat{E}_S = E_m \angle 0°$. Indicando o fasor da resposta por $\hat{V}_C$, fazendo as substituições

$$e_S(t) \rightarrow \hat{E}_S e^{j\omega t}, \qquad v_C(t) \rightarrow \hat{V}_C e^{j\omega t}$$

na equação diferencial do circuito, dividindo ambos os membros pela exponencial e resolvendo em relação ao fasor da tensão de saída, chegamos a

$$\hat{V}_C = \frac{1}{1 + j\omega RC} \cdot \hat{E}_S \qquad (5.53)$$

de modo que o módulo da reposta em regime permanente fica

$$\left|\hat{V}_C\right| = \frac{1}{\sqrt{1 + R^2 C^2 \omega^2}} \cdot \left|\hat{E}_S\right| \qquad (5.54)$$

Esta amplitude é máxima para $\omega = 0$ e diminui à medida que ω aumenta. Nessas condições, se aplicarmos ao circuito uma excitação, ou sinal, com um espectro amplo de freqüências teremos uma resposta em que predominarão as freqüências baixas, como indicado por (5.54). Daí a designação de filtro passa-baixas.

b) Integrador com amplificador operacional:

Evidentemente o circuito acima indicado não é um bom integrador; sua única vantagem é a simplicidade. Resultados muito melhores obtêm-se fazendo integradores com amplificadores operacionais de ganho elevado e impedância de entrada muito alta. Para ilustrar este ponto, consideremos o circuito da figura 5.9, onde A.O. indica um amplificador operacional ideal, com impedância de entrada e ganho infinitos.

De fato, sendo o ganho infinito será $v_P = 0$ (o ponto P é chamado de *terra virtual*) e sendo a impedância de entrada também infinita teremos $i_1 + i_2 = 0$. Segue-se então que

$$\frac{1}{R} e_S(t) + C \frac{dv_2(t)}{dt} = 0$$

donde
$$v_2(t) = -\frac{1}{RC} \cdot \int_{t_0}^{t} e_S(\lambda) d\lambda + cte \tag{5.55}$$

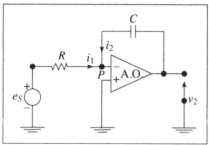

Figura 5.9 Integrador com amplificador operacional.

Portanto $v_2(t)$ é proporcional ao negativo da integral de $e_S(t)$, a menos de uma eventual constante de integração que depende da tensão inicial no capacitor. Impondo esta tensão inicial nula, teremos a integral da tensão $e_S(t)$.

Os integradores com amplificadores operacionais são muito usados nos *simuladores analógicos*. Os integradores reais são um pouco mais complicados, pois é necessário compensar as características não ideais dos amplificadores operacionais reais.

c) Circuito diferenciador:

Consideremos agora o *circuito diferenciador* indicado na figura 5.10-a, excitado por um pulso retangular de amplitude E e duração T.

Este circuito é idêntico ao anterior, mas com as posições do resistor e do capacitor trocadas e com a saída no resistor. Como $v_R = e_S - v_C$, tendo em vista a (5.49) e notando que para $0 < t < T$ vale $e_S(t) = E$, resulta

$$v_R(t) = E - v_C(t) = E \cdot e^{-\frac{t}{RC}}, \qquad 0 < t \le T \tag{5.56}$$

admitindo ainda condições iniciais quiescentes, isto é, $v_C(0_-) = 0$.

Para os $t > T$ vale $e_S(t) = 0$; à vista de (5.50) temos então

$$v_R(t) = -v_C(t) = E \cdot \left(e^{-\frac{t}{RC}} - e^{-\frac{(t-T)}{RC}} \right), \qquad t > T \tag{5.57}$$

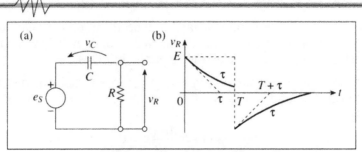

Figura 5. 10 Resposta ao pulso do circuito diferenciador.

Na figura 5.10-b, representamos o gráfico da tensão de saída deste circuito, para o caso de uma constante de tempo $\tau < T$. Note-se que esta tensão apresenta duas descontinuidades em degrau, em $t = 0$ e $t = T$. É fácil ver que o salto é igual a E, em ambos os casos.

Para justificar o nome deste circuito consideremos, em primeiro lugar, que para os $\tau \ll T$ a tensão de saída $v_R(t)$ consta de dois pulsos exponenciais estreitos, ocorrendo em $t = 0$ e $t = T$, o que é uma aproximação da derivada do pulso, que efetivamente consiste de dois impulsos nesses instantes. Além disso, pela 2ª lei de Kirchhoff temos

$$v_R(t) + \frac{1}{C}\int \frac{v_R(\lambda)}{R}d\lambda = e_S(t)$$

ou, derivando,

$$\frac{dv_R(t)}{dt} + \frac{1}{RC}v_R(t) = \frac{de_S(t)}{dt} \qquad (5.58)$$

Se for RC suficientemente pequeno para que predomine o segundo termo do primeiro membro, teremos

$$v_R(t) \cong RC\frac{de_S(t)}{dt} \qquad (5.59)$$

mostrando assim que, nestas circunstâncias, v_R é aproximadamente proporcional à derivada de e_S.

Este circuito constitui também um *filtro passa-altas*. De fato, se tomarmos uma excitação co-senoidal $e_S(t) = E_m \cos \omega t$, representada pelo fasor $\hat{E}_S = E_m \angle 0°$, e procedendo como no caso anterior, de (5.58) obtemos

$$j\omega \hat{V}_R + \frac{1}{RC}\hat{V}_R = j\omega \hat{E}_S$$

donde
$$\hat{V}_R = \frac{j\omega RC}{1 + j\omega RC}\hat{E}_S \qquad (5.60)$$

O módulo da tensão de saída será pois

$$\left|\hat{V}_R\right| = \frac{\omega RC}{\sqrt{1 + \omega^2 R^2 C^2}} \cdot \left|\hat{E}_S\right| \qquad (5.61)$$

Esta expressão mostra que a amplitude da tensão de saída tende a zero quando $\omega \to 0$ e tende a $|\hat{E}_S|$ quando $\omega \to \infty$. Se, portanto, excitarmos este circuito com um sinal com um amplo espectro de freqüências vemos que, na saída, as freqüências baixas terão sua amplitude reduzida, ao passo que as freqüências altas passam quase sem atenuação. Daí a designação de *filtro passa-altas* para o circuito.

5.6 Sumário e Observações Sobre o Cálculo de Transitórios nas Redes de Primeira Ordem

Nas seções anteriores examinamos em detalhe o comportamento dos circuitos básicos de 1ª ordem, quer livres, quer submetidos às excitações mais comuns. Verificamos que o *comportamento livre* se caracterizou por uma exponencial decrescente, com constante de tempo L/R para os circuitos indutivos e RC para os capacitivos. Este componente exponencial caracteriza o chamado *modo natural* destes circuitos. Mais tarde veremos a razão deste nome.

A primeira etapa para calcular os transitórios nos circuitos de 1ª ordem consiste então em determinar sua constante de tempo. Para isso devemos:

a) Inativar os geradores independentes, isto é, substituir os geradores de tensão por curto-circuitos e os geradores de corrente por circuitos abertos;
b) Determinar a resistência R_{eq} "vista" pelo elemento armazenador de energia, seja ele indutor ou capacitor;
c) Calcular a constante de tempo por L/R_{eq} ou $C R_{eq}$.

Note-se que alguns circuitos com associações série-paralelo de indutores ou de capacitores podem ser reduzidos a um circuito de 1ª ordem, substituindo-se a associação por um elemento equivalente. Haverá então um problema de condições iniciais, que poderá causar o eventual aparecimento de componentes impulsivas, como veremos em alguns dos exemplos que se seguem.

Em nosso estudo detalhado de transitórios nos circuitos R, L e R, C verificamos também que excitações como o degrau ou as funções senoidais conduzem a um *regime permanente*, descrito por uma função do tempo do mesmo tipo que a excitação, e que predomina após algumas constantes de tempo, quando os transitórios já decaíram a valores desprezíveis.

Em qualquer caso, a solução geral do circuito é dada pela soma da solução geral da equação homogênea do circuito com uma solução particular da sua equação completa. A primeira parcela corresponde ao *componente transitório* da solução e exibe os modos naturais do circuito. A segunda parcela corresponde à *resposta permanente* e mantém o caráter da excitação.

Os fenômenos transitórios que ocorrem numa rede elétrica podem decorrer de:
- descontinuidades das funções de excitação ou de suas derivadas;
- alteração da configuração do circuito por meio de chaves manuais ou eletrônicas.

Se as funções de excitação levarem a um regime permanente, os transitórios podem ser considerados como uma transição entre dois regimes permanentes. Em conseqüência, nas redes de 1ª ordem em que isto acontece é, em geral, desnecessário escrever a equação diferencial do circuito e proceder à pesquisa formal de sua solução. Basta conhecer a constante de tempo da rede e determinar o transitório através da transição exponencial entre os seus regimes permanentes inicial e final.

Os transitórios decorrentes de descontinuidades da função de excitação já foram exemplificados. Vejamos agora alguns exemplos de circuitos em que há chaveamento de componentes.

Exemplo 1:

Consideremos o circuito da figura 5.11-a, em que a chave S estava fechada há muito tempo, curto-circuitando a resistência de 8 ohms. Vamos determinar a tensão no capacitor para os $t > 0$, supondo que a chave é aberta em $t = 0$.

Se a chave S estava fechada há muito tempo, o circuito já terá atingido o estado estacionário em $t = 0$, com

$$v_C = (12/(2+2)) \cdot 2 = 6 \text{ V}$$

no capacitor, pois nele não passa mais corrente.

Em $t = 0$ a chave abre. Então, para os $t > 0$, a resistência "vista" pelo capacitor, que definirá seu comportamento livre, deverá ser determinada considerando o gerador de tensão inativado, isto é, substituído por um curto-circuito. Teremos então

$$R_{eq} = \frac{2 \cdot (2+8)}{2+(2+8)} = \frac{5}{3} \Omega$$

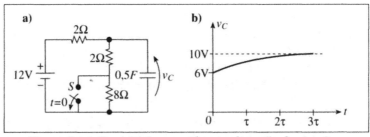

Figura 5.11 Transitório causado por alteração do circuito.

de modo que a constante de tempo do circuito fica

$$\tau = R_{eq} C = \left(\frac{5}{3}\right) \cdot 0,5 = 0,833 \qquad \text{(seg)}$$

Muito tempo depois de aberta a chave o circuito tende a um novo regime estacionário, novamente sem corrente através do capacitor. Portanto a tensão final no capacitor será, por divisão de tensão entre os resistores,

$$V_{Cp} = \frac{12}{2+(2+8)} \cdot (2+8) = 10 \text{ V}$$

O transitório será dado então por uma exponencial que parte de 6 V e vai a 10 V, com constante de tempo igual a 0,833 segundos, como indicado na figura 5.11-b. É fácil verificar que vale

$$v_C(t) - 6 = (10-6) \cdot (1 - e^{-1,2t}) \rightarrow v_C(t) = 10 - 4 \cdot e^{-1,2t} \qquad (\text{V}, t \geq 0)$$

Exemplo 2:

Se houver chaveamento de indutores ou capacitores num circuito, é preciso tomar cuidado, pois podem ocorrer tensões ou correntes impulsivas no circuito que, eventualmente, podem danificar componentes do circuito, especialmente semicondutores.

Como exemplo dessa situação, consideremos o circuito da figura 5.12, em que o capacitor C_2 é ligado em $t = 0$ por meio da chave S.

Vamos determinar a tensão $v_2(t)$ para os $t > 0$, supondo que C_2 estava inicialmente descarregado e que o gerador senoidal estava ligado há muito tempo. Tomaremos então como condições iniciais em $t = 0_-$, isto é, um instante antes da manobra da chave, $v_1(0_-) = v_{10}$, $v_2(0_-) = 0$, onde $v_1(0_-)$ é a tensão em C_1 no instante 0_-, devida ao regime permanente senoidal estabelecido para os $t < 0$. À vista de (5.53) o fasor desta tensão será

$$\hat{V}_1 = \frac{E_m \angle 0°}{1 + j\omega C_1 R}$$

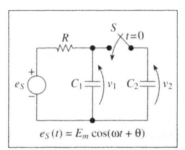

Figura 5.12 Circuito com chaveamento de capacitor.

de modo que

$$v_{1p}(t) = \frac{E_m}{\sqrt{1 + \omega^2 C_1^2 R^2}} \cdot \cos[\omega t + \theta - \operatorname{arctg}(\omega C_1 R)], \qquad t < 0$$

Resulta então

$$v_{10} = v_{1p}(0_-) = \frac{E_m}{\sqrt{1 + \omega^2 C_1^2 R^2}} \cdot \cos[\theta - \operatorname{arctg}(\omega C_1 R)]$$

Ao se ligar a chave, a carga inicial do capacitor C_1 se distribui impulsivamente entre C_1 e C_2, de modo a levar os dois capacitores à mesma tensão. Impondo a conservação da carga elétrica entre 0_- e 0_+, temos

$$C_1 v_1(0_-) = (C_1 + C_2) \cdot v_2(0_+)$$

Portanto,

$$v_2(0_+) = \frac{C_1}{C_1 + C_2} v_1(0_-) = \frac{C_1}{C_1 + C_2} v_{10} = v_1(0_+)$$

e as tensões nos dois capacitores sofrem uma descontinuidade em $t = 0$.

Para os $t > 0$ os dois capacitores estarão efetivamente em paralelo, de modo que a constante de tempo do circuito será

$$\tau = R \cdot (C_1 + C_2)$$

e a tensão v_2 no novo regime permanente, alcançado para os $t \gg 0$, será representada pelo fasor (usando novamente (5.53)),

$$\hat{V}_2 = \frac{E_m \angle \theta°}{1 + j\omega R(C_1 + C_2)}$$

Portanto, a tensão desejada, para os $t > 0$, terá a forma

$$v_2(t) = Ae^{-t/\tau} + \frac{E_m}{\sqrt{1 + \omega^2(C_1 + C_2)^2 R^2}} \cdot \cos[\omega t + \theta - \text{arctg}(\omega(C_1 + C_2)R)]$$

A constante de integração A se determina a partir da imposição da tensão em 0_+:

$$v_2(0_+) = \frac{C_1}{C_1 + C_2} \cdot v_{10} = A + \frac{E_m}{\sqrt{1 + \omega^2(C_1 + C_2)^2 R^2}} \cdot \cos[\theta - \text{arctg}(\omega(C_1 + C_2)R)]$$

Completa-se assim o problema proposto. Note-se que neste problema temos a possibilidade de impor duas condições iniciais, embora o circuito seja de primeira ordem para os $t > 0$.

Neste exemplo as tensões nos capacitores em $t = 0_+$ foram calculadas impondo-se que a carga total nos capacitores era a mesma em 0_+ e 0_-. Se tivermos um circuito com chaveamento de indutores, por dualidade deveremos fazer o cálculo das correntes impondo a continuidade, em $t = 0$, dos fluxos concatenados com os vários indutores. Como esta situação é menos intuitiva que a anterior, vamos ilustrá-la com um exemplo detalhado.

Exemplo 3:

No circuito da figura 5.13 o indutor L_1 tem uma corrente inicial i_{10}, ao passo que o indutor L_2 tem corrente inicial nula. A chave do circuito, fechada há muito tempo, abre em $t = 0$. Determinar as correntes $i_1(t)$ e $i_2(t)$, para os $t > 0$.

Para os $t > 0$, a aplicação das leis de Kirchhoff fornece

$$\begin{cases} L_1 \dfrac{di_1(t)}{dt} + L_2 \dfrac{di_2(t)}{dt} + Ri_2(t) = 0 \\ i_1(t) = i_2(t) \end{cases}$$

As condições iniciais em $t = 0_-$ são

$$i_1(0_-) = i_{10}, \qquad i_2(0_-) = 0$$

Vamos determinar inicialmente os valores das correntes em $t = 0_+$. Para isso vamos recorrer ao artifício de integrar a equação de 2ª lei de Kirchhoff entre $t = 0_-$ e $t = 0_+$. Como não há corrente impulsiva no circuito, a integral definida de Ri_2 se anula e resulta

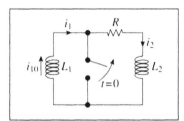

Figura 5.13 Exemplo de chaveamento de indutores.

$$L_1(i_1(0_+) - i_1(0_-)) + L_2(i_2(0_+) - i_2(0_-)) = 0$$

ou, levando em conta as condições iniciais e a igualdade entre as duas correntes para $t > 0$,

$$(L_1 + L_2) \cdot i_2(0_+) = L_1 i_{10} \rightarrow i_2(0_+) = \frac{L_1}{L_1 + L_2} \cdot i_{10}$$

Para $t > 0$ o circuito está livre, e esta corrente decai com a constante de tempo

$$\tau = \frac{L_1 + L_2}{R}$$

Portanto, para $t > 0$, teremos a corrente

$$i_2(t) = \frac{L_1}{L_1 + L_2} \cdot i_{10} \cdot e^{-\frac{t}{\tau}}, \qquad t > 0$$

Note-se que a soma dos fluxos concatenados com os dois indutores

$$\Psi = L_1 i_1 + L_2 i_2$$

não apresenta descontinuidade em $t = 0$. Este resultado é dual daquele correspondente às cargas dos capacitores do exemplo anterior.

Não expandiremos aqui o estudo das descontinuidades associadas com tensões ou correntes impulsivas pois, como veremos mais tarde, elas são levadas em conta automaticamente quando se usa a *transformação de Laplace* para resolver os problemas de cálculo de transitórios.

*5.7 Um Oscilador de Relaxação

Para encerrar este capítulo, vamos examinar um exemplo simples de circuito não linear, constituindo um *oscilador de relaxação*.

Os osciladores de relaxação são circuitos cujos componentes ativos oscilam periodicamente entre estados distintos, gerando assim formas de onda de tensão ou de corrente fortemente não senoidais.

O elemento não linear do circuito que estudaremos a seguir é uma lâmpada de neônio. Para fins de análise, admitiremos que esta lâmpada funciona com circuito aberto quando apagada. Quando a tensão entre seus terminais chega a uma *tensão de acendimento* V_L (cerca de 70 V), a lâmpada se acende e podemos representá-la por uma resistência de baixo valor. Finalmente, se a tensão entre seus terminais cair abaixo de uma *tensão de apagamento* V_D (cerca de 50 V) a descarga se extingue, e a lâmpada se apaga. O esquema do circuito do nosso oscilador é muito simples, e está indicado na figura 5.14-a. Consideraremos que a resistência R é muito maior que a resistência equivalente da lâmpada acesa. O capacitor C será escolhido de acordo com o valor desejado para o período da oscilações.

Qualitativamente, a operação do circuito se explica assim: suponhamos que a chave S é fechada em $t = 0$, com o capacitor descarregado e a lâmpada apagada. A tensão v começa a crescer exponencialmente, tendendo para E, que suporemos maior que a tensão de acendimento V_L. Atingida esta tensão, a descarga gasosa se inicia e a lâmpada passa a apresentar uma resistência baixa, descarregando rapidamente o capacitor. Quando v cai abaixo de V_D a descarga se extingue, e a lâmpada apaga. O capacitor começa a carregar-se novamente, até chegar à tensão de acendimento, recomeçando o ciclo até atingir-se um regime permanente. A tensão v é, então, formada por dois arcos sucessivos de exponenciais (uma lenta e outra rápida), oscilando entre os limites V_L e V_D, como indicado na figura 5.14-b.

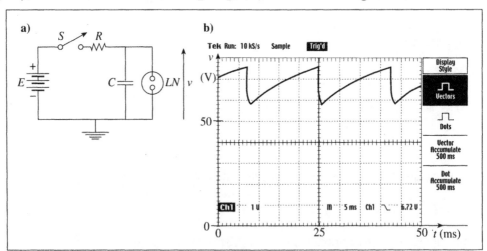

Figura 5.14 Oscilador de relaxação a lâmpada de neônio: a) circuito; b) forma de onda da tensão de saída.

Como se vê na figura, uma vez atingido o regime permanente, o circuito gera uma forma de onda periódica e não senoidal, cujo período depende essencialmente dos valores de R e C. O cálculo desse período fica para um exercício.

Bibliografia do Capítulo 5:

1) NILSSON, J. W. e RIEDEL, S. A., *Electric Circuits*, 5th. Ed., Reading, Mass.: Addison-Wesley, 1996

2) CHUA, L. O., DESOER, C. A. e KUH, E., *Linear and Nonlinear Circuits*, New York: McGraw-Hill, 1987.

3) IRWIN, J. W., *Basic Engineering Circuit Analysis*, 5th. Ed, Upper Saddle River, N. J.: Prentice-Hall, 1996

EXERCÍCIOS BÁSICOS DO CAPÍTULO 5

1 Determinar a constante de tempo dos circuitos R, L da figura E5.1.

(Resp.: a) L/R_2; b) L/R_2)

Figura E5.1
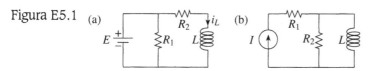

2 No circuito da figura E5.1-a, faça $E = 0$, $R_1 = R_2 = 10$ kΩ, $L = 5$ H e suponha $i_L(t_0) = 5$ mA. Determine: a) o fluxo concatenado com o indutor no instante t_0; b) $i_L(t)$ para os $t > t_0$.

(Resp.: a) $\psi(t_0) = 25 \cdot 10^{-3}$ Wb; b) $i_L(t) = 5e^{-2t}$ (mA, ms))

3 Ainda no circuito da figura E5.1-a, com os valores dos parâmetros do problema anterior, mas com E constante e igual a 10 V, determine a equação diferencial de $i_L(t)$. Use o sistema A. F. de unidades.

(Resp.: $\frac{di_L(t)}{dt} + 2i_L(t) = 2$

4 Com relação à equação diferencial do problema anterior, determine: a) uma solução particular; b) sua solução geral; c) use esses resultados para determinar a função $i_L(t)$, para os $t > 0$, sabendo que $i(0) = 10$ mA.

(Resp.: a) $\Phi(t) = 1$; b) $i_L(t) = Ae^{-2t} + 1$; c) $i_L(t) = 9e^{-2t} + 1$ (mA, ms)

Figura E5.2
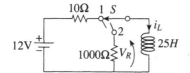

5   Este problema mostra que o chaveamento de indutores pode causar picos elevados de tensão nos circuitos. Considere-se então o circuito da figura E5.2, em que a chave S (do tipo "make-before-break"), que estava há muito tempo na posição 1, passa à posição 2 em $t = 0$. Determine $v_R(t)$ para os $t > 0$. Qual foi o seu valor de pico?

(Resp.: $v_R(t) = -1200\ e^{-40t}$ (V, s); $v_{pico} = -1200$ V).

Nota: A chave "make-before-break", ao passar de 1 para 2, primeiro interliga os terminais 1 e 2 e só depois desliga o terminal 1. Assim, o circuito não fica aberto nem por um instante, garantindo-se a continuidade da corrente no indutor.

6   Determine as constantes de tempo dos circuitos da figura E5.3.

(Resp.: a) $R_1 \cdot C_1 \cdot C_2/(C_1 + C_2)$; b) $(C_1 + C_2) \cdot R_2$)

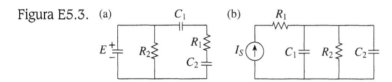

Figura E5.3.

7   No circuito da figura E5.4 a chave S, há muito tempo na posição 1, passa bruscamente à posição 2 em $t = 0$ e para a posição 3 em $t = 2$. Faça uma gráfico, quantitativamente correto, de $v(t)$ em função de t. Use unidades do sistema A. F.

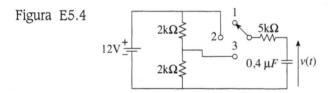

Figura E5.4

8   A associação série de um capacitor e um resistor é alimentada por um gerador ideal de tensão constante. Verifica-se que a corrente e a tensão no capacitor são dadas por

$$\begin{cases} v(t) = (12 - 6e^{-t/20}) \\ i(t) = 0{,}6e^{-t/20} \end{cases}$$

para os $t > 0$, usando unidades A. F. e a convenção do receptor. Determine:

a)   os valores de R e C;
b)   a tensão do gerador, $e_S(t)$;
c)   o valor da tensão inicial no capacitor.

(Resp.: a) $C = 2\ \mu F$, R = 10 kΩ; b) $e_S(t) = 12$ V; c) $v(0) = 6$ V)

9 No circuito da figura E5.5, em regime permanente senoidal, temos V_{1ef} = 115 V e I_{ef} = 0,5 A. Sabendo que R = 200 Ω e que a freqüência do gerador é igual a 377 rad/seg, determine o valor de C.

Resp.: C = 0,2335 μF

Figura E5.5
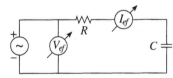

10 No circuito da figura E5.6 o capacitor C_1 está inicialmente carregado a uma tensão de 100 V, e C_2 está descarregado. A chave S fecha em t = 0. Determine:

a) A corrente $i(t)$, para os $t > 0$;

b) O valor final das tensões $v_1(t)$ e $v_2(t)$.

Resp.: a) $i(t) = 10\, e^{-t/411,4}$ (mA, mseg); b) 87,53 V.

Figura E5.6
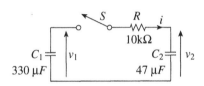

11 No oscilador de relaxação com lâmpada de neônio da figura 5.14 temos:

E = 120 V, R = 220 kW, C = 3,3 μF, V_L = 70 V, V_D = 50 V.

Suponha ainda que a resistência equivalente à lâmpada acesa é de 1 kΩ. Determine o período T do oscilador.

Resp.: T = 245,4 mseg

ESTUDO DE REDES DE SEGUNDA ORDEM

6.1 Introdução

Redes lineares de 2ª ordem, fixas (ou invariantes no tempo) são redes descritas por uma equação diferencial ordinária, linear, a coeficientes constantes e de 2ª ordem ou, equivalentemente, por duas equações diferenciais deste mesmo tipo, mas ambas de 1ª ordem. Tais redes podem ser constituídas fisicamente pela associação de um capacitor e de um indutor; um resistor será incluído no modelo, para dar conta das perdas. Outras vezes um resistor físico é acrescentado ao modelo. Redes de 2ª ordem podem também ser constituídas pela associação de resistores com dois capacitores ou dois indutores. Nestes últimos casos, não deve ser possível substituir os indutores ou os capacitores por um só elemento equivalente.

As redes de 2ª ordem terão portanto dois elementos armazenadores de energia, que não podem ser substituídos por um só elemento equivalente.

Veremos aqui que o comportamento livre das redes de 2ª ordem fica caracterizado por *duas freqüências complexas próprias* (que, eventualmente, podem reduzir-se a reais). Duas condições iniciais devem ser impostas; no caso de circuitos R, L, C estas condições iniciais referem-se à corrente inicial no indutor e à tensão inicial no capacitor. Estas duas variáveis determinam a energia inicialmente armazenada no circuito.

Como no estudo anterior, veremos que também aqui a solução completa do problema de valor inicial compor-se-á da solução geral da equação homogênea (ou componente transitório) adicionada a uma solução particular da equação completa (componente permanente).

Completando nosso estudo examinaremos também o comportamento destes circuitos em regime permanente, em particular no caso senoidal, bem como os fenômenos de *ressonância* e *batimentos*.

6.2 O Circuito R, L, C Série; Comportamento Livre

Consideremos uma associação R, L, C série, excitada por um gerador ideal de tensão, como indicado na figura 6.1.

Suponhamos que o circuito começou a operar no instante t_0, com as condições iniciais

$$\begin{cases} v_C(t_0) = v_0 \\ i(t_0) = i_0 \end{cases}$$

Estas condições dão conta da energia $(Li_0^2 + Cv_0^2)/2$, inicialmente armazenada no circuito.

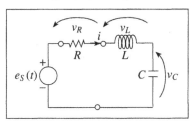

Figura 6.1 Circuito R, L, C série.

Aplicando ao circuito a 2ª lei de Kirchhoff obtemos

$$L\frac{di(t)}{dt} + Ri(t) + \frac{1}{C}\int_{t_0}^{t} i(\lambda)d\lambda + v_0 = e_S(t), \qquad t \geq t_0 \qquad (6.1)$$

Esta é uma equação íntegro-diferencial; para reduzi-la a uma equação diferencial vamos derivá-la em relação ao tempo. Fazendo isso e dividindo tudo por L, chegamos a

$$\frac{d^2i(t)}{dt^2} + \frac{R}{L}\frac{di(t)}{dt} + \frac{1}{LC}i(t) = \frac{1}{L}\frac{de_S(t)}{dt} \qquad (6.2)$$

As condições iniciais adequadas para compor um problema de valor inicial com esta equação serão os valores de $i(t_0)$ e $\frac{di(t)}{dt}\Big|_{t=t_0}$.

A excitação $e_S(t)$ é um dado do problema, de modo que a derivada no segundo membro de (6.2) é conhecida e não nos deve preocupar.

Passemos a examinar o *comportamento livre* (ou *natural*) deste circuito. Para isso faremos $e_S(t)$ igual à função nula, de modo que sua derivada será também identicamente nula. A (6.2) reduz-se então à *equação homogênea*

$$\frac{d^2i(t)}{dt^2} + \frac{R}{L}\frac{di(t)}{dt} + \frac{1}{LC}i(t) = 0 \qquad (6.3)$$

Introduzindo agora os parâmetros α, *fator de amortecimento*, e ω_0, *freqüência própria não amortecida*, definidos por

$$\begin{cases} \alpha = \dfrac{R}{2L} \\ \omega_0^2 = \dfrac{1}{LC} \end{cases}$$

a equação homogênea fica

$$\frac{d^2i(t)}{dt^2} + 2\alpha\frac{di(t)}{dt} + \omega_0^2 i(t) = 0 \tag{6.4}$$

Vamos agora mostrar que uma solução não trivial desta equação pode ser uma função do tipo $i(t) = Ie^{st}$, onde I é uma constante real não nula e s é um constante em geral complexa. De fato, substituindo este valor em (6.4) e cancelando as exponenciais (certamente diferentes de zero), chegamos à *equação característica* associada a esta equação diferencial:

$$s^2 + 2\alpha s + \omega_0^2 = 0 \tag{6.5}$$

Esta equação característica obviamente pode ser obtida imediatamente de (6.4), mediante a substituição das derivadas por s elevado à ordem da derivada. Portanto, para que a função exponencial satisfaça à equação diferencial homogênea é preciso que s seja raiz de (6.5); ou seja, para qualquer $\bar{s}$ que satisfaça a (6.5) a exponencial $Ie^{\bar{s}t}$ será solução particular de (6.4).

A equação característica, sendo de segundo grau, terá duas raízes s_1 e s_2, em geral complexas, que serão designadas por *freqüências complexas próprias* do circuito. A solução geral da equação homogênea será uma combinação linear das exponenciais $\exp(s_1 t)$ e $\exp(s_2 t)$, na forma $I_1 e^{s_1 t} + I_2 e^{s_2 t}$, se for $s_1 \neq s_2$. Em relação às raízes, há três possibilidades:

$$\begin{cases} \text{a) } s_1 \neq s_2 & \text{e ambas reais;} \\ \text{b) } s_1 = s_2 & \text{e reais;} \\ \text{c) } s_1 \neq s_2 & \text{e complexas conjugadas} \end{cases}$$

Vamos ver que tipo de comportamento livre encontramos em cada caso. Antes disso, examinemos porém como determinar as constantes I_1 e I_2, a partir das condições iniciais. Para maior simplicidade, vamos fazer $t_0 = 0$, de modo que nossas condições iniciais serão:

$$\begin{cases} i(0) = i_0 \\ v_C(0) = v_0 \end{cases}$$

Precisamos inicialmente determinar uma relação entre a derivada de i em $t = 0$, indicada por $di(0)/dt$, e as condições iniciais dadas. Para isso, vamos voltar à (6.1), com $e_S(t) \equiv 0$. Fazendo aí $t = t_0 = 0$, obtemos

$$L\frac{di(0)}{dt} + Ri_0 = -v_0$$

e, portanto,

$$\frac{di(0)}{dt} = -\frac{R}{L}i_0 - \frac{v_0}{L} \tag{6.6}$$

A solução geral da equação homogênea, para $s_1 \neq s_2$, será da forma

$$i_h(t) = I_1 e^{s_1 t} + I_2 e^{s_2 t} \tag{6.7}$$

O Circuito R, L, C Série; Comportamento Livre **155**

onde I_1 e I_2 são constantes a determinar. Fazendo aqui $t = 0$ e impondo o valor inicial da corrente, resulta

$$I_1 + I_2 = i_0 \qquad (6.8)$$

Derivando (6.7) em relação ao tempo e fazendo novamente $t = 0$, à vista de (6.6) vem

$$\frac{di_h(0)}{dt} = s_1 I_1 + s_2 I_2 = -\frac{R}{L} i_0 - \frac{1}{L} v_0 \qquad (6.9)$$

Reunindo (6.8) e (6.9) numa única equação matricial, resulta

$$\begin{bmatrix} 1 & 1 \\ s_1 & s_2 \end{bmatrix} \cdot \begin{bmatrix} I_1 \\ I_2 \end{bmatrix} = \begin{bmatrix} i_0 \\ -\frac{R}{L} i_0 - \frac{1}{L} v_0 \end{bmatrix} \qquad (6.10)$$

Quando for $s_1 \neq s_2$ esta equação poderá ser invertida, fornecendo I_1 e I_2 nos vários casos. Vamos considerá-los um a um, incluindo depois também o caso em que as duas freqüências complexas próprias são iguais. Em cada um dos casos o circuito recebe uma designação diferente, como mostraremos a seguir.

a) Circuito super-amortecido, ou aperiódico:

Neste caso as duas freqüências complexas próprias são *reais* e *distintas*. De (6.5) obtemos

$$s_{1,2} = -\alpha \pm \sqrt{\alpha^2 - \omega_0^2} = -\alpha \pm \beta \qquad (6.11)$$

onde, para que $\beta = \sqrt{\alpha^2 - \omega_0^2}$ seja real, devemos ter $\alpha^2 > \omega_0^2$, ou seja

$$\frac{R^2}{4L^2} > \frac{1}{LC} \rightarrow R > 2\sqrt{\frac{L}{C}} \qquad (6.12)$$

Esta é a condição de *super-amortecimento*, ou de amortecimento maior que o crítico. Satisfeita esta condição, as constantes de integração serão determinadas resolvendo (6.10) e substituindo as freqüências complexas próprias por seus valores (6.11). Após alguns cálculos, chegamos a

$$\begin{cases} I_1 = \frac{1}{2} \cdot \left(\frac{\beta - \alpha}{\beta} i_0 - \frac{1}{\beta L} v_0 \right) \\ I_2 = \frac{1}{2} \cdot \left(\frac{\alpha + \beta}{\beta} i_0 + \frac{1}{\beta L} v_0 \right) \end{cases} \qquad (6.13)$$

Vamos agora introduzir estes valores em (6.7), juntamente com os valores de s_1 e s_2 correspondentes ao super-amortecimento. Após um rearranjo de termos, obtemos a solução do problema de valor inicial para o caso do super-amortecimento:

$$i(t) = \frac{i_0}{2} e^{-\alpha t} \left[\left(1 - \frac{\alpha}{\beta} \right) e^{\beta t} + \left(1 + \frac{\alpha}{\beta} \right) e^{-\beta t} \right] - \frac{v_0}{2\beta L} e^{-\alpha t} (e^{\beta t} - e^{-\beta t}), \qquad t \geq 0 \quad (6.14)$$

Um resultado mais compacto pode ser obtido com a introdução de funções hiperbólicas. A resposta livre ou natural para o caso super-amortecido pode assim ser colocada na forma

$$i(t) = e^{-\alpha t}\left[i_0(\cosh(\beta t) - \frac{\alpha}{\beta}\operatorname{senh}(\beta t)) - \frac{v_0}{\beta L}\operatorname{senh}(\beta t)\right] \qquad (6.15)$$

sempre para os $t \geq 0$.

O exame desta expressão mostra que $i(t)$ reduz-se a um pulso de corrente. Por isto os circuitos R, L, C em que a condição (6.12) é satisfeita são ditos *aperiódicos*.

Exemplo 1:

Consideremos um circuito R, L, C série livre, com $L = 1$ H, $C = 0{,}25$ μF e $R = 5$ kΩ e condições iniciais $v_0 = -10$ V, $i_0 = 1$ mA. Vamos determinar a corrente $i(t)$, para os $t > 0$. Vamos usar o sistema A.F. de unidades, adequado a este problema.

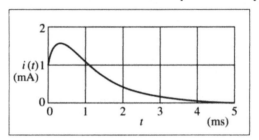

Figura 6.2 Corrente no circuito R, L, C série super-amortecido e livre.

Como $\alpha = \frac{R}{2L} = 2{,}5\,\mathrm{ms}^{-1}$ e $\omega_0 = \frac{1}{\sqrt{LC}} = 2\,\mathrm{krad/s}$, resulta, por (6.11), que β é real, de modo que o circuito é aperiódico. Em consequência, a corrente deve ser calculada por (6.15). Obtemos então

$$i(t) = e^{-2{,}5t}\left[1 \cdot \left(\cosh(1{,}5t) - \frac{2{,}5}{1{,}5}\cdot\operatorname{senh}(1{,}5t)\right) - \frac{-10}{1{,}5\cdot 1}\cdot\operatorname{senh}(1{,}5t)\right]$$

Na figura 6.2 apresentamos o gráfico desta corrente, para os t entre 0 e 5 mseg. Verificamos que, de fato, a corrente é um pulso exponencial, começando em 1 mA.

b) Circuito sub-amortecido ou oscilatório

Quando o amortecimento for sub-crítico ($\alpha^2 < w_0^2$) o circuito é dito *sub-amortecido* e tem um comportamento oscilatório exponencialmente amortecido, como veremos a seguir.

No circuito oscilatório as raízes da equação característica (6.5) são complexas, de modo que podemos escrevê-las na forma

$$S_{1,2} = -\alpha \pm j\sqrt{\omega_0^2 - \alpha^2} \qquad (6.16)$$

Para que o circuito seja oscilatório deve então ser satisfeita a condição

O Circuito R, L, C Série; Comportamento Livre **157**

$$\omega_0^2 > \alpha^2 \to R < 2\sqrt{\frac{L}{C}} \tag{6.17}$$

Definindo a *freqüência própria amortecida* do circuito por

$$\omega_d = \sqrt{\omega_0^2 - \alpha^2} \tag{6.18}$$

as freqüências complexas próprias do circuito se exprimem simplesmente por

$$s_{1,2} = -\alpha \pm j\omega_d \tag{6.19}$$

A solução geral da equação homogênea deste circuito obtém-se então substituindo estes valores de freqüências complexas próprias na equação (6.7). Segue-se então

$$i_h(t) = I_1 e^{(-\alpha + j\omega_d)t} + I_2 e^{(-\alpha - j\omega_d)t}$$

As constantes I_1 e I_2 serão determinadas, como antes, pela equação (6.10) e com os valores (6.19) das freqüências complexas próprias. Adotando novamente como condições iniciais $i(0) = i_0$ e $v_C(0) = v_0$, após um certo desenvolvimento de cálculo, verifica-se que a corrente no circuito livre é da forma

$$i_h(t) = I_m e^{-\alpha t} \cos(\omega_d t + \Psi), \qquad t \geq 0 \tag{6.20}$$

onde
$$\begin{cases} I_m = \sqrt{i_0^2 + \left(\dfrac{\alpha}{\omega_d} i_0 + \dfrac{1}{L\omega_d} v_0\right)^2} \\ \Psi = \operatorname{arctg}\left(\dfrac{v_0}{L\omega_d i_0} + \dfrac{\alpha}{\omega_d}\right) \end{cases} \tag{6.21}$$

As expressões anteriores mostram que a corrente do circuito livre é dada por uma cosenóide de freqüência angular ω_d, cuja amplitude decai exponencialmente com o fator de amortecimento α. A freqüência angular da oscilação é pois fixada pela parte imaginária da freqüência complexa própria, ao passo que o amortecimento é dado pela parte real da mesma freqüência complexa. As duas freqüências complexas próprias conjugadas dão origem, portanto, a uma resposta real, constituída por uma co-senóide exponencialmente amortecida.

Dois casos particulares são interessantes: bI) o circuito com amortecimento nulo; bII) o circuito altamente oscilatório, com amortecimento muito pequeno. Vamos examiná-los.

bI) No caso do amortecimento nulo $R = 0$ e, portanto, $\alpha = 0$. Segue-se de (6.18) que a freqüência própria fica $\omega_d = \omega_0$ e a resposta (6.20) se simplifica para

$$i_h(t) = \sqrt{i_0^2 + \frac{C}{L} v_0^2} \cdot \cos(\omega_0 t + \Psi), \qquad t \geq 0 \tag{6.22}$$

com
$$\Psi = \operatorname{arctg}\left(\sqrt{\frac{C}{L}} \cdot \frac{v_0}{i_0}\right) \tag{6.23}$$

Como não há amortecimento, a corrente reduz-se a uma simples co-senóide, cuja amplitude e fase dependem das condições iniciais e cuja freqüência ω_0 é chamada *freqüência própria não amortecida* do circuito.

bII) O segundo caso particular corresponde a $\alpha \ll \omega_0$. Nessas condições teremos $\omega_d \cong \omega_0$, de modo que a resposta será bem aproximada por

$$i_h(t) \cong \sqrt{i_0^2 + \frac{C}{L}v_0^2} \cdot e^{-\alpha t} \cos(\omega_d t + \Psi), \qquad t \geq 0 \qquad (6.24)$$

onde Ψ é dada, como antes, pela (6.23).

Para caracterizar os circuitos R, L, C série altamente oscilatórios, costuma-se definir um *índice de mérito* por

$$Q_0 = \frac{\omega_0 L}{R} \qquad (6.25)$$

Este índice pode ser medido por aparelhos chamados *medidores de Q*.

Como $L/R = 1/(2\alpha)$, resulta também

$$Q_0 = \frac{\omega_0}{2\alpha} \qquad (6.26)$$

Note-se que o amortecimento diminui quando a resistência série se reduz; um amortecimento baixo corresponde a pequena perda de energia no resistor do circuito.

Exemplo 2:

Consideremos novamente o circuito R, L, C série do Exemplo 1, mas com o resistor mudado para 0,2 kΩ. Neste caso $R < 2\sqrt{L/C}$, $\alpha = R/2L = 0,1$ ms^{-1} e o circuito é sub-amortecido. Usando as mesmas condições iniciais do exemplo anterior, a corrente no circuito livre será calculada por (6.24) e (6.23), obtendo-se

$$i_h(t) = 5,099 e^{-0,1t} \cos(2t - 78,69°), \qquad \text{(mA, mseg)}$$

com índice de mérito $Q_0 = 10$.

Na figura 6.3 apresentamos um gráfico desta corrente. O estudante poderá verificar que o seu período é igual a π mili-segundos e que o valor inicial é 1 mA.

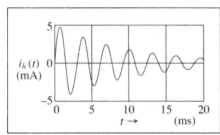

Figura 6.3 Corrente no circuito R, L, C série, sub-amortecido e livre.

c) Circuito *R, L, C* com amortecimento crítico:

Este é o caso intermediário entre os dois anteriores. Ocorre quando $\alpha = \omega_0$, ou seja,

$$R/(2L) = 1/\sqrt{LC} \rightarrow R = 2\sqrt{L/C} = R_c \qquad (6.27)$$

A resistência R_c é designada por *resistência de amortecimento crítico* do circuito.

Neste caso a equação característica (6.5) do circuito admite apenas uma raiz real dupla $s_1 = s_2 = -\alpha$. Neste caso a (6.7) não serve mais para determinar as condições iniciais, pois $s_1 = s_2$. Pode-se verificar que, neste caso, uma função do tipo $I_2 t e^{-\alpha t}$ também satisfaz à equação homogênea, de modo que sua solução geral será

$$i_h(t) = I_1 e^{-\alpha t} + I_2 t e^{-\alpha t} = (I_1 + tI_2) e^{-\alpha t} \qquad (6.28)$$

onde I_1 e I_2 são duas constantes reais, a serem determinadas a partir das condições iniciais $i(0) = i_0$ e $v_C(0) = v_0$. Fazendo $t = 0$ na equação anterior vem imediatamente

$$i_h(0) = i_1 = i_0$$

Para impor a segunda condição inicial vamos derivar (6.28) e fazer $t = 0$. Resulta

$$\frac{di_h(0)}{dt} = -\alpha I_1 + I_2$$

Igualando os segundos membros desta equação e de (6.9),

$$-\alpha I_1 + I_2 = -\frac{R}{L} i_0 - \frac{1}{L} v_0$$

Considerando que $I_1 = i_0$ e $\alpha = R/(2L)$, após algumas simplificações e resolvendo em relação a I_2, esta equação fornece

$$I_2 = -\alpha i_0 - \frac{1}{L} v_0 \qquad (6.29)$$

Substituindo os valores das constantes de integração em (6.28) obtemos a expressão da corrente no circuito livre super-amortecido:

$$i_h(t) = \left[(1-\alpha) i_0 - \frac{1}{L} v_0 t \right] \cdot e^{-\alpha t}, \qquad t \geq 0 \qquad (6.30)$$

Temos novamente um pulso de corrente.

Exemplo 3:

Consideremos o mesmo circuito *R, L, C* dos exemplos anteriores, mas tomemos o valor da resistência correspondente ao amortecimento crítico, isto é, tomemos $R = R_c = 2\sqrt{L/C} = 4$ kohms. Resulta então $\alpha = 2$ ms^{-1} e a expressão da corrente no circuito livre, sempre no sistema A. F. e com as mesmas condições iniciais dos exemplos anteriores, fica

$$i_h(t) = [(1-2t) + 10t]e^{-2t} = (1+8t)e^{-2t}, \qquad t \geq 0 \text{ (mA, ms)}$$

Este pulso de corrente está representado na figura 6.4. Pode-se ver que a amplitude é maior e o amortecimento menor do que na figura 6.2.

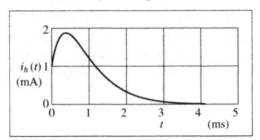

Figura 6.4 Corrente no circuito R, L, C série, com amortecimento crítico e livre.

Exemplo 4:

No caso de circuitos altamente oscilatórios, ou com Q elevado, os cálculos podem ser bem simplificados. Para ilustrar este ponto, consideremos o circuito da figura 6.5, onde a chave S, que estava há muito tempo na posição 1 passa para a posição 2 em $t = 0$. Vamos determinar a tensão no capacitor para os $t \geq 0$.

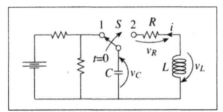

Figura 6.5 Circuito R, L, C série, livre e com carga inicial.

A chave na posição 1 estabelece como condições iniciais uma tensão v_0 no capacitor e uma corrente nula no indutor. Em conseqüência, para os $t \geq 0$ as equações (6.20) e (6.21) fornecem

$$i(t) = \frac{v_0}{L\omega_d} e^{-\alpha t} \cos\left(\omega_d t + \frac{\pi}{2}\right) = -\frac{v_0}{L\omega_d} e^{-\alpha t} \text{sen}(\omega_d t)$$

Se os parâmetros do circuito forem tais que o índice de mérito é muito elevado, teremos $\alpha \ll \omega_0$ poderemos usar a aproximação $\omega_d \approx \omega_0$.

Para calcular a tensão v_C no capacitor sem ter que integrar a corrente, podemos recorrer à aplicação da 2ª lei de Kirchhoff ao circuito (veja as flechas de referência de tensão na figura), obtendo

$$v_C = -(v_R + v_L) = -\left(Ri + L\frac{di}{dt}\right)$$

O Circuito R, L, C Série; Comportamento Livre

Substituindo nesta expressão o valor da corrente e de sua derivada obtemos

$$v_C(t) = v_0 e^{-\alpha t}\left[\cos(\omega_d t) + \frac{\alpha}{\omega_d}\operatorname{sen}(\omega_d t)\right], \qquad t \geq 0$$

Na hipótese de $\alpha \ll \omega_d$ esta expressão pode ser bem aproximada por

$$v_C(t) \cong v_0 e^{-\alpha t}\cos(\omega_d t), \qquad t \geq 0$$

Se o fator de amortecimento for estritamente nulo,

$$v_C(t) = v_0 \cos(\omega_d t), \qquad t \geq 0$$

Exemplo 5 (sugerido pelo Prof. Waldir Pó):

A potência dissipada numa resistência de carga R_L, alimentada por uma fonte de tensão contínua de E volts, pode ser controlada por um *tiristor*, como indicado na figura 6.6-a.

O tiristor opera da seguinte maneira: inicialmente, com o *eletrodo de controle G* a zero volts, o tiristor fica bloqueado, isto é, funciona como uma chave aberta entre os pontos A e C. Se aplicarmos agora um pulso positivo de pequena duração ao eletrodo de controle o tiristor passa ao estado de condução, praticamente curto-circuitando os pontos A e C. Este circuito tem um inconveniente: enquanto estiver passando corrente pelo tiristor, o eletrodo de controle perde sua ação, não podendo bloquear o tiristor.

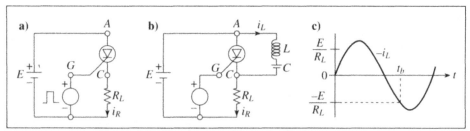

Figura 6.6 Circuito para bloqueio de tiristor.

Para retomar o controle será necessário anular a corrente através do tiristor. Isto se consegue utilizando um transitório excitado num circuito L, C, disposto como indicado na figura 6.6-b.

Para analisar a operação deste circuito vamos desprezar as perdas no indutor e admitir que o tiristor corresponde, efetivamente, a uma resistência nula, quando em condução, ou a um circuito aberto, quando bloqueado

Suponhamos que o pulso de disparo, de duração muito pequena, ocorre em $t = 0$ e que o tiristor está bloqueado para os $t < 0$. Em conseqüência, as condições iniciais em $t = 0_-$ serão:

$$\begin{cases} i_L(0_-) = 0 = i_L(0_+) \\ v_C(0_-) = E = v_C(0_+) \end{cases}$$

Como o tiristor será um curto para os $t > 0$, o circuito L, C fica livre e sem amortecimento. Nessas condições, a corrente no indutor obtém-se introduzindo em (6.22) as condições iniciais indicadas; segue-se então

$$i_L(t) = \sqrt{\frac{C}{L}} \cdot E \cos(\omega_0 t + \pi/2) = -\sqrt{\frac{C}{L}} E \, \text{sen}(\omega_0 t)$$

com $\omega_0 = 1/\sqrt{LC}$.

A corrente na resistência de carga é $i_R = E/R_L$ e a corrente através do tiristor (de A para C) fica

$$i = i_R - i_L = \frac{E}{R_L} + \sqrt{\frac{C}{L}} \cdot E \, \text{sen}(\omega_0 t)$$

O bloqueio do tiristor ocorrerá no instante t_b em que a corrente se anula, isto é, em que

$$\frac{E}{R_L} + \sqrt{\frac{C}{L}} \cdot E \, \text{sen}(\omega_0 t_b) = 0$$

Estas duas parcelas de i estão representadas na figura 6.6-c. Para que a corrente possa se anular devemos ter

$$\sqrt{\frac{C}{L}} > \frac{1}{R_L}$$

Satisfeita esta condição, decorre

$$t_b = \frac{1}{\omega_0} \cdot \text{arcsen}\left(-\frac{1}{R_L} \cdot \sqrt{\frac{L}{C}}\right)$$

Evidentemente devemos tomar o menor valor de t_b que satisfaz a esta condição.

Para os $t > t_b$ o disparo do transistor pode, novamente, ser feito pelo eletrodo de controle.

6.3 O Comportamento Livre do Circuito R, L, C Paralelo

Passemos agora a examinar o comportamento livre do circuito R, L, C paralelo. Por meio da dualidade existente entre este circuito e o anterior o nosso trabalho ficará muito reduzido, não sendo necessário repetir os cálculos extensos; bastará adaptar os resultados finais por dualidade.

Para melhor evidenciar esta dualidade, consideremos a associação em paralelo de uma condutância G com um indutor L e um capacitor C, alimentada a associação por um gerador de corrente (figura 6.7).

O Comportamento Livre do Circuito R, L, C Paralelo

Considerando como condições iniciais a corrente no indutor e a tensão no capacitor, no instante t_0, isto é, fazendo

$$\begin{cases} i_L(t_0) = i_0 \\ v(t_0) = v_o \end{cases}$$

a energia inicialmente armazenada no circuito será

$$w_0 = \frac{1}{2}(Li_0^2 + Cv_0^2)$$

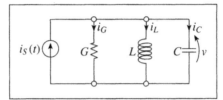

Figura 6.7 Circuito R, L, C paralelo.

Aplicando a 1ª lei de Kirchhoff ao nó superior do circuito, obtemos

$$C\frac{dv(t)}{dt} + Gv(t) + \frac{1}{L}\int_{t_0}^{t} v(\lambda)d\lambda + i_0 = i_s(t) \qquad (6.31)$$

Esta equação é a dual de (6.1), pois dela pode ser obtida trocando, ordenadamente, R por G, L por C, C por L e correntes por tensões. Segue-se que os resultados já obtidos para o circuito série podem ser transpostos para o circuito paralelo, mediante a troca ordenada de termos acima indicada. Assim, começaremos definindo os parâmetros α e ω_0 para o circuito paralelo pelos duais

$$\begin{cases} \alpha = \dfrac{G}{2C} \\ \omega_0^2 = \dfrac{1}{LC} \end{cases}$$

Derivando a (6.31), dividindo ambos os membros por C e introduzindo os parâmetros acima e fazendo $i_s(t) = 0$, obtemos

$$\frac{d^2v(t)}{dt^2} + 2\alpha\frac{dv(t)}{dt} + \omega_0^2 v(t) = 0 \qquad (6.32)$$

Esta equação é a dual de (6.4). Corresponde-lhe a mesma equação característica

$$s^2 + 2\alpha s + \omega_0^2 = 0 \qquad (6.33)$$

Como já sabemos, o comportamento livre do circuito será fixado pelos valores das raízes s_1 e s_2 desta equação característica. Teremos então os seguintes casos:

a) *Circuito super-amortecido ou aperiódico* em que $\alpha > \omega_0$. Portanto as duas raízes da equação característica são reais e do tipo $s_{1,2} = -\alpha \pm \beta$, com $\beta = \sqrt{\alpha^2 - \omega_0^2}$, onde α é o fator de amortecimento e ω_0 é a freqüência própria não amortecida, ambos com os valores acima indicado.

b) *Circuito sub-amortecido ou oscilatório*, em que $\alpha < \omega_0$ e as raízes da equação característica são complexos do tipo $s_{1,2} = -\alpha \pm j\omega_d$, com $\omega_d = \sqrt{\omega_0^2 - \alpha^2}$, onde ω_d é a *freqüência própria amortecida* do circuito.

c) *Circuito com amortecimento crítico*, em que $s_1 = s_2 = -\alpha$ com α real, positivo e igual a ω_0.

A condição de amortecimento crítico corresponde, neste circuito, a

$$\alpha = \omega_0 \rightarrow G_c 2 = \sqrt{\frac{C}{L}} \qquad (6.34)$$

Portanto a *resistência de amortecimento crítico* do circuito R, L, C paralelo é

$$R_c = 1/G_c = \frac{1}{2}\sqrt{\frac{L}{C}} \qquad (6.35)$$

Ao inverso do circuito série, no paralelo resistências *maiores* que R_c correspondem ao circuito oscilatório.

O *índice de mérito* dos circuitos R, L, C paralelos é definido, como no caso série, por $Q_0 = \omega_0/2\alpha$ ou, substituindo α por seu valor,

$$Q_0 = (\omega_0 C)/G = R/(\omega_0 L) \qquad (6.36)$$

Vemos, portanto, que o índice de mérito *aumenta* com o valor de R, ao contrário do circuito série.

Não há necessidade de repetir para o circuito paralelo todo o estudo feito para o série. Basta apenas transpor, por dualidade, os resultados já obtidos. Assim procedendo, vemos que as soluções gerais da equação homogênea (6.32) são dos tipos

$$v(t) = V_1 e^{s_1 t} + V_2 e^{s_2 t}, \qquad \text{para } s_1 \neq s_2 \qquad (6.37)$$

ou $\qquad v(t) = V_1 e^{s_1 t} + V_2 t\, e^{s_2 t}, \qquad \text{para } s_1 = s_2 = -\alpha \qquad (6.38)$

Nestas equações V_1 e V_2 são constantes de integração, que se determinam a partir das condições iniciais; não é preciso repetir o trabalho de dedução. Basta dualizar (6.15), para circuitos super-amortecidos, (6.20) e (6.21) para os circuitos oscilatórios e (6.30) para os circuitos com amortecimento crítico. Teremos então as seguintes relações, sempre supondo as condições iniciais i_0 e v_0 em $t_0 = 0$:

- **Circuito R, L, C paralelo super-amortecido:**

$$v(t) = e^{-\alpha t}\left[v_0\left(\cosh(\beta t) - \frac{\alpha}{\beta}\operatorname{senh}(\beta t)\right) - \frac{i_0}{\beta C}\operatorname{senh}(\beta t)\right] \qquad (6.39)$$

com $\alpha > \omega_0$, $\beta = \sqrt{\alpha^2 - \omega_0^2}$, $t \geq 0$.

Note-se que esta equação é dual de 6.15.

- **Circuito R, L, C paralelo sub-amortecido ou oscilatório:**

$$v(t) = V_m e^{-\alpha t} \cos(\omega_d t + \Psi), \qquad t \geq 0 \qquad (6.40)$$

onde
$$\begin{cases} V_m = \sqrt{v_0^2 + \left(\dfrac{\alpha}{\omega_d} v_0 + \dfrac{1}{C\omega_d} i_0\right)^2} \\ \Psi = \text{arctg}\left(\dfrac{i_0}{C\omega_d v_0} + \dfrac{\alpha}{\omega_d}\right) \end{cases} \qquad (6.41)$$

(equações duais de (6.20) e (6.21).

Nestas equações,

$$\omega_d = \sqrt{\omega_0^2 - \alpha^2} \qquad (6.42)$$

- **Circuito R, L, C paralelo com amortecimento crítico:**

$$v(t) = \left[(1 - \alpha t)v_0 - \dfrac{1}{C} i_0 t\right] \cdot e^{-\alpha t}, \qquad t \geq 0 \qquad (6.43)$$

(equação dual de (6.30)).

Vamos complementar esta seção com um exemplo.

Exemplo:

Este exemplo refere-se a um circuito altamente oscilatório. Seja então o circuito da figura 6.8, onde a chave S, que estava há muito tempo na posição 1, é deslocada bruscamente para a posição 2, no instante $t = 0$. Vamos determinar a tensão $v_C(t)$ no capacitor, para os $t > 0$.

Como em $t = 0$ o circuito já tinha atingido o estado estacionário, as condições iniciais serão

$$\begin{cases} v_C(0) = E \\ i_L(0) = 0 \end{cases}$$

Com os valores indicados na figura, os parâmetros do circuito serão, usando o sistema de unidades A. F.,

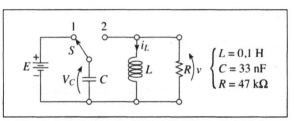

Figura 6.8 Exemplo de circuito R, L, C paralelo.

$$\begin{cases} \alpha = \dfrac{1}{2RC} = \dfrac{1}{2 \times 47 \times 0,033} = 0,3224 \quad (\text{mseg}^{-1}) \\ \omega_0 = \dfrac{1}{\sqrt{LC}} = \dfrac{1}{\sqrt{0,1 \times 0,033}} = 17,408 \quad (\text{krad / seg}) \\ \omega_d = \sqrt{\omega_0^2 - \alpha^2} = 17,405 \quad (\text{krad / seg}) \end{cases}$$

Como $\omega_0 \gg \alpha$, o circuito é altamente oscilatório, vamos aplicar as (6.40) e (6.41), desprezando α em face de ω_0 e com as condições iniciais já calculadas. Resulta

$$v_C(t) = Ee^{-0,3224t} \cos(17,405t)$$

sempre em unidades do sistema A. F., isto é volts e mili-segundos.

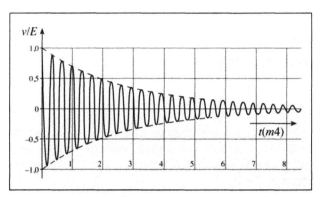

Figura 6.9 Resposta oscilatória de circuito R, L, C com Q elevado (simulação analógica por Tereza Christina de Santis).

Esta função é o produto de uma exponencial decrescente por uma co-senóide. Para construir seu gráfico, basta considerar que a envoltória da função é uma exponencial com constante de tempo $\tau = 1/\alpha = 3,102$ milisegundos e que a co-senóide tem um período $T_d = 2\pi/\omega_d = 0,361$ mseg.

O gráfico de $v_C(t)$ está representado na figura 6.9.

Das fórmulas deduzidas para este exercício decorre uma relação interessante entre o amortecimento da resposta e o índice de mérito do circuito. De fato, temos

$$\frac{\tau}{T_d} = \frac{\omega_d}{2\pi\alpha} \cong \frac{Q_0}{\pi}$$

pois o circuito é altamente oscilatório. Segue-se então que, neste caso,

$$Q_0 = \frac{\pi\tau}{T_d} \qquad (6.44)$$

Mas τ/T_d não é senão o número n de ciclos em que a *envoltória* da resposta se reduz a $1/e = 0{,}3679$ do seu valor inicial, de modo que

$$Q_0 = \pi n \qquad (6.45)$$

Esta relação pode ser usada para a determinação experimental do índice de mérito de um circuito ressonante altamente oscilatório.

No nosso exemplo,

$$\frac{\tau}{T_d} = 8{,}59 \rightarrow Q_0 \cong 27$$

De fato,

$$\frac{R}{\omega_0 L} = 27$$

em concordância com o resultado acima.

6.4 O Comportamento Livre do Circuito R, L, C Série-paralelo

Em alguns casos pode ser interessante introduzir no modelo do circuito R, L, C paralelo um segundo resistor, em série com o indutor e representando suas perdas, como indicado na figura 6.10. Mostremos que o cálculo deste circuito recai no caso anterior, mediante oportuna redefinição dos parâmetros α e ω_0.

Aplicando a 1ª lei de Kirchhoff ao nó A do circuito temos

$$C\frac{dv(t)}{dt} + G_p v(t) + i_L(t) = 0 \qquad (6.46)$$

ao passo que no ramo série vale

$$L\frac{di_L(t)}{dt} + R_s i_L(t) = v(t) \qquad (6.47)$$

Tirando i_L da primeira equação e substituindo na segunda, após algum rearranjo obtemos a equação diferencial em v:

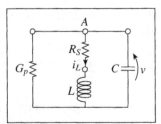

Figura 6.10 Circuito R, L, C série-paralelo.

$$\frac{d^2v(t)}{dt^2} + \frac{LG_p + R_S C}{LC} \cdot \frac{dv(t)}{dt} + \frac{R_S G_p + 1}{LC} \cdot v(t) = 0 \qquad (6.48)$$

Redefinindo agora o fator de amortecimento e a freqüência própria do circuito por

$$\begin{cases} \alpha = \dfrac{LG_p + R_S C}{2LC} \\ \omega_0^2 = \dfrac{R_S G_p + 1}{LC} \end{cases} \qquad (6.49)$$

e introduzindo estes valores em (6.48) recaímos numa equação do tipo (6.32).

Para resolver a equação (6.48) devemos introduzir as condições iniciais do circuito, que são $v(t_0) = v_0$ e $i_L(t_0) = i_{L0}$, mas a equação diferencial (6.48) exige condições iniciais em v e dv/dt. Para relacionar estes dois conjuntos de condições, notemos que a (6.46) fornece

$$\frac{dv(t)}{dt} = -\frac{1}{C}(i_L(t) + G_p v(t))$$

de modo que nossas condições iniciais reduzem-se a

$$\begin{cases} v(t_0) = v_0 \\ \dfrac{dv(t_0)}{dt} = -\dfrac{1}{C}(i_{L0} + G_p v_0) \end{cases} \qquad (6.50)$$

A solução de (6.48), com as condições iniciais (6.50) se processa de forma análoga à de (6.32), mas com as novas definições para os parâmetros α e ω_0. Teremos, novamente, os três casos de circuito aperiódico, oscilatório e com amortecimento crítico. Vamos ilustrar um dos casos com o exemplo seguinte.

Exemplo:

No circuito da figura 6.10 façamos $L = 1$ H, $C = 1$ μF, $R_S = 2,2$ kΩ e $R_P = 1/G_p = 5$ kΩ. Usaremos o sistema A. F. de unidades. Sabe-se ainda que, em $t = 0$, $i_L(0) = 0$ e $v(0) = v_0$. Determinar $v(t)$, para os t maiores ou iguais a zero.

Os parâmetros (6.49) resultam

$$\begin{cases} \alpha = \dfrac{0,2 + 2,2}{2} - 1,2 \quad (\text{mseg}^{-1}) \\ \omega_0 = \sqrt{2,2 \times 0,2 + 1} = 1,2 \quad (\text{krad/seg}) \end{cases}$$

Portanto o fator de amortecimento é igual à freqüência própria não amortecida, de modo que o circuito tem amortecimento crítico e a resposta $v(t)$ é do tipo (6.38). Para determinar as constantes de integração, recorremos às condições iniciais:

$$\begin{cases} v(0) = v_0 = V_1 \\ \dfrac{dv(0)}{dt} = -\dfrac{1}{C} \cdot (i_{L0} + G_p v_0) = -\dfrac{G_p}{C} \cdot v_0 = -\alpha V_1 + V_2 \end{cases}$$

Segue-se então

$$V_2 = (\alpha - 0,2)v_0 = v_0$$

Introduzindo estas constantes em (6.38) obtemos finalmente

$$v(t) = v_0 e^{-\alpha t}(1 + t) = v_0 e^{-1,2t}(1 + t), \qquad t \geq 0$$

com v em volts e t em mili-segundos.

6.5 Resposta dos Circuitos R, L, C à Excitação em Degrau

Vamos agora iniciar o estudo do comportamento forçado dos circuitos R, L, C. Usando a dualidade já estabelecida, examinaremos ao mesmo tempo os circuitos série e paralelo.

a) Circuito R, L, C série:

Consideremos novamente o circuito da figura 6.1, mas agora excitado por um gerador de degrau, isto é, com $e_S(t) = E \cdot \mathbf{1}(t)$ volts. Relembremos aqui que o degrau foi definido como sendo igual a 0 para os $t < 0$ e igual a 1 para os $t \geq 0$. Vamos entrar com esse valor na equação (6.1), dividindo tudo por L, fazendo ainda $t_0 = 0$ e passando a excitação para o primeiro membro. Para os $t > 0$ obtemos então

$$\dfrac{di(t)}{dt} + \dfrac{R}{L}i(t) + \dfrac{1}{LC}\int_0^t i(\lambda)d\lambda + \dfrac{1}{L}(v_0 - E) = 0, \qquad t > 0 \qquad (6.51)$$

Tudo se passa como se novamente tivéssemos o circuito livre, mas com a condição inicial v_0, referente à tensão no capacitor, substituída por $v_0 - E$. Para obter a *resposta completa ao degrau* bastará, portanto, fazer essa mesma substituição nas respostas já calculadas para o comportamento livre. Vamos dar em seguida os resultados dessa substituição para o caso, mais comum, do circuito com condições iniciais nulas (ou quiescentes):

- Circuito R, L, C série, *super-amortecido* ou *aperiódico*:

    Fazendo $i_0 = 0$ e substituindo v_0 por $-E$ em (6.15) obtemos

    $$i(t) = \frac{E}{\beta L} e^{-\alpha t} \operatorname{senh}(\beta t), \qquad t > 0 \qquad (6.52)$$

- Circuito R, L, C série *oscilatório*:

    Fazendo as mesmas substituições em (6.20) e (6.21), chegamos a

    $$i(t) = \frac{E}{L\omega_d} e^{-\alpha t} \operatorname{sen}(\omega_d t), \qquad t > 0 \qquad (6.53)$$

- Circuito R, L, C série com *amortecimento crítico*:

    Repetindo o procedimento anterior para a equação (6.30), obtemos

    $$i(t) = \frac{E}{L} t e^{-\alpha t}, \qquad t > 0 \qquad (6.54)$$

Nestes três casos a corrente no circuito tende a zero quando t tende ao infinito. É fácil ver que, também nos três casos, a tensão no capacitor tende a E quando t aumenta, e isto quaisquer que sejam as condições iniciais, indicando que, no regime permanente, o capacitor fica carregado com a tensão E do degrau.

b) Circuito R, L, C paralelo

Consideremos agora o circuito paralelo da figura 6.7, excitado pelo degrau $i_S(t) = I \cdot 1(t)$. Em conseqüência, a equação (6.31), após divisão por C, fornece

$$\frac{dv(t)}{dt} + \frac{G}{C} v(t) + \frac{1}{LC} \int_0^t v(\lambda) d\lambda + \frac{1}{C}(i_0 - I) = 0, \qquad t > 0 \qquad (6.55)$$

Esta equação é a dual perfeita de (6.51). Basta, portanto, aplicar a dualidade aos resultados anteriores para obter a resposta ao degrau de corrente do circuito R, L, C paralelo. Os resultados, para condições iniciais nulas, são os seguintes:

- Circuito R, L, C paralelo *super-amortecido* ou *aperiódico*:

    $$v(t) = \frac{I}{\beta C} e^{-\alpha t} \operatorname{senh}(\beta t), \qquad t > 0 \qquad (6.56)$$

- Circuito R, L, C *paralelo oscilatório*:

    $$v(t) = \frac{I}{C\omega_d} e^{-\alpha t} \operatorname{sen}(\omega_d t), \qquad t > 0 \qquad (6.57)$$

- Circuito R, L, C paralelo com *amortecimento crítico*:

    $$v(t) = \frac{I}{C} t e^{-\alpha t}, \qquad t > 0 \qquad (6.58)$$

Resposta dos Circuitos R, L, C à Excitação em Degrau

Em qualquer dos casos a tensão no capacitor tende a zero quando t tende a infinito. Em consequência, a corrente no resistor também tende a zero, ao passo que a corrente no indutor tende a I, ou seja, no regime permanente o indutor atuará como um curto-cicuito.

Convém ressaltar que em todos os casos anteriores as frequências complexas próprias do circuito continuam determinando o tipo das respostas ao degrau. Em muitos casos, poderá ser mais simples calcular diretamente as respostas, a partir da informação sobre as frequências complexas próprias, da forma geral das respostas e das condições iniciais. Este ponto será ilustrado nos exemplos subsequentes.

Finalmente, notemos que o *método da transformação de Laplace*, que será estudado mais tarde, fornece um esquema automático para a determinação das respostas dos circuitos. Nos circuitos de segunda ordem este método poderá ser mais eficiente que o *método no domínio do tempo*, que acabamos de expor.

Vejamos agora alguns exemplos.

Exemplo 1:

Um circuito R, L, C paralelo, com $C = 33$ nF e $L = 0,1$ H é excitado, em $t = 0$, por um gerador de corrente em degrau, de amplitude $I = 10$ mA, com condições iniciais nulas. Determinar a tensão no capacitor, para os $t \geq 0$ e para valores de R tais que:
a) o amortecimento seja crítico;
b) o amortecimento seja o dobro do crítico.

Em cada caso devem também ser determinados:
a) o valor máximo da tensão;
b) sua derivada no início, isto é, em $t = 0$;
c) o instante em que a sua amplitude cai a 5% do valor máximo (*tempo de acomodação*).

Solução:

Usaremos unidades A. F., para reduzir potências de 10.

a) Amortecimento crítico:

A frequência própria não amortecida é

$$\omega_0 = \frac{1}{\sqrt{LC}} = \frac{1}{\sqrt{0,1 \times 0,033}} = 17,408 \quad \text{krad / seg}$$

de modo que o amortecimento crítico é $\alpha_C = \omega_0 = 17,408$ mseg^{-1}. A resistência paralela correspondente ao amortecimento crítico é pois

$$R_C = \frac{1}{2\alpha_C C} = \frac{1}{2 \times 17,408 \times 0,033} = 0,8704 \text{ k}\Omega$$

À vista de (6.58) a tensão no capacitor, para os $t > 0$, será

$$v(t) = \frac{I}{C} t e^{-\alpha_c t} = 303,03 t e^{-17,408 t} \quad \text{(V, mseg)}$$

O gráfico desta função está representado numa das curvas da figura 6.11.

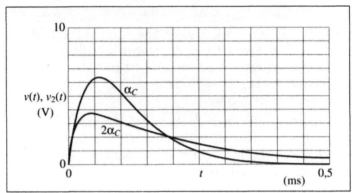

Figura 6.11 Gráficos das respostas com amortecimentos crítico e super-crítico.

O instante em que ocorre o máximo da tensão se calcula igualando a zero a derivada de $v(t)$:

$$\frac{dv(t)}{dt} = \frac{I}{C}(e^{-\alpha_c t} - \alpha_c t e^{-\alpha t}) = 0 \Rightarrow t_m = \frac{1}{\alpha_c} = 0{,}05744 \quad \text{(mseg)}$$

Decorre então o valor máximo da tensão

$$V_m = \frac{I}{C} t_m e^{-\alpha_c t_m} = \frac{I}{\alpha_c C} e^{-1} = 6{,}404 \quad \text{(V)}$$

Resta determinar o tempo de acomodação t_a. Este tempo satisfaz à equação

$$\frac{I}{C} t_a e^{-\alpha_c t_a} = 0{,}05 V_m = 0{,}3202$$

ou seja, o tempo de acomodação é dado por uma equação transcendente, que só pode ser resolvida gráfica ou numericamente. Assim, do gráfico da figura 6.11 obtemos, aproximadamente, $t_a = 0{,}33$ mseg.

Passemos agora ao caso super-amortecido.

b) Amortecimento maior que o crítico:

Neste caso a resistência paralela é a metade da anterior, ou seja, $R = R_c/2 = 0{,}4352$ kΩ e, portanto, $\alpha = 2\alpha_c = 34{,}816$ mseg^{-1}. A freqüência não amortecida continua a mesma, de modo que β se calcula por

$$\beta = \sqrt{\alpha^2 - \omega_0^2} = \alpha_c \sqrt{4 - \omega_0^2/\alpha_c^2} = \sqrt{3}\alpha_c = 30{,}151 \quad \text{mseg}^{-1}$$

Entrando com estes valores de α e β em (6.56) obtemos a desejada resposta:

$$v_2(t) = \frac{1}{\sqrt{3}C\alpha_c} \cdot e^{-2\alpha_c t} \cdot \text{senh}(\sqrt{3}\alpha_c t) = 10{,}05 \cdot e^{-34{,}816 t} \cdot \text{senh}(30{,}151 t), \qquad t > 0$$

O gráfico desta tensão também está representado na figura 6.11. Vemos que a tensão atinge um máximo inferior ao do caso do amortecimento crítico, e decai bem mais lentamente.

A máxima tensão e o instante em que ela ocorre podem ser determinados aproximadamente do gráfico da figura 6.11. Resultam $V_m = 3,8$ V e $t_m \cong 0,04$ mseg. Para determinar o tempo de acomodação teríamos que estender a escala de tempo do gráfico.

Exemplo 2:

Consideremos o circuito da figura 6.12, excitado pelo degrau de corrente $i_S(t) = I \cdot \mathbf{1}(t)$, com $I = 10$ mA. Tomemos ainda condições iniciais nulas, $R = 30$ ohms, $L = 50$ mH e $C = 0,1$ μF. Vamos determinar a função $v(t)$, para os $t \geq 0$, usando unidades A. F.

Como este circuito não corresponde a nenhum dos casos já estudados, vamos proceder à determinação de $v(t)$ a partir do conhecimento do tipo geral da resposta, fazendo o possível para reduzir nosso trabalho. Assim notemos, em primeiro lugar, que no comportamento livre este circuito reduz-se a um R, L, C série. Temos então os parâmetros

$$\omega_0 = \frac{1}{\sqrt{LC}} = \frac{1}{\sqrt{0,05 \times 0,1}} = 14,142 \quad \text{krad / seg}$$

$$\alpha = \frac{R}{2L} = \frac{0,03}{2 \times 0,05} = 0,300 \quad \text{mseg}^{-1}$$

Portanto $\alpha \ll \omega_0$, e o circuito é altamente oscilatório. Sua freqüência própria amortecida é pois

$$\omega_d = \sqrt{\omega_0^2 - \alpha^2} = 14,139 \quad \text{krad / seg}$$

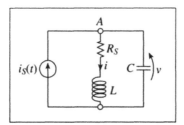

Figura 6.12 Circuito R, L, C série-paralelo, excitado por gerador de corrente.

A resposta em regime estacionário deste circuito é $v(\infty) = R_S \cdot I$, pois a corrente através do capacitor e a tensão no indutor tendem a zero quando t tende a infinito. Como o circuito é altamente oscilatório, a resposta completa será do tipo

$$v(t) = V_m e^{-\alpha t} \cos(\omega_d t + \Phi) + R_S I \qquad \text{(a)}$$

onde V_m e Φ são duas constantes que devem ser determinadas a partir das condições iniciais. Admitiremos condições iniciais nulas, isto é, $v(0_-) = 0$ e $i(0_-) = 0$. Como não há tensões ou correntes impulsivas neste circuito, as mesmas condições prevalecem no instante 0_+; a corrente do gerador é nula em 0_- e igual a 10 mA em 0_+. Neste caso precisamos também determinar o valor inicial da derivada de $v(t)$. Para isso notemos que a corrente através do capacitor é sempre $C\,dv(t)/dt$; no instante 0_- esta corrente será nula, pois o gerador está fornecendo corrente nula e a corrente através do indutor é nula. Como em 0_+ o gerador fornece a corrente I, e a corrente no indutor é nula, segue-se que $C\,dv(0_+)/dt = I$. Seguem-se, portanto, as condições

$$v(0_+) = 0, \qquad dv(0_+)/dt = I/C$$

Aplicando a primeira condição à (a) vem

$$V_m \cos \Phi + R_S I = 0$$

ao passo que a segunda condição fornece

$$-\alpha V_m \cos \Phi - V_m \omega_d \,\mathrm{sen}\,\Phi = I/C$$

Destas duas últimas equações seguem-se

$$\begin{cases} \Phi = \mathrm{arctg}\left(\dfrac{1}{C\omega_d R_S} - \dfrac{\alpha}{\omega_d}\right) = 87,548° \\ V_m = -\dfrac{R_S I}{\cos \Phi} = -7,012 \end{cases}$$

Colocando estes valores em (a) obtemos a solução do nosso problema:

$$v(t) = -7,012 \cdot e^{-0,3t} \cdot \cos(14,139t + 87,548°) + 0,3, \qquad t \geq 0$$

Na figura 6.13 reproduzimos o gráfico da tensão $v(t)$, obtida por uma simulação com o programa PSPICE.

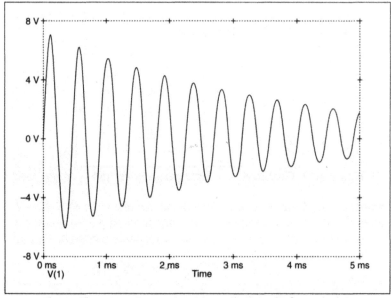

Figura 6.13 Tensão no circuito oscilatório da figura 6.12.

6.6 Resposta Impulsiva dos Circuitos R, L, C

Vamos examinar aqui ao mesmo tempo as respostas impulsivas dos circuitos R, L, C, usando a dualidade. Calcularemos então a corrente no circuito série, excitado por um impulso de tensão, e a tensão no circuito paralelo, excitado por um impulso de corrente. Suporemos sempre o impulso aplicado em $t = 0$.

Começaremos estabelecendo os seguintes fatos básicos:

a) Num circuito R, L, C série, excitado por um impulso de tensão, o fluxo concatenado com o indutor aumenta, instantaneamente, de um valor igual à amplitude do impulso;

b) Num circuito R, L, C paralelo, excitado por um impulso de corrente, a carga do capacitor aumenta, instantaneamente, de um valor igual à amplitude do impulso.

Mostremos como estabelecer este último fato; para estabelecer o primeiro bastará usar a dualidade.

Consideremos então um circuito R, L, C paralelo, alimentado por um gerador de corrente (ver figura 6.7).

Suponhamos que este gerador fornece uma corrente impulsiva, de amplitude Q coulombs, isto é, $i_S(t) = Q \cdot \delta(t)$, e vamos adotar condições iniciais nulas em $t = 0_-$, ou seja $i_L(0_-) = 0$ e $v(0_-) = 0$. A equação (6.31) fornece então

$$C\frac{dv(t)}{dt} + Gv(t) + \frac{1}{L}\int_{0_-}^{t} v(\lambda)d\lambda + i_0 = Q\delta(t) \qquad (6.59)$$

Para que esta equação possa ser satisfeita para os $t > 0_-$, a função $v(t)$ dever ter uma descontinuidade em degrau na origem. Isto posto, vamos integrar a (6.59) no intervalo $[0_-, 0_+]$:

$$C\int_{0_-}^{0_+}\frac{dv(t)}{dt}dt + G\int_{0_-}^{0_+}v(t)dt + \frac{1}{L}\int_{0_-}^{0_+}\int_{0_-}^{0_+}v(\lambda)d\lambda\, dt = Q\int_{0_-}^{0_+}\delta(t)dt$$

A primeira integral do primeiro membro reduz-se a $v(0_+) - v(0_-)$, e as outras duas são nulas, em face da descontinuidade em degrau da $v(t)$. A integral do segundo membro vale 1, pela definição de impulso unitário. Segue-se então

$$C[v(0_+) - v(0_-)] = Q \Rightarrow v(0_+) = \frac{Q}{C} + v(0_-)$$

Esta expressão confirma que a tensão sofre uma descontinuidade em degrau de amplitude Q/C na origem. Como admitimos condições iniciais nulas, resulta

$$v(0_+) = Q/C \qquad (6.60)$$

Está assim justificado o resultado (b). Para justificar o resultado (a), basta aplicar a dualidade.

Para tempos maiores que $t = 0_+$ o circuito estará efetivamente livre, de modo que exibirá o comportamento livre já estudado. Assim, se o circuito for oscilatório, usando os resultados apresentados na seção 6.3, obtemos

$$\begin{cases} v(t) = \dfrac{Q}{C}\sqrt{1 + \dfrac{\alpha^2}{\omega_d^2}} \cdot e^{-\alpha t} \cdot \cos(\omega_d t + \Psi) \\ \Psi = \operatorname{arctg}\left(\dfrac{\alpha}{\omega_d}\right), \qquad t > 0_+ \end{cases} \qquad (4.61)$$

Concluindo esta seção, notemos que a resposta a um impulso unitário, isto é, com $Q = 1$ e condições iniciais nulas, é chamada *resposta impulsiva* do circuito. Veremos mais tarde o importante papel teórico desta resposta.

6.7 Resposta dos Circuitos R, L, C a uma Excitação Co-senoidal; Ressonância

A resposta completa destes circuitos será dada, como sempre, pela soma da *resposta transitória* com a *resposta permanente*. As constantes de integração que aparecem na resposta transitória serão determinadas a partir das condições iniciais.

Comecemos pelo estudo da resposta permanente a uma excitação co-senoidal. Usando dualidade, estudaremos ao mesmo tempo os circuitos *R, L, C* série e paralelo. Consideremos então os circuitos das figuras 6.1 e 6.7, excitados, respectivamente, pelos geradores.

$$e_S(t) = E_m \cos(\omega t + \theta) \;\Rightarrow\; \text{fasor} \;\; \hat{E}_S = E_m \angle \theta$$
$$i_S(t) = I_m \cos(\omega t + \theta) \;\Rightarrow\; \text{fasor} \;\; \hat{I}_m = I_m \angle \theta$$

No circuito série, a *impedância complexa* vista pelo gerador será a soma das impedâncias dos três elementos da associação série

$$Z = \dfrac{\hat{E}_S}{\hat{I}} = R + j\left(\omega L - \dfrac{1}{\omega C}\right) \qquad (6.62)$$

de modo que o fasor da corrente fica

$$\hat{I} = \hat{E}_S / Z \qquad (6.63)$$

com módulo e fase

$$\begin{cases} |\hat{I}| = I_m = \dfrac{E_m}{\sqrt{R^2 + [\omega L - 1/(\omega C)]^2}} \\ \Phi = \theta - \operatorname{arctg} \dfrac{\omega L - 1/(\omega C)}{R} \end{cases} \qquad (6.64)$$

No circuito paralelo, por dualidade, teremos

- *admitância complexa*:

$$Y = \dfrac{\hat{I}_S}{\hat{V}} = G + j\left(\omega C - \dfrac{1}{\omega L}\right) \qquad (6.65)$$

- *fasor da tensão*:

$$\hat{V} = \hat{I}_S / Y \tag{6.66}$$

com
$$\begin{cases} |\hat{V}| = V = \dfrac{I_m}{\sqrt{G^2 + [\omega C - 1/(\omega L)]^2}} \\ \Phi = \theta - \operatorname{arctg} \dfrac{\omega C - 1/(\omega L)}{G} \end{cases} \tag{6.67}$$

Passando dos fasores ao domínio do tempo, obtemos o componente permanente da resposta nestes circuitos. Para determinar a resposta completa deveremos somar a este componente a resposta livre do circuito e determinar as constantes de integração. Este procedimento será ilustrado em exemplos. Passemos agora ao estudo da *ressonância* nestes circuitos.

- *Ressonância no regime permanente senoidal*:

Na *freqüência de ressonância*

$$\omega_r = \frac{1}{\sqrt{LC}} = \omega_0 \tag{6.68}$$

os módulos da impedância do circuito série e da admitância do circuito paralelo passam por um mínimo, e a corrente e a tensão estão em fase. Diz-se então que o circuito está em *ressonância*. Note-se que esta ressonância ocorre na freqüência própria não amortecida do circuito.

Convém introduzir aqui os *índices de mérito Q_r na freqüência de ressonância*, definidos pelas seguintes expressões:

- *Circuito R, L, C série*:

$$Q_r = \omega_r L / R \tag{6.69}$$

- *Circuito R, L, C paralelo*:

$$Q_r = \omega_r C / G = R / (\omega_r L) \tag{6.70}$$

Nesta última expressão servimo-nos da relação $\omega_r C = 1/(\omega_r L)$, decorrente de (6.68).

Para ambos os circuitos, pode-se verificar que vale a relação:

$$Q_r = \omega_r / 2\alpha \tag{6.71}$$

A impedância do circuito série e a admitância do circuito paralelo podem ser expressas em termos dos respectivos índices de mérito. Assim, de (6.62) e (6.65) obtemos, respectivamente:

- *impedância do circuito série*:

$$Z = R\left[1 + jQ_r\left(\frac{\omega}{\omega_r} - \frac{\omega_r}{\omega}\right)\right] \tag{6.72}$$

- *admitância do circuito paralelo:*

$$Y = G\left[1 + jQ_r\left(\frac{\omega}{\omega_r} - \frac{\omega_r}{\omega}\right)\right] \quad (6.73)$$

Na figura 6.14 representamos as curvas de módulo e fase de um circuito ressonante série, com $R = 1$ e Q_r igual, respectivamente, a 5, 20 e 50. Verifica-se que a curva de módulo é tanto mais aguda quanto maior for o índice de mérito do circuito. Por dualidade, as mesmas curvas representam a admitância de um circuito ressonante paralelo com $G = 1$.

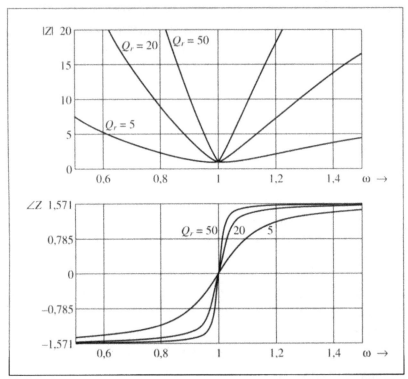

Figura 6.14 Curvas de módulo e fase (em radianos) da impedância (admitância) de um circuito ressonante série (paralelo).

Na ressonância dos circuitos altamente oscilatórios, ou de índice de mérito muito elevado, podem ocorrer tensões ou correntes muito elevadas. Vamos então examinar o fenômeno de ressonância com mais detalhes, começando pelo circuito série.

Ressonância série:

Se o circuito ressonante série for excitado por um gerador senoidal, na freqüência de ressonância ω_r, o fasor da corrente permanente no circuito, calculado por (6.63) e (6.64), resulta, simplesmente,

$$\hat{I}_r = \hat{E}_S / R \quad (6.74)$$

e a corrente no circuito está em fase com a tensão da fonte.

Resposta dos Circuitos R, L, C a uma Excitação Co-senoidal; Ressonância

No caso de circuitos altamente oscilatórios a tensão no capacitor pode atingir valores elevados. De fato, na ressonância o fasor da tensão no capacitor será

$$\hat{V}_{cr} = \frac{\hat{I}}{j\omega_r C} = -j\frac{\hat{E}_S}{\omega_r CR} = -j\frac{\omega_r L}{R}\hat{E}_S$$

Introduzindo o índice de mérito Q_r do circuito, sempre na freqüência de ressonância, resulta

$$\hat{V}_{cr} = -jQ_r\hat{E}_S \Rightarrow |\hat{V}_{cr}| = Q_r \cdot |\hat{E}_S| \qquad (6.75)$$

Portanto, o valor máximo da tensão no capacitor é igual ao valor máximo da tensão da fonte multiplicado pelo índice de mérito do circuito. Esta propriedade é usada para obter tensões elevadas, a serem aplicadas em impedâncias muito maiores que a impedância do capacitor.

Ressonância paralela:

Dualmente ao caso anterior, o fasor da tensão no circuito ressonante paralelo será

$$\hat{V}_r = \hat{I}_S / G = R\hat{I}_S \qquad (6.76)$$

A tensão no circuito está em fase com a corrente da excitação.

Dualmente ao caso anterior, aqui a corrente no indutor pode assumir valores muito elevados se o índice de mérito do circuito for elevado, pois

$$\hat{I}_{Lr} = -jQ_r\hat{I}_S \qquad (6.77)$$

Exemplo:

Consideremos o circuito da figura 6.15 com $e_S(t) = E_m \cos(\omega t)$.

Neste circuito, a associação série de um gerador de tensão com um resistor de valor elevado simula um gerador de corrente. Vamos calcular a tensão permanente $v(t)$.

Como primeiro passo para a solução do problema, vamos transformar o gerador de tensão em série com a resistência de 745 kΩ num gerador de corrente, e associar as correspondentes resistências em paralelo. Notando que 745 kΩ em paralelo com 860 kΩ equivalem a 399,2 kΩ, obtemos o circuito eqüivalente da figura 6.16. Ao longo deste exercício usaremos unidades A. F.

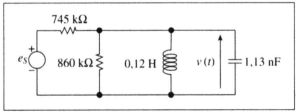

Figura 6.15 Exemplo de circuito ressonante paralelo com excitação co-senoidal.

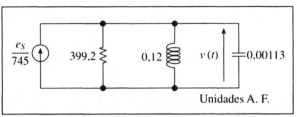

Figura 6.16 Transformação do circuito da figura 6.15.

A corrente do gerador de corrente equivalente será $i_S(t) = e_S(t)/745 = 0{,}00134\, e_S(t)$ (mA, V).

Os parâmetros do circuito ressonante são:

$$\begin{cases} \omega_0 = \dfrac{1}{\sqrt{0{,}12 \times 0{,}00113}} = 85{,}88 \quad \text{krad/seg} \quad \rightarrow \quad f_0 = 13{,}67 \text{ kHz} \\ \alpha = \dfrac{1}{2 \times 399{,}2 \times 0{,}00113} = 1{,}108 \quad \text{mseg}^{-1} \end{cases}$$

Portanto o circuito é altamente oscilatório. Sua freqüência própria amortecida é

$$\omega_d = \sqrt{\omega_0^2 - \alpha^2} = 85{,}87 \quad \text{krad/seg}$$

com o período amortecido $T_d = 2\pi/\omega_d = 0{,}0732$ mseg.

O índice de mérito na freqüência de ressonância será pois

$$Q_r = R/(\omega_0 L) = 38{,}7$$

Na freqüência de ressonância, a amplitude da tensão no circuito será

$$|\hat{V}_r| = RI_m = 399{,}2 \times 0{,}00134 \cdot E_m = 0{,}55358 E_m$$

Assim, para $E_m = 10$ V teremos $|\hat{V}_r| = 5{,}36$ V. O valor instantâneo da tensão na ressonância será

$$v_r(t) = 5{,}36 \cos(85{,}87 t), \qquad \text{(V, mseg)}$$

6.8 Resposta Completa dos Circuitos R, L, C e Batimentos

Para ilustrar a determinação da resposta completa e apresentar o fenômeno dos *batimentos*, vamos considerar um circuito R, L, C paralelo sub-amortecido. Naturalmente, os resultados poderão ser transpostos para o circuito série por dualidade.

Suponhamos que o circuito paralelo está excitado por um gerador de corrente co-senoidal, com freqüência ω, próxima à freqüência de ressonância $\omega_r = \omega_0$ do circuito. Supondo a tensão aplicada a partir de $t = 0$, a corrente do gerador será dada por

Resposta Completa dos Circuitos R, L, C e Batimentos

$$i_S(t) = I_{Sm} \cos(\omega t) \cdot \mathbf{1}(t)$$

onde $\mathbf{1}(t)$ é o degrau unitário.

Pelo que já sabemos, a resposta completa $v(t)$ deste circuito será dada pela soma da resposta permanente (co-senoidal) com sua resposta transitória (co-senóide exponencialmente amortecida). Podemos então escrever

$$v(t) = V_m \cos(\omega t + \varphi) + A_1 e^{-\alpha t} \cos(\omega_d t + \Psi), \qquad t \geq 0 \qquad (6.78)$$

onde:
ω_d = freqüência própria amortecida do circuito;
α = fator de amortecimento do circuito;
A_1 e ψ são duas constantes, a determinar a partir das condições iniciais do circuito;
V_m e φ se calculam a partir do regime senoidal.

Para simplificar os cálculos, suponhamos que as condições iniciais foram escolhidas de modo que $A_1 = V_m$ e $\psi = \varphi$ (determine essas condições como exercício!). Em conseqüência a expressão (6.78) se simplifica para

$$v(t) = V_m[\cos(\omega t + \varphi) + e^{-\alpha t} \cos(\omega_d t + \varphi)], \qquad t \geq 0 \qquad (6.79)$$

Se o circuito for altamente oscilatório, $\alpha \ll \omega_0$. Se observarmos a tensão $v(t)$ por um número relativamente pequeno de ciclos, a partir de $t = 0$, poderemos aproximá-la por

$$v(t) \cong V_m[\cos(\omega t) + \cos(\omega_d t)]$$

Usando a relação trigonométrica

$$\cos a + \cos b = 2 \cdot \cos \frac{a+b}{2} \cdot \cos \frac{a-b}{2}$$

a tensão se exprime por

$$v(t) \cong 2V_m \cos\left(\frac{\omega - \omega_d}{2} t\right) \cdot \cos\left(\frac{\omega + \omega_d}{2} t\right) \qquad (6.80)$$

Esta expressão pode ser interpretada como uma co-senóide de freqüência $(\omega + \omega_d)/2$, cuja amplitude $2 V_m \cos[(\omega - \omega_d)t/2]$ varia lentamente, com a freqüência angular $[(\omega - \omega_d)/2]$. Diz-se então que a co-senóide de freqüência mais alta está *modulada* pela co-senóide de freqüência baixa.

Relacionando com o conhecido *batimento acústico*, diremos que há *batimento* entre a freqüência de excitação e a freqüência própria amortecida do circuito.

A *freqüência do batimento*, isto é, o número de máximos da envoltória por segundo, é dada pela expressão $f_b = (\omega - \omega_d)/2\pi$.

De um modo geral pode-se mostrar[1] que um sinal da forma

$$v(t) = V_1 \cos(\omega t - \theta_1) + V_2 \cos[(\omega - \varepsilon)t - \theta_2] \qquad (6.81)$$

---

[1] LORD RAYLEIGH, *Theory of Sound*, 1º Vol., pgs. 22-23, 2ª ed., 1894, reimp. Dover, New York, 1945.

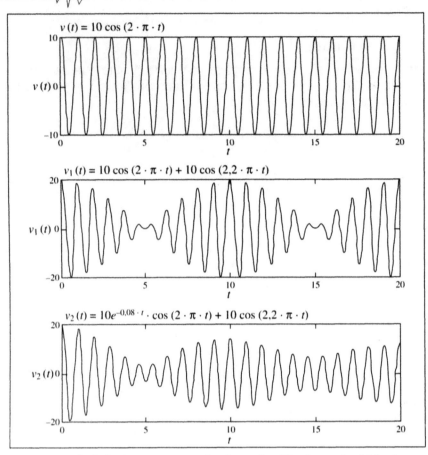

Figura 6.17 Exemplo de batimentos: a) excitação na freqüência $\omega = 2\pi$; b) batimentos sem amortecimento; c) batimentos com amortecimento.

isto é, composto pela soma de duas parcelas co-senoidais, com freqüências próximas e sem amortecimento, onde $\varepsilon < \omega$, pode ser posto na forma

$$v(t) = V \cos(\omega t - \theta_3) \qquad (6.82)$$

onde
$$\begin{cases} V^2 = V_1^2 + V_2^2 + 2V_1V_2 \cos(\varepsilon t + \theta_1 - \theta_2) \\ \tan \theta_3 = \dfrac{V_1 \operatorname{sen}\theta_1 + V_2 \operatorname{sen}(\varepsilon t + \theta_2)}{V_1 \cos\theta_1 + V_2 \cos(\varepsilon t + \theta_2)} \end{cases} \qquad (6.83)$$

Esta última expressão mostra que a amplitude do sinal varia entre $V_1 + V_2$ e $|V_1 - V_2|$, com a freqüência ε, igual à diferença entre as freqüências das duas co-senóides de (6.80). Esta freqüência angular, dividida por 2π, fornece o número de máximos da envoltória, ou o número de batimentos por unidade de tempo.

Na figura 6.17 damos exemplos de batimentos sem e com amortecimento. Neste exemplo a diferença entre as duas freqüências angulares é igual a $0{,}2\pi$, de modo que o período dos batimentos é 0,1, ou seja, há um batimento a cada 10 segundos.

Exemplo:

Dado um circuito R, L, C paralelo, com $R = 100$ kΩ, $L = 0,1$ H e $C = 33$ nF, excitado por um gerador de corrente $i_S(t) = 10 \cos(\omega t) \cdot \mathbf{1}(t)$ (mA e ms), determinar a tensão $v(t)$ no circuito, sendo ω sucessivamente igual a:

a) 16 krad/s; b) 18 krad/s; c) 20 krad/s.

Solução:

Neste circuito temos

$\omega_0 = 1/\sqrt{LC} = 17,408$ krad/s, $\alpha = 1/(2\,RC) = 0,1515$ ms^{-1}.

Portanto o circuito é altamente oscilatório e seu índice de mérito será

$Q_0 = \omega_0/(2\alpha) = 57,45$.

Vamos começar calculando a tensão no circuito, em regime permanente. O fasor da corrente de fonte é $\hat{I}_s = 10\angle 0°$ mA e o fasor da tensão no circuito será calculado pela relação (6.66), com módulo e fase dados pelas (6.67). Indicando respectivamente por V_m e φ o módulo e a fase do fasor da tensão, a resposta permanente será

$$v_p(t) = V_m \cos(\omega t + \varphi) \tag{I}$$

e a resposta completa é da forma

$$v(t) = V_m \cos(\omega t + \varphi) + Ae^{-\alpha t} \cos(\omega_d t + \Psi) \tag{II}$$

Nesta expressão a freqüência própria amortecida $\omega_d \cong \omega_0$, pois o circuito é altamente oscilatório. As constantes A e ψ devem ser determinadas a partir das condições iniciais. Para estabelecer estas condições, comecemos notando que a tensão inicial no capacitor, igual à tensão no circuito, deve satisfazer a

$$v(0) = V_m \cos \varphi + A \cos \Psi \tag{III}$$

Para impor a condição da corrente inicial no indutor precisamos calcular a derivada da tensão pois, pela 1ª Lei de Kirchhoff, aplicada ao nó superior do circuito,

$$C\frac{dv}{dt} + i_L + \frac{v}{R} = i_S \rightarrow i_L = i_S - C\frac{dv}{dt} - \frac{v}{R}$$

donde, para $t = 0$,

$$i_L(0) = i_S(0) - C\frac{dv(0)}{dt} - \frac{v(0)}{R} \tag{IV}$$

Para simplificar os cálculos, vamos impor $A = V_m$ e $\varphi = \psi$, e calcular as condições iniciais que levam a estas condições. Em conseqüência, de (III) obtemos

$$v(0) = 2V_m \cos \varphi \tag{V}$$

Derivando agora a (II) em relação ao tempo e fazendo $t = 0$, chegamos a

$$\frac{dv(0)}{dt} = -\omega V_m \operatorname{sen}\varphi - A(\alpha \cos \Psi + \omega_d \operatorname{sen}\Psi) \tag{VI}$$

ou, impondo nossas condições de simplificação,

$$\frac{dv(0)}{dt} = -V_m((\omega + \omega_d)\mathrm{sen}\varphi + \alpha \cos\varphi)$$

Portanto, a corrente inicial no indutor deve ser calculada por

$$i_L(0) = i_S(0) + CV_m((\omega + \omega_d)\,\mathrm{sen}\varphi + \alpha \cos\varphi) \tag{VII}$$

Para resolver o problema, começamos calculando V_m e φ, por (6.66) e (6.67). Em seguida calculamos a condição inicial v_0 por (V) e $i_L(0)$ por (VII). Naturalmente estes cálculos devem ser repetidos para cada uma das freqüências do problema. Na tabela abaixo indicamos os resultados obtidos, completando-a com o cálculo da freqüência e do período dos batimentos em cada caso. O período dos batimentos foi calculado pelo inverso de sua freqüência, isto é, por $T_b = 2\pi/|(\omega - \omega_d)|$.

ω (krad/s)	V_m (V)	φ (°)	v_0 (V)	i_{L0} (mA)	T_b (ms)
16	102,5	84,1	21,0	122,5	4,5
18	251,7	−75,4	126,7	−274,3	10,6
20	62,4	−86,4	7,8	−66,8	2,4

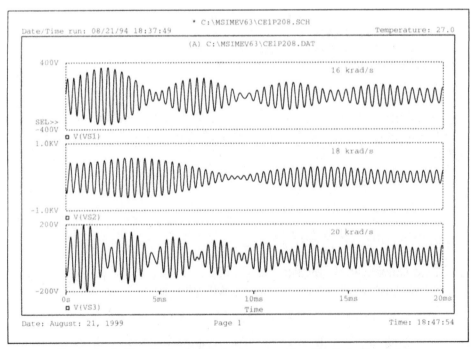

Figura 6.18 Simulação dos batimentos no circuito R, L, C, nas três freqüências de excitação consideradas.

Exemplo de Aplicação – o Desfibrilador de Lown **185**

Como verificação, este circuito foi simulado no PSPICE, para as três freqüências consideradas e, em cada caso, com as condições iniciais indicadas na tabela acima. Os resultados das simulações estão reproduzidos na figura 6.18. Nessa figura podemos verificar a concordância entre os valores calculados dos períodos dos batimentos e das amplitudes da tensão no circuito em regime permanente, constantes da tabela acima, e as correspondentes indicações na simulação.

6.9 Exemplo de Aplicação – o Desfibrilador de Lown

Em certas condições patológicas os músculos cardíacos se põem a vibrar erraticamente, interrompendo o funcionamento normal do órgão e colocando-o num regime descrito por *fibrilação*. Se não houver uma correção rápida dessa situação o paciente morre. Para corrigi-la, aplica-se ao coração do paciente um violento choque elétrico, por meio do *desfibrilador de Lown* (inventado pelo médico Lown em 1962).

Um circuito simplificado deste aparelho está indicado na figura 6.19-a (IRWIN,[3], pgs. 384-386)[2].

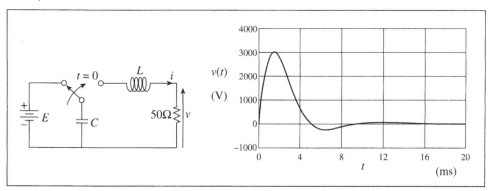

Figura 6.19 a) Esquema simplificado do desfibrilador de Lown;
b) especificação da tensão aplicada ao paciente.

Na operação do aparelho, a chave *S*, inicialmente na posição 1, é passada bruscamente para a posição 2. Com isso o capacitor *C* se carrega instantaneamente à tensão *E* e, em seguida, se descarrega através de *R* e *L*. *R* corresponde à resistência do corpo do paciente, considerada aqui igual a 50 Ω. Especifica-se que a tensão $v(t)$, aplicada ao paciente, deve ser da forma indicada na figura 6.19-b, isto é, uma senóide amortecida, com período de 10 ms, primeiro máximo em 3000 V e primeiro mínimo em –250 V. Vamos então determinar os valores de *L*, *C* e *E* que fornecem esta tensão.

Das fórmulas (6.20) e (6.21), notando que a corrente inicial no indutor é nula, e fazendo $i(t) = -i_h(t)$ (note que houve uma inversão do sentido de corrente), obtemos

$$i(t) = \frac{1}{L\omega_d} E e^{-\alpha t} \operatorname{sen}(\omega_d t) \qquad (6.84)$$

---

[2] Veja a bibliografia no fim do capítulo.

onde
$$\omega_d = 2\pi / T = 0,2\pi \quad \text{krad/s}$$

Em conseqüência, a tensão no resistor será

$$v(t) = \frac{R}{L\omega_d} E e^{-\alpha t} \operatorname{sen}(\omega_d t) = V_1 e^{-\alpha t} \operatorname{sen}(\omega_d t) \tag{6.85}$$

Vamos agora calcular os instantes em que ocorrem o primeiro máximo e o primeiro mínimo. Para isso, devemos derivar a expressão de $v(t)$ e igualar o resultado a zero:

$$\left.\frac{dv(t)}{dt}\right|_{t=t_m} = -\alpha V_1 e^{-\alpha t_m} \operatorname{sen}(\omega_d t_m) + \omega_d V_1 e^{-\alpha t_m} \cos(\omega_d t_m) = 0$$

Portanto, para o primeiro máximo

$$tg(\omega_d t_m) = \frac{\omega_d}{\alpha} \to t_m = \frac{1}{\omega_d} \operatorname{arctg} \frac{\omega_d}{\alpha} \tag{6.86}$$

Verifica-se desta expressão que o primeiro máximo e o primeiro mínimo estão deslocados de meio período da senóide. Vamos aproveitar este resultado para calcular o fator de amortecimento. De fato, com a imposição de valores para esses máximo e mínimo teremos

$$\begin{cases} V_1 e^{-\alpha t_m} \operatorname{sen}(\omega_d t_m) = 3000 \\ V_1 e^{-\alpha(t_m + T/2)} \operatorname{sen}[\omega_d(t_m + T/2)] = -250 \end{cases} \tag{6.87}$$

Dividindo estas duas equações membro a membro, simplificando o resultado e lembrando que $T = 10$ ms, obtemos

$$e^{5\alpha} = 12 \to \alpha = \frac{1}{5}\ln 12 = 0,497 \tag{6.88}$$

Podemos agora calcular L e C:

$$\alpha = \frac{R}{2L} \to L = \frac{R}{2\alpha} = \frac{0,050}{2 \times 0,497} = 0,0503 \text{ H}$$

$$\omega_d^2 = \omega_0^2 - \alpha^2 = \frac{1}{LC} - \alpha^2 \to C = \frac{1}{L(\omega_d^2 + \alpha^2)} = \frac{1}{0,0503 \times 0,6418} = 30,98 \text{ μF}$$

Resta-nos calcular a tensão E. Para isso, vamos começar calculando t_m por (6.86):

$$t_m = \frac{1}{0,2\pi} \operatorname{arctg}\left(\frac{0,02\pi}{0,497}\right) = 1,4349 \text{ ms}$$

Da primeira das equações (6.87) obtemos

$$V_1 = \frac{3000}{e^{-\alpha t_m} \operatorname{sen}(\omega_d t_m)} = 7804$$

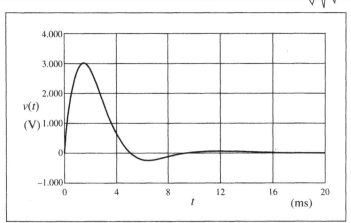

Figura 6.20 Tensão no resistor do circuito projetado.

Mas, de (6.85) vem

$$E = \frac{L\omega_d}{R}V_1 = \frac{0,0503 \times 0,2\pi}{0,050} \times 7804 = 4932 \text{ V}$$

Portanto, finalmente, a expressão da tensão no resistor será

$$v(t) = 7804\,e^{-\alpha t}\,\text{sen}(0,2\pi t)\ \text{V}$$

Esta curva está representada na figura 6.20. Verifica-se aí que o circuito projetado satisfaz às especificações propostas.

Para concluir, notemos que a energia dissipada no resistor, ou seja, aplicada ao corpo do paciente, corresponde à energia inicialmente armazenada no capacitor:

$$W = \frac{1}{2}CE^2 = \frac{30,98 \times 10^{-6} \times 4932^2}{2} \cong 377 \quad \text{joules} \tag{6.89}$$

6.10 Outros Circuitos de Segunda Ordem

Além dos circuitos R, L, C, podemos também construir circuitos de segunda ordem com redes contendo dois indutores e resistores, ou dois capacitores e resistores, desde que os elementos armazenadores de energia não se possam reduzir a um único elemento equivalente. É o caso, por exemplo, do circuito indicado na figura 6.21.

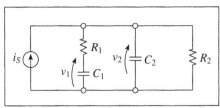

Figura 6.21 Rede de segunda ordem com dois capacitores.

Para obter as equações diferenciais desta rede, na forma dita *normal*, vamos começar escrevendo que a corrente através de C_1 é igual à corrente que passa em R_1:

$$C_1 \frac{dv_1}{dt} = \frac{v_2 - v_1}{R_1}$$

Uma segunda equação se obtém aplicando a 1ª Lei de Kirchhoff ao nó superior do circuito, substituindo as correntes em função de v_1 e v_2 e resolvendo em relação à corrente no capacitor C_2:

$$C_2 \frac{dv_2}{dt} = \frac{v_1 - v_2}{R_1} - \frac{v_2}{R_2} + i_S$$

Eliminando v_2 e sua derivada destas duas equações, obtemos a seguinte equação diferencial de 2ª ordem em v_1:

$$\frac{dv_1}{dt} + \left(\frac{1}{R_1 C_1} + \frac{1}{R_2 C_2} + \frac{1}{R_1 C_2}\right) \cdot \frac{dv_1}{dt} + \frac{1}{R_1 C_1 R_2 C_2} v_1 = \frac{1}{R_1 C_1 C_2} i_S$$

A esta equação diferencial corresponde a equação característica

$$s^2 + \left(\frac{1}{R_1 C_1} + \frac{1}{R_2 C_2} + \frac{1}{R_1 C_2}\right) s + \frac{1}{R_1 C_1 R_2 C_2} = 0$$

É fácil verificar que esta equação terá duas raízes reais e negativas, $-\alpha_1$ e $-\alpha_2$, com os $\alpha_i > 0$; os inversos dos módulos destas raízes correspondem às duas constantes de tempo do circuito (diferentes de $1/(R_1 C_1)$ e $1/(R_2 C_2)$!).

A resposta completa $v_1(t)$ será então do tipo

$$v_1(t) = A_1 e^{-\alpha_1 t} + A_2 e^{-\alpha_2 t} + v_{p1}(t)$$

onde A_1 e A_2 são duas constantes de integração, a determinar a partir das condições iniciais, e $v_{p1}(t)$ corresponde ao componente permanente da resposta.

Não prosseguimos aqui com a análise destes circuitos, pois logo estudaremos métodos mais eficientes de analisá-los, via *tranformação de Laplace.*

Bibliografia do Capítulo 6:

1) NILSSON, J, W., *Electric Circuits*, 5th. Ed., Reading, Mass.: Addison-Wesley, 1996.

2) CHUA, L. D., DESOER, C. A. e KUH, E., *Linear and Nonlinear Circuits*, New York: MaGraw-Hill, 1987.

3) IRWIN, J. D., *Basic Engineering Circuit Analysis,* 5th. Ed., Upper Saddle River, N. Y.: Prentice-Hall, 1996.

EXERCÍCIOS BÁSICOS DO CAPÍTULO 6

1. Na figura E6.1 representa-se um gráfico de uma função do tipo

   $s(t) = Ae^{-\alpha t} \cos(\omega t)$.

   A partir do gráfico, determine as constantes A, α e ω. Use os cruzamentos por zero para determinar a freqüência angular com mais precisão.

   Resp.: A = 5, $\alpha = 0{,}5$, $\omega = \pi$.

   Figura E6.1.

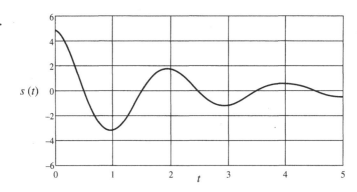

2. No circuito da figura E6.2 a chave S, fechada há muito tempo, abre em $t = 0$. Usando unidades AF, determine:

   a) o valor de R de modo que o circuito tenha amortecimento crítico para os $t > 0$;

   b) os valores de $i(0_-)$ e $v(0_-)$;

   c) a energia armazenada no circuito em $t = 0_+$;

   d) as freqüências complexas próprias do circuito, para os $t > 0$;

   e) a tensão $v(t)$, para os $t > 0$, supondo que o resistor tenha o valor correspondente ao amortecimento crítico.

   Resp.: a) 3,0 kΩ ; b) 4 mA, 12 V ; c) 360 µJ; d) –1/6 (dupla);

   e) $v(t) = (12 + 3t)e^{-\frac{1}{6}t}$ (V).

3. Um capacitor de 400 µF, carregado a $v = 100$ V, é descarregado sobre um circuito R L, fechando-se a chave S em $t = 0$, como indicado na figura E6.3. Sabendo que $L = 2{,}5$ H, e supondo, sucessivamente, que $R = R_{crit}$ e $R = R_{crit}/2$, calcule

   a) a corrente $i(t)$, para os $t > 0$;

   b) a energia dissipada no resistor.

   Resp.: a) $i(t) = 40\, te^{-31{,}62t}$; $i(t) = 1{,}46e^{-15{,}81t} \cos(27{,}39t + 90°)$, $t \geq 0$; b) 2 J

Figura E6.2

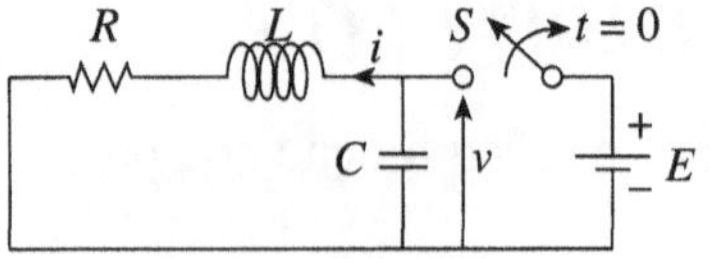

$\begin{cases} L = 9\text{ H} \\ C = 4\text{ μF} \\ E = 12\text{ V} \end{cases}$

Figura E6.3

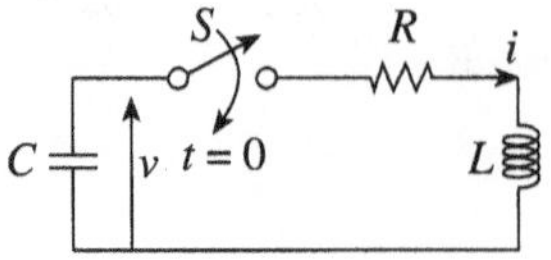

4. A corrente num certo circuito RLC série livre, com $R = 10$ kΩ, é dada por

$$i(t) = 10e^{-50t}\cos(100t + 30°) \cdot \mathbf{1}(t),$$

em unidades AF. Para este circuito, determine os valores da indutância, da capacitância e do índice de mérito na freqüência de ressonância.

(Resp.: $L = 0{,}1$ H; $C = 0{,}0008$ μF, $Q_0 = 1{,}118$)

5. A tensão num circuito R, L, C paralelo, alimentado por um gerador de degrau unitário de corrente e com condições iniciais nulas, é dada por

$$v(t) = 10e^{-50t}\operatorname{sen}(100t) \cdot \mathbf{1}(t),$$

em unidades A. F. Determine os valores de R, L e C (*Sugestão*: use a equação (6.57).)

(Resp.: $R = 10$ kΩ, $C = 0{,}001$ μF, $L = 0{,}08$ H)

6. Considere um circuito ressonante série, com freqüência de ressonância ω_r, índice de mérito na ressonância Q_r e resistência R, excitado por um gerador de tensão senoidal, com tensão eficaz V_G e fase nula. Determine os valores eficazes das correntes em regime permanente senoidal no circuito, se a freqüência do gerador assumir, sucessivamente, os valores $2\omega_r$, ω_r e $\omega_r/2$. (Sugestão: use a (6.72)).

(Resp.: $I = V_G/R$ para $\omega = \omega_r$, $I = \dfrac{V_G}{R\sqrt{2{,}25Q_r^2 + 1}}$ para as outras duas freqüências.)

7. Construa o dual do problema anterior e resolva-o.

8. Mostre que a tensão eficaz nos terminais do capacitor de um circuito R, L, C série, excitado por um gerador de tensão co-senoidal, de valor eficaz V e freqüência igual à sua freqüência de ressonância, é $V_C = Q_r V$, onde Q_r é o índice de mérito do circuito na freqüência de ressonância.

9 O circuito da figura E6.4 representa um modelo incremental de um amplificador de rádio-freqüência sintonizado, utilizado como estágio de pré-seleção nos receptores de rádio. Este circuito tem um capacitor variável, que deve permitir a sintonia na faixa de recepção desejada. A resistência R representa as perdas no indutor. Suponha que vale $L = 1,35$ mH e que a faixa de recepção desejada vai de 500 kHz a 1,5 MHz.

a) Determine os valores máximo e mínimo da capacitância do capacitor;

b) Sabendo que o índice de mérito do circuito é igual a 50, na freqüência de 1 MHz, determine o valor de R.

Resp.: a) $C_{max} = 75$ pF, $C_{min} = 8,34$ pF; b) $R = 169,65\ \Omega$.

Figura E6.4

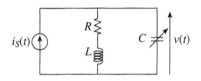

Capítulo 7

INTRODUÇÃO À TRANSFORMAÇÃO DE LAPLACE

7.1 Introdução

Nos capítulos anteriores empregamos o método clássico de solução de equações diferenciais ordinárias, lineares e a coeficientes constantes, somando a solução geral da equação homogênea com uma solução particular da equação completa e, em seguida determinando as constantes de integração a partir da imposição das condições iniciais. Vamos designar esse método por *solução no domínio do tempo*.

Ocorre, porém, que este método, ao menos na forma em que foi aqui exposto, não é suficiente para resolver os problemas de análise de circuitos lineares, pelas seguintes razões:

a) no caso de equações não homogêneas só obtivemos resultados para classes particulares de funções de excitação. Embora úteis, tais resultados são insuficientes para um estudo mais geral;

b) como veremos depois, alguns métodos de análise de redes fornecem sistemas de equações íntegro-diferenciais e a extensão dos métodos de domínio do tempo a estes casos pode não ser simples (ver, a propósito, a Referência 1, na Bibliografia ao fim do Capítulo);

c) se as funções de excitação tiverem descontinuidades o método do domínio do tempo apresenta dificuldades, sobretudo com relação à imposição de condições iniciais.

Estes inconvenientes podem ser removidos, usando um método de *solução no domínio da freqüência complexa*, baseado na *transformação de Laplace*. Por este método, a transformação de Laplace é aplicada à equação (ou sistema de equações) diferencial ou íntegro-diferencial, transformando-a numa equação (ou sistema de equações) algébrica na variável complexa s e já incluindo as necessárias condições iniciais. Por essa transformação passa-se, assim, ao *domínio transformado*. A equação algébrica transformada é resolvida em relação à transformada da função incógnita. Finalmente, a transformada da função incógnita é *antitransformada*, obtendo-se assim o resultado do problema de valor inicial.

As etapas de transformação e antitransformação são facilitadas pelo uso de tabelas ou programas computacionais adequados.

Para a Engenharia Elétrica, mais importante que as facilidades fornecidas pela transformação de Laplace é a possibilidade de estudar as propriedades dos circuitos diretamente no domínio transformado. Assim, por exemplo, a síntese de circuitos, ou seja o projeto de circuitos com propriedades desejadas, essencialmente é feita no domínio transformado, só raramente sendo necessário passar ao domínio do tempo. Este é um dos fatos que justifica a grande importância da transformação de Laplace nos cursos de Engenharia Elétrica.

Passemos agora ao estudo dessa transformação e de suas principais propriedades.

7.2 A Transformação de Laplace; Definição e Linearidade

Seja $f(t)$ uma função de valor real ou complexo, contínua por segmentos e eventualmente contendo um número finito de impulsos, definida no intervalo real $[0_-, \infty)$. Por 0_- indicamos um ponto numa vizinhança infinitésima à esquerda da origem.

A *transformada de Laplace* da $f(t)$, indicada por $\mathscr{L}[f(t)]$ ou por $F(s)$, é definida pela integral imprópria

$$\mathscr{L}[f(t)] = F(s) = \int_{0_-}^{\infty} e^{-st} f(t) dt \tag{7.1}$$

onde $s \in \mathbb{C}$, desde que exista um complexo s_0 tal que a integral seja convergente para todos os $s = \sigma + j\omega$ tais que

$$\Re e(s) > \Re e(s_0)$$

A parte real de s_0 é chamada *abscissa de convergência* da transformada. A região de convergência da transformada de Laplace está mostrada na figura 7.1. Esta figura mostra que o domínio de convergência é o semi-plano aberto do plano complexo, definido pela relação acima.

O limite inferior da integração na definição da transformada foi tomado em 0_- para abrigar eventuais impulsos na origem.

Exemplo:

A transformada de Laplace de e^{2t} calcula-se por

$$\mathscr{L}[e^{2t}] = \int_{0_-}^{\infty} e^{-st} e^{2t} dt = \int_{0_-}^{\infty} e^{-(\sigma + j\omega)t} e^{2t} dt = \int_{0_-}^{\infty} e^{-(\sigma - 2)t} e^{-j\omega t} dt$$

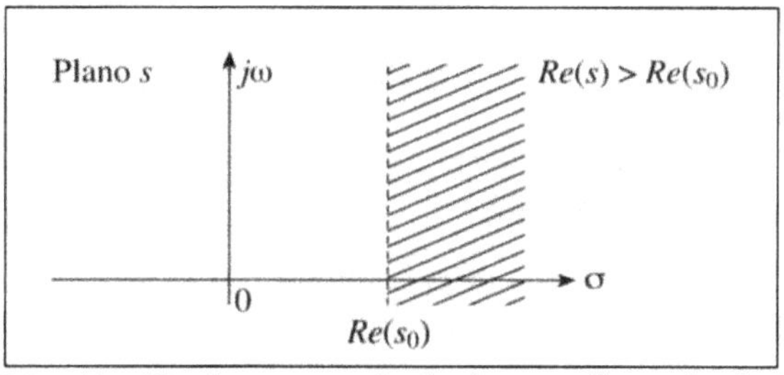

Figura 7.1 - Região de convergência da transformada de Laplace.

É fácil verificar que esta integral converge para todos os $\sigma > 2$, de modo que a abscissa de convergência desta função é $\Re e(s_0) = 2$.

Nem todas as funções admitem transformadas de Laplace, pois nem sempre é possível determinar a abcissa de convergência acima referida. Algumas funções simples, como $\exp(t^2)$, não admitem transformadas de Laplace. Basta-nos saber aqui que funções contínuas por segmentos em qualquer intervalo finito e tais que seu módulo satisfaz a

$$|f(t)| \leq M e^{at}, \qquad \forall t \in [0_-, \infty]$$

onde M e a são números reais, são transformáveis segundo Laplace. Para maiores detalhes, ver [3], na Bibliografia do fim do Capítulo. A grande maioria das funções utilizadas em Engenharia Elétrica satisfaz a esse critério, de modo que só excepcionalmente teremos que nos preocupar com as condições de convergência.

A transformação de Laplace de uma função é definida somente no semi-plano à direita da abcissa de convergência. Ocorre, no entanto, que as $F(s)$ obtidas pela transformação de Laplace terão significado para quase todos os valores de s. Fora da região de convergência as $F(s)$ serão consideradas como *prolongamento analítico* das correspondentes transformadas de Laplace.

A transformação de Laplace é uma *transformação linear*. De fato, considerando a linearidade da operação de integração, é fácil verificar que, sendo $f_1(\cdot)$ e $f_2(\cdot)$ duas funções $\mathscr{L}$ – transformáveis e c_1 e c_2 duas constantes arbitrárias, reais ou complexas, vale a *relação de linearidade*.

$$\mathscr{L}[c_1 f_1(t) + c_2 f_2(t)] = c_1 \cdot \mathscr{L}[f_1(t)] + \mathscr{L}[f_2(t)] \qquad (7.2)$$

Nota: A transformação acima definida é dita *unilateral*, pois considera apenas o intervalo de 0_- a infinito. Define-se também a *transformação bilateral de Laplace*, em que a integral (7.1) é realizada no intervalo $(-\infty, +\infty)$. Não usaremos a transformação bilateral neste curso.

7.3 Cálculo de Algumas Transformadas Básicas

a) Transformada do degrau:

Seja $f(t) = \mathbf{1}(t)$, isto é, o degrau unitário introduzido no Capítulo 1. Para calcular sua transformada de Laplace aplicamos a definição (7.1). Resulta

$$\mathscr{L}[\mathbf{1}(t)] = \int_{0_-}^{\infty} e^{-st} \mathbf{1}(t)\, dt = \int_{0_-}^{\infty} e^{-st}\, dt \, \frac{1}{s}$$

se for $\Re e(s) > 0$. Portanto,

$$\mathscr{L}[\mathbf{1}(t)] = 1/s \qquad (7.3)$$

b) Transformada da exponencial:

Tomemos $f(t) = e^{at}$, onde a é uma constante, real ou complexa e t é real. A transformada desta função será, aplicando a definição,

$$\mathscr{L}[e^{at}] = \int_{0_-}^{\infty} e^{-st} e^{At}\, dt = \frac{1}{s-a} \qquad (7.4)$$

se for $\Re e(s) > \Re e(a)$.

Cálculo de Algumas Transformadas Básicas **195**

Note-se que esta transformada coincide com a transformada de e^{at} $\mathbf{1}(t)$, pois a transformação de Laplace não considera os valores que a função transformada assume para os $t < 0$.

c) Transformada do seno:

Seja agora $f(t) = \text{sen}(\omega t)$, com ω e t reais.

Considerando a identidade

$$\text{sen}(\omega t) = \frac{1}{2j}(e^{j\omega t} - e^{-j\omega t})$$

e tendo em vista a linearidade da transformação de Laplace, temos

$$\mathscr{L}[\text{sen}(\omega t)] = \frac{1}{2j}[\mathscr{L}[e^{j\omega t}] - \mathscr{L}[e^{-j\omega t}]]$$

Calculando as transformadas das exponenciais por (7.4) e simplificando, obtemos imediatamente

$$\mathscr{L}[\text{sen}(\omega t)] = \frac{\omega}{s^2 + \omega^2} \tag{7.5}$$

d) Transformada do co-seno:

Considerando $f(t) = \cos(\omega t)$, com ω e t reais, e levando em conta a identidade

$$\cos(\omega t) = \frac{1}{2}(e^{j\omega t} + e^{-j\omega t})$$

obtemos, analogamente ao caso anterior,

$$\mathscr{L}[\cos(\omega t)] = \frac{s}{s^2 + \omega^2} \tag{7.6}$$

e) Transformada do impulso:

Aplicando a transformação de Laplace ao impulso unitário, como definido no Capítulo 1, obtemos

$$\mathscr{L}[\delta(t)] = \int_{0_-}^{\infty} e^{-st}\delta(t)dt = 1 \tag{7.7}$$

tendo em vista a definição do impulso unitário e notando que o integrando só é não nulo na origem, onde a exponencial vale 1.

As transformadas (7.3) a (7.7) serão básicas para o nosso curso. Notemos também que a transformada de qualquer combinação linear destas funções pode ser calculada aplicando a linearidade da transformação, como ilustrado no exemplo seguinte.

Exemplo:

Vamos calcular a transformada de Laplace da função

$$f(t) = A_m \cos(\omega t + \phi),$$

onde $A_m > 0$, ω e ϕ são constantes reais e t, real, é a variável independente.

Aplicando a conhecida identidade trigonométrica

$$A_m \cos(\omega t + \phi) = A_m \cos\phi \cdot \cos(\omega t) - A_m \text{sen}\phi \cdot \text{sen}(\omega t)$$

e usando a linearidade da transformação resulta

$$\mathcal{L}[A_m \cos(\omega t + \phi)] = A_m \cos\phi \, \mathcal{L}[\cos(\omega t)] - A_m \text{sen}\phi \, \mathcal{L}[\text{sen}(\omega t)]$$

Aplicando agora (7.5) e (7.6) chegamos ao resultado desejado:

$$\mathcal{L}[A_m \cos(\omega t + \phi)] = A_m \frac{s \cos\phi - \omega \, \text{sen}\phi}{s^2 + \omega^2} \tag{7.8}$$

Outras transformadas de Laplace podem ser calculadas aplicando a definição, a linearidade e usando alguns teoremas que serão apresentados a seguir. Existem na literatura extensas tabelas de transformadas de Laplace (ver, por exemplo, as referências 4, 5 e 6 na Bibliografia no fim deste capítulo). Em apêndice a este capítulo apresentamos algumas transformadas mais comuns.

Ao consultar tabelas de transformadas é necessário verificar se a definição empregada pelo autor coincide com a (7.1). De fato, alguns autores mais antigos usam a *forma s – multiplicada* da transformada, em que a integral é multiplicada por *s*.

7.4 Propriedades Básicas da Transformação de Laplace

Examinaremos aqui alguns teoremas que exibem as propriedades básicas da transformação de Laplace:

a) Derivada da transformada em relação à variável complexa:

Seja uma função $f(t)$, definida para os $t \geq 0$ e transformável segundo Laplace. Mostremos que

$$\mathcal{L}[f(t)] = F(s) \Rightarrow -\frac{dF(s)}{ds} = \mathcal{L}[t \cdot f(t)] \tag{7.9}$$

De fato,

$$\frac{d}{ds}F(s) = \frac{d}{ds}\int_{0_-}^{\infty} e^{-st} f(t) dt$$

Propriedades Básicas da Transformação de Laplace **197**

Invertendo a ordem de operações no segundo membro e efetuando,

$$\frac{d}{ds}F(s) = -\int_{0_-}^{\infty} e^{-st} t f(t) dt$$

Como a integral do segundo membro é, por definição, a transformada de Laplace de $tf(t)$, segue-se a implicação (7.9).

Este teorema pode ser usado para o cálculo de novas transformadas. Assim, por exemplo, de $\mathscr{L}[\mathbf{1}(t)] = 1/s$ resultam, por sucessivas aplicações de (7.9)

$$\mathscr{L}[t \cdot \mathbf{1}(t)] = -\frac{d}{ds}\left(\frac{1}{s}\right) = \frac{1}{s^2} \tag{7.10}$$

$$\mathscr{L}[t^2 \cdot \mathbf{1}(t)] = -\frac{d}{ds}\left(\frac{1}{s^2}\right) = \frac{2}{s^3} \tag{7.11}$$

ou, genericamente,

$$\mathscr{L}[t^r \cdot \mathbf{1}(t)] = \frac{r!}{s^{r+1}} \tag{7.12}$$

b) Teorema da translação no campo complexo

Sendo $F(s)$ a transformada de Laplace de uma função $f(t)$, então a transformada de Laplace da função $e^{-at} \cdot f(t)$, com a constante, é dada por $F(s + a)$.

De fato, aplicando a definição de transformada,

$$\mathscr{L}[e^{-at} \cdot f(t)] = \int_{0_-}^{\infty} e^{-st} e^{-at} f(t) dt = \int_{0_-}^{\infty} e^{-(s+a)t} f(t) dt$$

e, portanto,

$$\mathscr{L}[e^{-at} \cdot f(t)] = F(s + a) \tag{7.13}$$

Este teorema mostra que a multiplicação da função original $f(t)$ pela exponencial e^{-at} implica numa translação a da função transformada. Daí o nome do teorema.

Como exemplo, a transformada de $f(t) = e^{-at} \cos(\omega t) \cdot \mathbf{1}(t)$ pode ser calculada imediatamente a partir deste teorema e da equação (7.6). Basta substituir nesta equação s por $s + a$, obtendo-se

$$\mathscr{L}[e^{-at}\cos(\omega t)] = \frac{s + a}{(s + a)^2 + \omega^2} \tag{7.14}$$

c) Teorema da translação no campo real:

Se $F(s)$ for a transformada de Laplace de uma função $f(t)$, vale

$$\mathscr{L}[f(t - a)] = e^{-as} \cdot F(s) \tag{7.15}$$

desde que $f(t - a) = 0$ para os $t \le a$, e que seja $a \ge 0$.

Note-se que $f(t-a)$ corresponde à função $f(t) \cdot \mathbf{1}(t)$ deslocada de a, como indicado na figura 7.2.

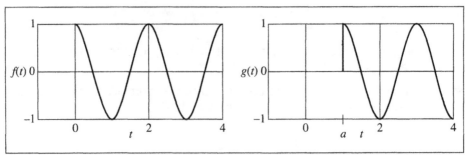

Figura 7.2 a) gráfico da função $\cos(\omega t) \cdot \mathbf{1}(t)$; b) gráfico da função $\cos[\omega(t-a)] \cdot \mathbf{1}(t-a)$.

Para demonstrar o teorema, vamos aplicar a definição de transformada à função deslocada:

$$\mathscr{L}[f(t-a) \cdot \mathbf{1}(t-a)] = \int_{0_-}^{\infty} e^{-st} f(t-a) \cdot \mathbf{1}(t-a) dt = \int_{a}^{\infty} e^{-st} f(t-a) dt$$

pois $\mathbf{1}(t-a)$ é nulo para os $t \le a$.

Fazendo a mudança de variáveis $t = \tau + a$ na integral e admitindo que não haja impulsos em $t = a$, obtemos:

$$\mathscr{L}[f(t-a) \cdot \mathbf{1}(t-a)] = \int_{0_-}^{\infty} e^{-s(\tau+a)} f(\tau) \cdot d\tau = e^{-as} \cdot \int_{0_-}^{\infty} e^{-s\tau} f(\tau) d\tau$$

ou seja, finalmente,

$$\mathscr{L}[f(t-a) \cdot \mathbf{1}(t-a)] = e^{-as} \cdot F(s), \qquad \text{c.q.d} \qquad (7.16)$$

Sabendo que a $f(t-a)$ é nula para os $t \le a$ e não havendo perigo de confusão, o resultado acima pode ser escrito, mais simplesmente, na forma (7.15).

d) Multiplicação do argumento de *f* por uma constante, ou mudança da escala de tempo

Sendo a uma constante maior que zero, vale a implicação:

$$F(s) = \mathscr{L}[f(t)] \Rightarrow \mathscr{L}[f(at)] = \frac{1}{a} F\left(\frac{s}{a}\right) \qquad (7.17)$$

Para demonstrar este resultado basta fazer a mudança de variável $at = \tau$ na definição da transformação de Laplace. Os detalhes ficam como exercício.

Exemplo:

Usando o teorema acima verifica-se facilmente que

$$\mathscr{L}[\delta(at)] = 1/a, \qquad a > 0$$

7.5 Transformadas das Derivadas e da Integral de uma Função

a) Transformada de Laplace da derivada de uma função

Sejam $f(\cdot)$ uma função $\mathscr{L}$-transformável e $F(s)$ sua transformada de Laplace. Indicando por $\dot{f}$ a derivada da f em relação ao tempo, vale

$$\mathscr{L}[\dot{f}(t)] = s \cdot F(s) - f(0_-) \qquad (7.18)$$

Para demonstrar esta proposição, basta aplicar a definição de transformada à derivada e integrar por partes:

$$\mathscr{L}[\dot{f}(t)] = \int_{0_-}^{\infty} e^{-st} \dot{f}(t)dt = f(t)e^{-st}\Big|_{0_-}^{\infty} + \int_{0_-}^{\infty} se^{-st} f(t)dt$$

Considerando que para a existência da transformada de Laplace o produto $f(t) \cdot e^{-st}$ deve tender a zero quando t tende a infinito, e que a integral do segundo membro da equação acima vale s vezes a transformada de Laplace $F(s)$, segue-se a (7.18).

Este teorema estende-se imediatamente a derivadas de ordem superior. Basta, para isso, aplicá-lo seguidamente; assim, para a derivada segunda teremos

$$\mathscr{L}[\ddot{f}(t)] = s \cdot \mathscr{L}[\dot{f}(t)] - \dot{f}(0_-) = s^2 F(s) - sf(0_-) - \dot{f}(0_-) \qquad (7.19)$$

Generalizando,

$$\mathscr{L}[f^{(n)}(t)] = s^n F(s) - s^{n-1} f(0_-) - s^{n-2} \dot{f}(0_-) - \ldots - sf^{(n-2)}(0_-) - f^{(n-1)}(0_-). \qquad (7.20)$$

Com relação a este teorema, cabem os seguintes comentários:

1) A expressão (7.20) mostra que o cálculo das transformadas das derivadas faz aparecerem automaticamente as condições iniciais. Este fato será básico na aplicação da transformação de Laplace à solução de problemas de valor inicial.

2) A imprecisão de linguagem matemática pode causar alguns problemas. Assim, por exemplo, vimos que a aplicação da transformação de Laplace às funções distintas

$$f_1(t) = \begin{cases} e^{-at}, t \geq 0 \\ 1, \quad t < 0 \end{cases} \qquad f_2(t) = e^{-at} 1(t), \qquad \forall t \in \mathbf{R}$$

leva ao mesmo resultado, isto é, $F_1(s) = F_2(s) = 1/(s+a)$. Como, porém, $f_1(0_-) = 1$ e $f_2(0_-) = 0$, a aplicação do teorema da derivação fornece, respectivamente,

$$\mathscr{L}(\dot{f}_1(t)) = \frac{s}{s+a} - 1 = \frac{-a}{s+a}$$

$$\mathscr{L}(\dot{f}_2(t)) = \frac{s}{s+a} - 0 = \frac{s}{s+a}$$

Portanto, o fato das transformadas de duas funções serem iguais num certo domínio não implica na igualdade das transformadas das respectivas derivadas.

3) A derivada aqui considerada aplica-se às funções generalizadas. Assim, a derivada do degrau unitário é o impulso $\delta(t)$ e devem ser também consideradas derivadas sucessivas do impulso ("doublet", "triplet", etc.)

b) Transformação de Laplace da integral de uma função:

Sejam, novamente, $f(t)$ uma função $\mathscr{L}$ – transformável, $F(s)$ sua transformada e

$$\phi(t) = \int_{-\infty}^{t} f(\tau)d\tau$$

sua integral no intervalo $(-\infty, t]$. Sendo $\Phi(s) = \mathscr{L}[\phi(t)]$, vale

$$\Phi(s) = \frac{F(s)}{s} + \frac{\phi(0_-)}{s} \qquad (7.21)$$

De fato, da definição de $\phi(t)$ temos

$$\dot{\phi}(t) = f(t)$$

Aplicando a transformação de Laplace a ambos os membros desta equação e usando, no primeiro membro, o teorema da derivação vem

$$s\Phi(s) - \phi(0_-) = F(s)$$

Resolvendo esta expressão em relação a $\Phi(s)$ obtém-se (7.21), como queríamos demonstrar.

Estes dois últimos teoremas são básicos para a resolução de problemas de valor inicial por meio da transformação de Laplace; é o que ilustraremos (sem demonstração) nos exemplos seguintes. Nestes exemplos admitiremos a unicidade da antitransformação, que nos permite inverter usando tabelas de transformadas "ao contrário".

Exemplo 1:

Vamos fazer a integral de $\delta(t)$ de $-\infty$ a t usando este teorema. Teremos então:

$$\mathscr{L}\left[\int_{-\infty}^{t} \delta(t)dt\right] = \frac{1}{s} + \frac{1}{s} \cdot \int_{-\infty}^{0_-} \delta(t)dt$$

Como a segunda integral é nula, pois não inclui o impulso na origem, segue-se

$$\mathscr{L}\left[\int_{-\infty}^{t} \delta(t)dt\right] = \frac{1}{s}$$

Antitransformando ambos os membros, resulta

$$\int_{-\infty}^{t} \delta(t)dt = \mathbf{1}(t)$$

como já é sabido.

Exemplo 2:

Consideremos novamente o circuito R, C paralelo da figura 5.7, com $R = 3\Omega$, $C = 2F$, $i_S(t) = 2\delta(t)$ e com uma tensão inicial no capacitor $v(0_-) = 5$ V. Vamos determinar a tensão $v(t)$ no capacitor.

Substituindo estes valores dos parâmetros na equação diferencial (5.38) obtemos:

$$\frac{dv(t)}{dt} + \frac{1}{6}v(t) = \delta(t)$$

Aplicando a transformação de Laplace a ambos os membros desta equação, usando os resultados já estabelecidos, indicando a transformada da tensão por $V(s)$ e considerando a condição inicial dada chegamos a

$$s \cdot V(s) - 5 + \frac{1}{6}V(s) = 1$$

donde, resolvendo em relação a $V(s)$,

$$V(s) = \frac{6}{s + 1/6}$$

Mas já sabemos que esta função é a transformada de

$$v(t) = 6e^{-t/6}V, \qquad t \geq 0$$

Esta função satisfaz à equação diferencial proposta, como se verifica por simples substituição, mas não nos permite fazer nenhuma afirmação com relação ao valor em 0_-. Já vimos, no entanto, que a aplicação da corrente impulsiva causa, neste circuito, uma descontinuidade em degrau na origem, descontinuidade cuja amplitude é dada por $Q/C = 2/2 = 1$ V. Este valor é a diferença entre $v(0_+)$, calculado pela equação acima, e $v(0_-)$, condição inicial dada.

Exemplo 3:

Retomemos o circuito R, L, C do exemplo 1 da seção 6.5, com amortecimento crítico ($R = 870,4\ \Omega, L = 0,1$ H, $C = 33$ nF), excitado por um degrau de corrente de $I = 10$ mA e condições iniciais nulas e vamos determinar a tensão $v(t)$, para os t maiores ou iguais a zero. A equação íntegro-diferencial deste circuito é dada por (6.55). Introduzindo nesta equação os parâmetros de amortecimento α e a freqüência de ressonância ω_0, obtemos

$$\dot{v}(t) + 2\alpha v + \omega_0^2 \int_{0_-}^{t} v(\tau)d\tau = \frac{1}{C}I1(t),$$

Vamos usar unidades A. F.

Como o amortecimento é crítico, temos $\alpha = \omega_0 = 1/(2\ RC) = 17,408$.

Aplicando a ambos os membros da última equação a transformação de Laplace e considerando que $v(0_-) = 0$, obtemos

$$sV(s) + 2\alpha \cdot V(s) + \frac{\omega_0^2}{s} V(s) = \frac{I}{sC}$$

Resolvendo em relação a $V(s)$ resulta

$$V(s) = \frac{I}{C(s+\alpha)^2} = \frac{10}{0{,}033(s+\alpha)^2} = \frac{303{,}03}{(s+17{,}408)^2}$$

Mas esta função é a transformada de

$$v(t) = 303{,}3 \cdot t \cdot e^{-17{,}408 t} \cdot \mathbf{1}(t), \qquad \text{(V, ms)}$$

que, como já foi visto no Exemplo 1 da Seção 6.5, é a solução do problema.

Estes exemplos sugerem que a transformação de Laplace pode ajudar na solução de problemas de valor inicial de equações diferenciais ordinárias, lineares e a coeficientes constantes; basta aplicar a transformação à equação dada, levando em conta as condições iniciais, com o que a equação diferencial se transforma numa equação algébrica na transformada da função incógnita. Em seguida esta equação algébrica é resolvida em relação à transformada da função incógnita. Finalmente, o resultado é antitransformado, obtendo-se a solução do problema. Nos exemplos acima a antitransformação foi feita lendo-se, ao contrário, uma tabela de transformadas. Métodos de antitransformação serão abordados logo mais.

7.6 Transformada de Laplace de Funções Periódicas

As funções periódicas têm grande interesse em Engenharia Elétrica. Vamos então mostrar como determinar suas transformadas de Laplace.

Formalmente, uma função $f(t)$, definida para os t reais, é dita *periódica* se existir uma constante real e positiva T tal que

$$f(t) = f(t+T), \qquad \forall t \in \mathbf{R} \qquad (7.22)$$

A menor constante T que satisfaz a esta condição é o *período* da função.

Mostremos que a transformada de Laplace de uma função periódica é dada por

$$\mathscr{L}[f(t)] = \frac{1}{1-e^{-sT}} \int_{0_-}^{T} e^{-st} f(t) dt \qquad (7.23)$$

De fato, o cálculo da transformada da $f(t)$ pode ser decomposto em duas integrais:

$$\mathscr{L}[f(t)] = \int_{0_-}^{T} e^{-st} f(t) dt + \int_{T}^{\infty} e^{-st} f(t) dt$$

Fazendo a mudança de variáveis $t = \lambda + T$ na segunda integral acima, obtemos

$$\mathscr{L}[f(t)] = \int_{0_-}^{T} e^{-st} f(t)dt + \int_{0}^{\infty} e^{-s(\lambda+T)} f(\lambda+T)d\lambda =$$

$$= \int_{0_-}^{T} e^{-st} f(t)dt + e^{-sT} \int_{0}^{\infty} e^{-s\lambda} f(\lambda)d\lambda$$

Na última integral consideramos que $f(\lambda + T) = f(\lambda)$, pela periodicidade da f. Portanto,

$$\mathscr{L}[f(t)] = \int_{0_-}^{T} e^{-st} f(t)dt + e^{-sT} \cdot \mathscr{L}[f(t)]$$

Resolvendo esta expressão em relação à transformada obtemos a (7.23), demonstrando o teorema.

Note-se que a transformação de Laplace só considerou o segmento da função periódica para os $t \geq 0_-$.

Exemplo:

Determinar a transformada de Laplace de uma onda quadrada de período 4, valor máximo 2, valor mínimo 0 e com uma subida de 0 a 2 na origem dos tempos.

Indicando esta função por $f(t)$, a aplicação de (7.23) fornece, após uma pequena manipulação.

$$\mathscr{L}[f(t)] = \frac{2}{s} \frac{1 - e^{-2s}}{1 - e^{-4s}}$$

Verifique este resultado!

7.7 A Inversão da Transformação de Laplace

Já vimos como obter a transformada de Laplace de uma função do tempo. Passemos agora a examinar o problema inverso, isto é, determinar a função de tempo $f(t)$ correspondente a uma determinada transformada de Laplace, $F(s)$. Esta função será designada por *antitransformada de Laplace* da $f(t)$, e será indicada pela notação $\mathscr{L}^{-1}$, de modo que

$$f(t) = \mathscr{L}^{-1}[F(s)]$$

Considerando que, em suas aplicações na Engenharia Elétrica, a transformação de Laplace estabelece uma correspondência entre uma função do tempo e uma função da variável complexa s, diremos que a transformação de Laplace nos leva do *domínio do tempo* ao *domínio da freqüência (complexa)*. A transformação inversa vai nos levar do domínio da freqüência (complexa) ao domínio do tempo.

Um processo imediato para a inversão da transformada de Laplace consiste na utilização "ao contrário" das tabelas de transformadas. Isto é possível porque a operação de antitransformação é *unívoca*, a menos de certas restrições sem muita importância prática (ver a respeito Ghizzetti, referência [3] da bibliografia no fim do capítulo). Além do mais, a antitransformação também é *linear*, de modo que é possível antitransformar termo a termo uma combinação linear de funções de s.

Assim, muitas vezes será possível reconduzir uma transformada não tabelada a uma combinação linear de transformadas conhecidas. Esse processo poderá ainda ser melhorado pelo uso inteligente dos teoremas já estudados.

Genericamente, uma transformada $F(s)$ pode ser antitransformada por meio da *fórmula de inversão*

$$f(t) = \frac{1}{2\pi j} \cdot \int_{\sigma-j\infty}^{\sigma+j\infty} F(s) e^{st} ds \qquad (7.24)$$

Como esta fórmula exige uma integração no campo complexo, não a utilizaremos neste curso (para mais informação, veja referências [3] e [5] no fim do capítulo). Praticamente, neste curso só teremos que antitransformar funções racionais, de modo que a isto dedicaremos a próxima seção.

7.8 A Antitransformação de Funções Racionais

Para este curso bastará aprendermos a antitransformar *funções racionais de s*.

Relembremos aqui a definição de funções racionais na variável complexa s:

Uma função $F(s)$ da variável complexa $s = \sigma + j\omega$ é dita *função racional* quando consistir na relação de dois polinômios inteiros em s, com coeficientes reais, isto é, quando tiver a forma

$$F(s) = \frac{N(s)}{D(s)} = \frac{b_0 s^m + b_1 s^{m-1} + \cdots + b_{m-1} s + b_m}{a_0 s^n + a_1 s^{n-1} + \cdots + a_{n-1} s + a_n} \qquad (7.25)$$

onde os a_i e b_i são constantes reais, com a_0 e b_0 diferentes de zero.

Uma função racional é dita *própria* se for $n \geq m$, e *estritamente própria* quando for $n > m$. Normalmente tomaremos $a_0 = 1$, o que não diminui a generalidade. Neste caso, o polinômio do denominador é dito *polinômio mônico*.

Pelo teorema fundamental da Álgebra, os polinômios do numerador e do denominador podem ser *fatorados*. Indicando, respectivamente, por p_i e z_i os zeros dos polinômios do denominador e do numerador, podemos então escrever a função racional na *forma fatorada*:

$$F(s) = K \cdot \frac{\prod_{i=1}^{m}(s - z_i)}{\prod_{k=1}^{n}(s - p_k)} \qquad (7.26)$$

onde $K = b_0/a_0$ é o *fator de escala* da função, os p_k são seus *pólos* e os z_i os seus *zeros*. Os pólos e os zeros podem ser *simples* ou *múltiplos*, conforme apareçam uma só vez, ou mais de uma vez, nos fatores de (7.26). O pólo ou zero será de *multiplicidade r* se aparecer r vezes o respectivo fator. Assim, por exemplo, a função

$$F(s) = 10 \cdot \frac{(s+1)(s+2)}{[(s+1)^2 + 1]s^2}$$

tem:
- um pólo duplo na origem ($p_{1,2} = 0$);
- dois pólos complexos ($p_{3,4} = -1 \pm j1$);
- dois zeros simples $z_1 = -1$, $z_2 = -2$;
- fator de escala $K = 10$.

Evidentemente a função pode ser dada por seu fator de escala, seus pólos e seus zeros, ambos com as respectivas multiplicidades.

Note-se que os pólos ou zeros complexos aparecem sempre em *pares conjugados*, pois os polinômios $N(s)$ e $D(s)$ têm coeficientes reais.

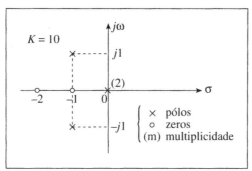

Figura 7.3 Diagrama de pólos e zeros de uma função racional no plano S.

Os pólos e zeros podem ser representados no plano complexo, ou *plano S*, como indicado na figura 7.3, para o exemplo anterior. Nesta figura os pólos são indicados por cruzes, ao passo que os zeros o são por pequenos círculos. A multiplicidade dos pólos ou zeros são anotadas, entre parêntesis, ao lado dos respectivos símbolos. Finalmente, o fator de escala é anotado no canto superior esquerdo do gráfico.

Salvo menção expressa em contrário, consideraremos aqui apenas *funções racionais irredutíveis*, isto é, em que os pólos são diferentes dos zeros.

Como se sabe dos cursos de Cálculo, as funções racionais estritamente próprias com $a_0 = 1$ (ou denominador mônico) podem ser expandidas em *frações parciais*, pela fórmula

$$F(s) = \sum_{j=1}^{p} \sum_{k=1}^{m_j} A_{kj} \frac{1}{(s - p_j)^k} \qquad (7.27)$$

onde os A_{kj} são coeficientes a determinar, m_j indica a multiplicidade do pólo p_j e p é o número de pólos distintos. Sendo n o grau do polinômio do denominador, naturalmente deve ser

$$m_1 + m_2 + \ldots + m_p = n \qquad (7.28)$$

Como exemplo de aplicação da expansão (7.27) tomemos a função racional estritamente própria

$$F(s) = \frac{s + 10}{s^3 + 7s^2 + 16s + 12} = \frac{s + 10}{(s + 2)^2 \cdot (s + 3)}$$

que, portanto, tem um pólo duplo em $s = -2$ e um pólo simples em $s = -3$. Pela (7.27) sua expansão em frações parciais será do tipo

$$F(s) = \frac{A_{11}}{s+2} + \frac{A_{21}}{(s+2)^2} + \frac{A_{12}}{s+3}$$

Determinados os coeficientes A_{ik}, a função racional pode ser antitransformada termo a termo, notando-se que

$$\mathcal{L}^{-1}[1/(s-p_j)^k] = \frac{t^{k-1}}{(k-1)!}e^{p_j t} \cdot \mathbf{1}(t) \qquad (7.29)$$

Nota: Ao aplicar esta fórmula, não esqueça que $0! = 1$.

Resta-nos agora mostra como calcular os coeficientes A_{kj}. Começaremos com funções racionais estritamente próprias, distinguindo dois casos:

a) $F(s)$ só tem pólos simples;
b) $F(s)$ tem pólos múltiplos:

a) Antitransformação de funções racionais estritamente próprias com todos os pólos simples:

Sendo n o grau do polinômio mônico do denominador, a $F(s)$ terá n pólos distintos, de modo que $m_j = 1$ na expansão (7.27); com isso o segundo somatório desaparece e a expansão reduz-se a

$$F(s) = \sum_{j=1}^{n} A_j \frac{1}{s-p_j} \qquad (7.30)$$

Multiplicando ambos os membros desta expressão por $s - p_k$, onde p_k é um dos pólos, obtemos

$$F(s) \cdot (s-p_k) = A_1 \frac{s-p_k}{s-p_1} + \cdots + A_k + \cdots + A_n \frac{s-p_k}{s+p_n}$$

Fazendo agora $s = p_k$, anulam-se todos os termos do segundo membro, exceto o termo A_k, de modo que resulta

$$A_k = F(s) \cdot (s-p_k)\Big|_{s=p_k} \qquad (7.31)$$

Calculados assim os A_k, $k = 1, \ldots, n$, a antitransformação termo a termo da (7.30), trocando o índice j por k fornece o resultado desejado:

$$f(t) = \mathcal{L}^{-1}[F(s)] = \sum_{k=1}^{n} A_k e^{p_k t} \cdot \mathbf{1}(t) \qquad (7.32)$$

Os coeficientes A_k são os *resíduos* da função $F(s)$ nos pólos p_k.

Exemplo 1:

Comecemos com um exemplo com pólos reais. Seja então a determinar a anti-transformada de

$$F(s) = \frac{1}{s^4 + 6s^3 + 11s^2 + 6s}$$

Fatorando o denominador desta função, obtemos (use uma boa calculadora ou um programa computacional adequado!)

$$F(s) = \frac{1}{s(s+1)(s+2)(s+3)}$$

Os pólos desta função são, pois, $p_1 = 0$, $p_2 = -1$, $p_3 = -2$ e $p_4 = -3$, de modo que a expansão (7.30) fica

$$F(s) = A_1 \frac{1}{s} + A_2 \frac{1}{s+1} + A_3 \frac{1}{s+2} + A_4 \frac{1}{s+3}$$

Para calcular os resíduos por (7.31) faremos, sucessivamente,

$$A_1 = \frac{1}{[s](s+1)(s+2)(s+3)} \cdot [s] \bigg|_{s=0} = \frac{1}{6}$$

$$A_2 = \frac{1}{s[s+1](s+2)(s+3)} \cdot [s+1] \bigg|_{s=-1} = -\frac{1}{2}$$

$$A_3 = \frac{1}{s(s+1)[s+2](s+3)} \cdot [s+2] \bigg|_{s=-2} = \frac{1}{2}$$

$$A_4 = \frac{1}{s(s+1)(s+2)[s+3]} \cdot [s+3] \bigg|_{s=-3} = -\frac{1}{6}$$

Nas expressões acima os fatores entre colchetes devem ser cancelados, antes de substituir os valores indicados de s. Portanto, por (7.32) resulta a antitransformada

$$f(t) = \left(\frac{1}{6} - \frac{1}{2} e^{-t} + \frac{1}{2} e^{-2t} - \frac{1}{6} e^{-3t} \right) \cdot \mathbf{1}(t)$$

No caso de *pólos complexos* convém fazer uma simplificação, baseada no fato que a pólos conjugados correspondem resíduos também conjugados. Assim, sendo p_k e p_k^* dois pólos conjugados, os correspondentes resíduos A_k e A_k^* serão também conjugados. As duas correspondentes parcelas da expansão (7.32) dão uma soma igual ao dobro da parte real de uma delas, pois

$$A_k e^{p_k t} + A_k^* e^{p_k^* t} = 2\Re(A_k e^{p_k t}) \qquad (7.33)$$

Basta, portanto, calcular um dos resíduos, multiplicar pela exponencial complexa e tomar o dobro da parte real do produto. Esta operação fica simplificada se usarmos a representação polar dos resíduos complexos. De fato, tomando

$$p_k = \sigma_k + j\omega_k, \qquad A_k = |A_k| \cdot e^{j\phi_k}$$

resulta
$$A_k e^{p_k t} = |A_k| \cdot e^{j\phi_k} \cdot e^{(\sigma_k + j\omega_k)t} = |A_k| \cdot e^{\sigma_k t} \cdot e^{j(\omega_k t + \phi_k)}$$

A contribuição do par de pólos complexos conjugados fica então na forma

$$2\Re[A_k e^{p_k t}] = 2 \cdot |A_k| \cdot e^{\sigma_k t} \cdot \cos(\omega_k t + \phi_k) \qquad (7.34)$$

Vejamos agora um exemplo que envolve a inversão de pólos complexos.

Exemplo 2:

Consideremos o *circuito diferenciador* da figura 5.10, com a excitação senoidal

$$e_S(t) = E_m \cos(\omega_1 t) \cdot 1(t)$$

e vamos determinar a tensão $v_R(t)$ para os $t \geq 0$.

Sendo $i(t)$ a corrente no circuito, a aplicação da 2ª. lei de Kirchhoff, com a tensão inicial $v_0 = v_C(0_-)$ no capacitor, fornece

$$R \cdot i(t) + \frac{1}{C} \int_{0_-}^{t} i(\lambda) d\lambda + v_0 = e_S(t)$$

Substituindo a variável $i(t)$ por $v_R = Ri$, resulta a equação íntegro-diferencial

$$v_R(t) = \frac{1}{RC} \int_{0_-}^{t} v_R(\lambda) d\lambda + v_0 = e_S(t)$$

Aplicando a esta equação a transformação de Laplace, com

$$V_R(s) = \mathscr{L}[v_R(t)], \qquad E_S(s) = \mathscr{L}[e_S(t)]$$

após uma ligeira simplificação chegamos a

$$\left(1 + \frac{1}{sCR}\right) \cdot V_R(s) = E_S(s) - \frac{v_0}{s}$$

Tomemos agora $\omega_1 = 1$, $R\,C = 1$, $E_m = 5$ e $v_0 = 0$ (condição inicial nula). Resolvendo a última equação em relação a $V_R(s)$ e fazendo as substituições acima indicadas segue-se

$$V_R(s) = \frac{5s^2}{(s+1)(s^2+1)}$$

Esta resposta tem três pólos simples: $p_1 = -1$, $p_2 = j1$, $p_3 = -j1$. Sua expansão em frações parciais será então

$$V_R(s) = \frac{A_1}{s+1} + \frac{A_2}{s-j1} + \frac{A_3}{s+j1}$$

Basta calcularmos os resíduos A_1 e A_2, pois A_3 é o complexo conjugado de A_2. Os cálculos são:

$$A_1 = \left.\frac{5s^2}{s^2+1}\right|_{s=-1} = 2,5$$

$$A_2 = \left.\frac{5s^2}{(s+1)\cdot(s+j1)}\right|_{s=j1} = \frac{-5}{-2+j2} = 1,768 e^{j45°}$$

Tendo em vista as observações sobre os pólos conjugados, a antitransformada procurada será

$$v_R(t) = [2,5 e^{-t} + 3,536 \cos(t + 45°)] \cdot 1(t)$$

Note-se que a tensão no resistor é descontínua na origem, pois $v_R(0_-) = 0$ e $v_R(0_+) = 5$ (este último valor foi obtido fazendo $t = 0$ na expressão anterior.

Se a função $F(s)$ tiver pólos múltiplos o processo que acabamos de examinar não fornece todos os coeficientes da expansão (7.27), pois para cada pólo determina-se apenas um coeficiente. Vejamos em seguida como suprir a essa deficiência.

b) Antitransformação de funções racionais estritamente próprias com pólos múltiplos:

Quando a função $F(s)$ tem pólos múltiplos deve ser usada a expansão completa (7.27). Em geral os cálculos ficam muito extensos e torna-se conveniente recorrer a algum auxílio computacional. Por isso, aqui apenas exemplificaremos o *método de identificação de polinômios*.

Vamos então antitransformar a função

$$F(s) = \frac{N(s)}{(s-p_1)(s-p_2)^2(s-p_3)^3}$$

onde $N(s)$ é um polinômio qualquer, a coeficientes reais e de grau inferior a 6.

A aplicação de (7.27) fornece

$$F(s) = A_{11}\frac{1}{s-p_1} + A_{12}\frac{1}{s-p_2} + A_{22}\frac{1}{(s-p_2)^2} + A_{13}\frac{1}{s-p_3} +$$
$$+ A_{23}\frac{1}{(s-p_3)^2} + A_{33}\frac{1}{(s-p_3)^3}$$

Dada a unicidade da expansão (7.27), os coeficientes A_{kj} podem ser calculados da maneira que for mais simples.

Assim, o resíduo referente ao pólo simples p_1 calcula-se imediatamente por

$$A_{11} = F(s) \cdot (s - p_1)\Big|_{s=p_1}$$

É fácil verificar que o coeficiente das frações de grau mais alto para cada pólo múltiplo se podem calcular por expressões do tipo

$$A_{22} = F(s) \cdot (s - p_2)^2\Big|_{s=p_2}$$

$$A_{33} = F(s) \cdot (s - p_3)^3\Big|_{s=p_3}$$

Para calcular os demais coeficientes da expansão será preciso recorrer, por exemplo, ao *método de identificação de polinômios*.

Essencialmente, este método consiste em igualar sucessivamente os coeficientes dos vários termos de $N(s)$ com os correspondentes coeficientes dos termos de igual potência do numerador da expansão, previamente reduzida a um denominador comum. A resolução do sistema algébrico de equações assim obtido fornece os coeficientes desejados. Vamos ilustrar este procedimento por um exemplo, ressaltando as possíveis simplificações.

Exemplo 3:

Vamos antitransformar a função $F(s)$, com a expansão em frações parciais indicada a seguir:

(a) $F(s) = \dfrac{s+2}{s \cdot (s+1)^2} = \dfrac{A_{11}}{s} + \dfrac{A_{12}}{s+1} + \dfrac{A_{22}}{(s+1)^2}$

Para determinar o primeiro e o último coeficiente fazemos

$$A_{11} = s \cdot F(s)\Big|_{s=0} = \dfrac{s+2}{(s+1)^2}\Big|_{s=0} = 2$$

$$A_{22}(s+1)^2 F(s)\Big|_{s=-1} = \dfrac{s+2}{s}\Big|_{s=-1} = -1$$

Substituindo estes valores na expansão (a), reduzindo ao denominador comum, igualando os polinômios dos numeradores e resolvendo em relação a A_{12}, obtemos

$$A_{12} = \dfrac{(s+2) - 2(s+1)^2 + s}{s(s+1)} = -2$$

Outra possibilidade, que permite calcular ao mesmo tempo os três coeficientes, será partir de (a) e reduzir o segundo membro a um denominador comum:

$$\dfrac{s+2}{s(s+1)^2} = \dfrac{(A_{11} + A_{12})s^2 + (2A_{11} + A_{12} + A_{22})s + A_{11}}{s(s+1)^2}$$

Identificando os polinômios dos numeradores, resulta o sistema algébrico

$$\begin{cases} A_{11} + A_{21} = 0 \\ 2A_{11} + A_{12} + A_{22} = 1 \\ A_{11} = 2 \end{cases}$$

cuja solução (garantida pela existência e unicidade da decomposição) fornece, como antes,

$A_{11} = 2,\qquad A_{12} = -2,\qquad A_{22} = -1.$
$f(t) = 2 - 2e^{-t} - te^{-t}, t > 0$

Esse exemplo mostra que a expansão em frações parciais, sobretudo quando há pólos complexos ou pólos múltiplos, é um processo longo e bastante sujeito a erros. Convirá então, sempre que possível, recorrer a tabelas de transformadas e usar artifícios para simplificar o problema. No caso numérico será conveniente usar algum programa computacional.

Nota: Examinamos acima apenas a expansão em frações parciais de funções racionais estritamente próprias, isto é, em que o grau do polinômio do denominador é maior que o grau do polinômio do numerador.

O caso de funções não estritamente próprias pode ser reconduzido a este, desde que inicialmente façamos a divisão algébrica do numerador pelo denominador. Notando que a função racional será dada pela soma do polinômio quociente com o resto dividido pelo polinômio do denominador, verificamos que ela se reduz à soma de um polinômio em s com uma função racional estritamente própria. Poderemos então antitransformar termo a termo este resultado, como indicado no exemplo seguinte.

Exemplo 4:

A função racional

$$F(s) = \frac{s^4 + 5s^3 + 4s^2 + 3s + 1}{s^3 + 3s^2 + 2s}$$

não é própria. Efetuando a divisão algébrica, podemos colocá-la na forma

$$F(s) = \frac{N(s)}{D(s)} = Q(s) + \frac{R(s)}{D(s)}$$

onde $Q(s)$ é o polinômio quociente e $R(s)$ é o resto. De fato, efetuando a divisão algébrica na função racional dada, verifica-se que

$$F(s) = s + 2 + \frac{-4s^2 - s + 1}{s^3 + 3s^2 = 2s}$$

ou, expandindo a parte fracionária em frações parciais,

$$F(s) = s + 2 + \frac{1}{2s} + \frac{2}{s+1} - \frac{13}{2} \cdot \frac{1}{s+2}$$

Para antitransformar termo a termo esta expressão, notemos que, pelo teorema da transformada da derivada,

$$\mathscr{L}^{-1}[s] = \frac{d}{dt}\delta(t) = \delta^{(1)}(t) \tag{7.35}$$

onde $\delta^{(1)}(t)$ indica a *função "doublet"*, ou seja, a derivada da função impulsiva. Fazendo a antitransformação termo a termo, obtemos então

$$f(t) = \delta^{(1)}(t) + 2\delta(t) + \frac{1}{2} \cdot \mathbf{1}(t) + 2e^{-t} \cdot \mathbf{1}(t) - \frac{13}{2} \cdot e^{-2t} \cdot \mathbf{1}(t)$$

Resumindo, as etapas para antitransformar uma função racional estritamente própria $F(s) = N(s)/D(s)$, onde $N(s)$ e $D(s)$ são polinômios inteiros, são as seguintes:

1º Determinar os pólos da $F(s)$, ou seja, os zeros do polinômio do denominador. Se o problema for numérico, há toda uma série de ajudas computacionais encontradas, inclusive, em calculadoras portáteis.

2º Determinar os coeficientes da expansão da $F(s)$ em frações parciais, com os métodos já discutidos. Também se encontram programas computacionais que fazem esta expansão.

3º Antitransformar termo a termo a expansão em frações parciais, usando, se necessário, tabelas de transformadas. Existem também usar recursos computacionais para esta etapa.

Se a função $F(s)$ não for estritamente própria, as etapas acima devem ser precedidas por uma divisão algébrica, que decompõe a função na soma de um polinômio inteiro com uma função racional estritamente própria.

No próximo capítulo veremos como aplicar a transformação de Laplace à resolução de problemas de circuitos. Em especial, mostraremos que é conveniente trabalhar no domínio transformado para resolver problemas importantes e práticos, tais como a síntese de redes.

Bibliografia do Capítulo 7:

1) CHUA, L. O., DESOER, C. A. e KUH, E. S., *Linear and Nonlinear Circuits*, New York: McGraw-Hill, 1987.

2) KREIDER, D. L., KULLER, R. G. e OSTBERG, D. R., *Equações Diferenciais*, S. Paulo: Ed. Blücher, 1972.

3) GHIZZETTI, A., *Calcolo Simbolico*, Bologna: Zanichelli, 1943.

4) OBERHETTINGER, F. e BADII, L., *Tables of Laplace Transforms*, Berlin: Springer, 1973.

5) GARDNER, M. F. e BARNES, J. L., *Transient in Linear Systems*, vol. 1, New York: Wiley, 1942.

6) SPIEGEL, M. R., *Transformadas de Laplace*, S. Paulo: McGraw do Brasil, 1979.

EXERCÍCIOS BÁSICOS DO CAPÍTULO 7

1. Usando a definição, calcule a transformada de Laplace da função

$$f(t) = \begin{cases} 2, & \text{para } 0 < t < 1 \text{ e } 2 < t < 3 \\ 0, & \text{fora desses intervalos} \end{cases}$$

Resp.: $F(s) = \dfrac{2}{s} \cdot \dfrac{1 - e^{-4s}}{1 + e^{-s}}$

2. Calcule as transformadas de Laplace das funções derivadas

$$f_1(t) = \frac{d}{dt}[\cos(\omega_0 t)], \qquad f_2(t) = \frac{d}{dt}[\cos(\omega_0 t) \cdot \mathbf{1}(t)],$$

onde ω_0 é uma constante real.

Resp.: a) $F_1(s) = \dfrac{-\omega_0^2}{s^2 + \omega_0^2}$; b) $F_2(s) = \dfrac{s^2}{s^2 + \omega_0^2}$

3. Mostre que a transformada de Laplace da função

$$f(t) = e^{-at} \cos(\omega_0 t + \varphi) \cdot \mathbf{1}(t)$$

onde a, ω_0 são constantes reais maiores que zero e φ é uma constante real, pode ser posta na forma

$$F(s) = \frac{k_3 s + k_4}{s^2 + k_1 s + k_2}$$

Determine os valores de k_1, k_2, k_3 e k_4.

Resp.: $k_1 = 2a$, $k_2 = a^2 + \omega_0^2$, $k_3 = \cos\varphi$, $k_4 = a\cos\varphi - \omega_0 \operatorname{sen}\varphi$

4. Use o teorema da transformada da integral para calcular a transformada unilateral de Laplace da função

$$g(t) = \int_{-a}^{t} e^{-a\tau} d\tau, \qquad a > 0,\ t > 0$$

Resp.: $\dfrac{1}{as}(e^{a^2} - 1) + \dfrac{1}{s(s+a)}$

5   Um indutor de 0,1 H, sem energia armazenada inicialmente, é alimentado por um gerador que fornece a corrente

$i_S(t) = 5 \cdot \mathbf{1}(t)$ (ampères)

Usando a transformação de Laplace, e com a convenção do receptor, determine a tensão no indutor.

(Resp.: $v(t) = 0,5\ \delta(t)$)

6   A tensão num capacitor de um certo circuito elétrico obedece à equação diferencial

$$\frac{d^2v(t)}{dt^2} + 5\frac{dv(t)}{dt} + 3v(t) = 5, \qquad (t \geq 0)$$

em unidades A. F. Sabe-se ainda que $v(0_-) = 0$ e $\left.\frac{dv(t)}{dt}\right|_{t=0_-} = 1$. Determine:

a)   As freqüências complexas próprias do circuito;
b)   A expressão de $v(t)$, para os $t \geq 0$;
c)   O limite de $v(t)$ quando t tende a infinito, se existir.

(Resp.: a) $-0,69224, -4,30278$; b) $v(t) = \left(\frac{5}{3} - 1,73e^{-0,69t} + 0,045e^{-4,3t}\right)\mathbf{1}(t)$; c) $5/3$.

7   Calcule a transformada de Laplace da função periódica $\cos(\omega_0 t)$, onde $\omega_0 = 2\pi/T_0$, com $T_0 > 0$, usando a fórmula de cálculo das transformadas de funções periódicas (7.23). Chega-se ao mesmo resultado já conhecido?

8   Dada a função racional própria

$$F(s) = \frac{s^2 + 4s + 3}{s^3 + 5s^2 + 8s + 4}$$

a)   Determine seus pólos e zeros;
b)   calcule sua antitransformada de Laplace.

(Resp.: a) pólos: $-1, -2$ (duplo); zeros: -1 e -3); b) $(e^{-2t} + te^{2t}) \cdot \mathbf{1}(t)$

9   Calcule as antitransformadas de Laplace das funções

$$G_1(s) = \frac{s^2 + 3s + 2}{s^2 + 4s + 3}, \qquad G_2(s) = \frac{s^2 + 2s}{s^2 + 4s + 3}$$

(Resp.: $g_1(t) = \delta(t) - e^{-3t} \cdot \mathbf{1}(t)$; $g_2(t) = \delta(t) - \left(\frac{1}{2}e^{-t} + \frac{3}{2}e^{-3t}\right) \cdot \mathbf{1}(t)$)

APÊNDICE AO CAPÍTULO 7, (1)

TRANSFORMADAS DE LAPLACE BÁSICAS

$f(t)$	$F(S)$
$H(t) = \mathbf{1}(t)$	$1/s$
$e^{-at} \cdot \mathbf{1}(t)$	$1/(s+a)$
$\mathrm{sen}(\omega t) \cdot \mathbf{1}(t)$	$\dfrac{\omega}{s^2 + \omega^2}$
$\cos(\omega t) \cdot \mathbf{1}(t)$	$\dfrac{s}{s^2 + \omega^2}$
$\delta(t)$	1
$t^n e^{-at} \mathbf{1}(t)$	$\dfrac{n!}{(s+a)^{n+1}}$
$e^{-at} \mathrm{sen}(\omega_0 t) \cdot \mathbf{1}(t)$	$\dfrac{\omega_0}{(s+a)^2 + \omega_0^2}$
$e^{-at} \cos(\omega_0 t) \cdot \mathbf{1}(t)$	$\dfrac{s+a}{(s+a)^2 + \omega_0^2}$
$\mathrm{sen}(\omega_0 t + \varphi) \cdot \mathbf{1}(t)$	$\dfrac{s\,\mathrm{sen}\,\varphi + \omega_0 \cos\varphi}{s^2 + \omega_0^2}$
$\cos(\omega_0 t + \varphi) \cdot \mathbf{1}(t)$	$\dfrac{s\cos\varphi - \omega_0\,\mathrm{sen}\,\varphi}{s^2 + \omega_0^2}$

APÊNDICE AO CAPÍTULO 7, (2)

PROPRIEDADES DA TRANSFORMAÇÃO DE LAPLACE:

Função do tempo:	Transformada:
$f(t)$	$F(s)$
$c_1 f_1(t) + c_2 f_2(t) + \ldots$	$c_1 F_1(s) + c_2 F_2(s) + \ldots$
$\dfrac{d^n f(t)}{dt^n}$	$s^n \cdot F(s) - s^{n-1} \cdot f(0_-) -$ $-s^{n-2} \cdot \dot{f}(0_-) - \ldots - f^{(n-1)}(0_-)$
$\displaystyle\int_{-\infty}^{t} f(\tau)d\tau$	$\dfrac{F(s)}{s} + \dfrac{1}{s} \cdot \displaystyle\int_{-\infty}^{0_-} f(\tau)d\tau$
$t \cdot f(t)$	$-\dfrac{dF(s)}{ds}$
$e^{-at} \cdot f(t)$	$F(s+a)$
$f(t-a)$	$e^{-as} \cdot F(s)$
$f(at), \quad a > 0$	$\dfrac{1}{a} \cdot F\left(\dfrac{s}{a}\right)$
$f(t) = f(t+T),\ T > 0, \forall\, t > 0$	$\dfrac{1}{1 - e^{-sT}} \cdot \displaystyle\int_{0_-}^{T} f(t) \cdot e^{-st} \cdot dt$

Nota: $\mathcal{L}^{-1}[F(s)] = f(t),\ t \geq 0$.

TRANSFORMAÇÃO DE LAPLACE E FUNÇÕES DE REDE

8.1 Introdução; Funções de Rede

Em exemplos do capítulo anterior já vimos que a transformação de Laplace transforma equações diferenciais ou íntegro-diferenciais ordinárias, lineares e a coeficientes constantes, em equações algébricas nas transformadas das funções incógnitas, já considerando as condições iniciais adequadas.

A resolução destas equações algébricas, seguida da antitransformação das funções incógnitas, fornece a *solução no domínio do tempo* do problema de valor inicial.

A validação matemática deste procedimento extrapola os limites deste curso e não será discutida aqui. Basta-nos saber que este procedimento pode ser aplicado com segurança aos problemas de Engenharia Elétrica.

A resolução de problemas de valor inicial não é, porém, a principal aplicação da transformação de Laplace à Engenharia Elétrica. Veremos, no prosseguimento do curso, que é possível, e altamente conveniente, trabalhar diretamente com as transformadas ou, em linguagem coloquial, trabalhar no *domínio das freqüências complexas*.

Basicamente, esta possibilidade decorre da introdução das *funções de rede* e da possibilidade de obtê-las diretamente do circuito. Inversamente, e mais importante, é possível *sintetizar* (ou *realizar*) um circuito que apresente uma dada função de rede.

Veremos ainda que há vários tipos de funções de rede, com designações particulares.

Ainda neste Capítulo veremos que a antitransformada de uma função de rede fornece a chamada *resposta impulsiva* do circuito. Conhecida a resposta impulsiva de uma dada rede, sua resposta forçada a uma excitação arbitrária poderá ser calculada usando a *integral de convolução*, que também será estudada aqui.

Para definir a função de rede, consideremos uma rede elétrica linear e fixa, ou invariante no tempo, excitada por uma *excitação* $e(t)$, aplicada para os $t \geq 0$, e com condições iniciais nulas. Seja $y(t)$ a resposta desta rede. A *função de rede* correspondente a este *par excitação-*

resposta é definida pela relação entre as transformadas $Y(s)$, da resposta, e $E(s)$, da excitação, a partir de condições iniciais nulas:

$$G(s) = \left.\frac{Y(s)}{E(s)}\right|_{\text{c.i.n.}} \tag{8.1}$$

Ressaltamos nesta expressão a obrigatoriedade da imposição de condições iniciais nulas (ou quiescentes).

Dependendo do contexto, designações específicas, tais como funções de transferência, funções de sistema e outras, poderão ser atribuídas às funções de rede.

8.2 A Descrição Entrada-saída e o Problema de Valor Inicial

A *descrição entrada-saída* de uma rede linear e invariante no tempo pode ser feita por:

a) uma equação diferencial linear;
b) uma equação íntegro-diferencial linear;
c) um sistema de equações diferenciais ou íntegro-diferenciais, com coeficientes constantes nos três casos.

Essa descrição relaciona uma *entrada*, ou *excitação*, com uma *saída*, ou *resposta*. Vamos em seguida indicar excitação e resposta respectivamente por $u(t)$ e $y(t)$.

Examinemos separadamente as três possibilidades.

a1) Equação diferencial de ordem n, sem derivada no segundo membro:

Comecemos considerando uma descrição entrada-saída dada por uma equação diferencial ordinária, linear, a coeficientes constantes e de ordem n, do tipo

$$y^{(n)}(t) + a_1 y^{(n-1)}(t) + \cdots + a_{n-1}\dot{y}(t) + a_n y(t) = b_0 u(t) \tag{8.2}$$

onde os a_i e b_0 são constantes reais, y é a função incógnita (resposta ou saída) e u é uma função dada (excitação ou entrada).

Para completar a formulação de um *problema de valor inicial* exigiremos ainda que a função y e suas derivadas até a ordem $n-1$ satisfaçam, em $t = 0_-$, às seguintes *condições iniciais*:

$$y(0_-) = \alpha_0, \qquad \dot{y}(0_-) = \alpha_1, \cdots y^{(n-1)}(0_-) = \alpha_{n-1} \tag{8.3}$$

As condições iniciais foram impostas em 0_-, como de costume, para acomodar eventuais impulsos que ocorram na origem.

Vamos agora aplicar a transformação de Laplace à equação diferencial (8.2), usando o teorema da derivação e as condições iniciais (8.3). Indicando por

$$Y(s) = \mathscr{L}[y(t)], \qquad U(s) = \mathscr{L}[u(t)]$$

e passando para o segundo membro os termos que incluem as condições iniciais, obtemos

$$(s^n + a_1 s^{n-1} + \cdots + a_{n-1} s + a_n) Y(s) = b_0 U(s) +$$
$$+ \alpha_0 s^{n-1} + (\alpha_1 + a_1 \alpha_0) s^{n-2} + \cdots + (\alpha_{n-1} + a_1 \alpha_{n-2} + \cdots + a_{n-1} \alpha_0)$$

Resolvendo em relação a $Y(s)$, vem

$$Y(s) = \frac{b_0 U(s)}{s^n + a_1 s^{n-1} + \cdots + a_{n-1} s + a_n} + \\ + \frac{\alpha_0 s^{n-1} + (\alpha_1 + a_1 \alpha_0) s^{n-2} + \cdots + (\alpha_{n-1} + a_1 \alpha_{n-2} + \cdots + a_{n-1} \alpha_0)}{s^n + a_1 s^{n-1} + \cdots + a_{n-1} s + a_n} \quad (8.4)$$

A antitransformada de (8.4) dará o $y(t)$ desejado, para os $t > 0$ e satisfazendo às condições iniciais impostas. Note-se que a natureza da resposta temporal será fixada pelos zeros do *polinômio característico*

$$D(s) = s^n + a_1 s^{n-1} + \cdots + a_{n-1} s + a_n \quad (8.5)$$

ou pelas raízes da *equação característica*

$$s^n + a_1 s^{n-1} + \cdots + a_{n-1} s + a_n = 0 \quad (8.6)$$

bem como pelo tipo da excitação.

No caso de um circuito linear e invariante no tempo, as raízes de (8.6) fornecem as *freqüências complexas próprias do circuito*.

Admitindo que a transformada $U(s)$ da excitação seja uma função racional própria, verifica-se facilmente que $Y(s)$ também é uma função racional própria.

O conjunto dos pólos da resposta $Y(s)$ está incluído na união do conjunto dos zeros de $D(s)$ com o conjunto dos pólos de $U(s)$. Eventualmente, é possível que haja um *cancelamento de pólos e zeros*, se numerador e denominador de (8.4) admitirem algum fator comum do tipo $(s - s_j)$. Somente nesse caso a inclusão acima mencionada será própria.

O exame de (8.4) mostra que a resposta transformada se compõe de duas parcelas: *a resposta em estado zero*, ou *resposta em condições iniciais nulas*,

$$Y_{sz}(s) = \frac{b_0 U(s)}{s^n + a_1 s^{n-1} + \cdots + a_{n-1} s + a_n} \quad (8.7)$$

e a *reposta em entrada zero*

$$Y_{iz}(s) = \frac{P_{ci}(s)}{s^n + a_1 s^{n-1} + \cdots + a_{n-1} s + a_n} \quad (8.8)$$

onde $P_{ci}(s)$ designa o polinômio de condições iniciais, correspondente ao numerador da segunda parcela de (8.4).

À vista de (8.1) e (8.7), a função de transferência de um sistema descrito pela equação diferencial (8.2) será dada por

$$G(s) = \frac{Y_{sz}(s)}{U(s)} = \frac{b_0}{s^n + a_1 s^{n-1} + \cdots + a_{n-1} s + a_n} \qquad (8.9)$$

De um modo geral, a transformada da resposta em condições iniciais nulas se escreve então

$$Y_{sz}(s) = G(s) \cdot U(s) \qquad (8.10)$$

Nota: Normalmente omitem-se os índices s, z nesta fórmula, ficando entendido que as condições iniciais devem ser nulas, ou quiescentes, em $t = 0_-$.

Veremos mais tarde que muitas vezes a $G(s)$ pode ser obtida diretamente por inspeção do circuito.

Façamos alguns exemplos antes de prosseguir com a teoria.

Exemplo 1:

Vamos determinar a solução da equação

$\dot{y}(t) + 2y(t) = 5\delta(t)$

com a condição inicial $y(0_-) = 1$.

O polinômio característico é $D(s) = s + 2$ e a transformada da excitação é $U(s) = 5$. Antitransformando a equação dada e resolvendo em relação a $Y(s)$, vem

$$Y(s) = \frac{5+1}{s+2} = \frac{6}{s+2}$$

Antitransformando,

$y(t) = 6e^{-2t} \cdot \mathbf{1}(t)$

Note-se que a resposta deve ser descontínua na origem, pois impusemos $y(0_-) = 1$ e resultou $y(0_+) = 6$. Verifica-se facilmente que esta descontinuidade é igual à amplitude do impulso aplicado em $t = 0$.

Exemplo 2:

Consideremos agora um circuito R, C paralelo, alimentado por um gerador de corrente

$i_S(t) = 2\cos(4t) \cdot \mathbf{1}(t)$ \qquad (A)

como indicado na figura 5.7, e vamos determinar a tensão $v(t)$ no capacitor. Admitamos $R = 1\ \Omega$, $C = 0{,}5$ F e condições iniciais nulas.

A equação diferencial do circuito, por (5.38), será pois

$\dot{v}(t) + 2v(t) = 4\cos(4t),$ \qquad $t \geq 0$

e $v(0_-) = 0$.

Transformando segundo Laplace e resolvendo em relação a

$V(s) = \mathscr{L}[v(t)]$

vem

$$V(s) = \frac{4s}{(s+2)(s^2+16)}$$

Os pólos da resposta são $p_1 = -2, p_{2,3} = \pm j4$ (seg^{-1}), de modo que a expansão de $V(s)$ em frações parciais fica

$$V(s) = -\frac{2}{5}\frac{1}{s+2} + \frac{1}{1+j2} \cdot \frac{1}{s-j4} + \frac{1}{1-j2} \cdot \frac{1}{s+j4}$$

Antitransformando,

$$v(t) = -\frac{2}{5}e^{-2t} + 2\cdot\mathfrak{Re}\left[\frac{1}{1+j2}e^{j4t}\right] = -0{,}4e^{-2t} + 0{,}894\cos(4t - 63{,}4°), \quad t \geq 0$$

Neste exemplo a $v(t)$ é contínua na origem.

a2) Equação diferencial de ordem n, com derivadas no segundo membro:

Para uma classe ampla de sistemas lineares e invariantes no tempo, a relação entre uma reposta $y(t)$ e uma excitação $u(t)$ pode ser dada por uma equação diferencial ordinária, linear e a coeficientes constantes, do tipo geral

$$\begin{aligned}y^{(n)}(t) + a_1 y^{(n-1)}(t) + \cdots + a_{n-1}\dot{y}(t) + a_n y(t) = \\ = b_0 u^{(m)}(t) + b_1 u^{(m-1)}(t) + \cdots + b_{m-1}\dot{u}(t) + b_m u(t),\quad (m \leq n)\end{aligned} \quad (8.11)$$

envolvendo, portanto, derivadas da entrada. Veremos mais tarde que aparecem relações deste tipo em Circuitos Elétricos.

Aplicando a transformação de Laplace à (8.11) e fazendo, como de costume,

$$Y(s) = \mathscr{L}[y(t)], \qquad U(s) = \mathscr{L}[u(t)]$$

obtemos

$$\left(s^n + a_1 s^{n-1} + \cdots + a_{n-1}s + a_n\right)\cdot Y(s) = \left(b_0 s^m + b_1 s^{n-1} + \cdots + b_{m-1}s + b_m\right)\cdot U(s) + P_{ci}(s)$$

onde $P_{ci}(s)$ é um polinômio que depende das condições iniciais de $y(t)$ e de $u(t)$, e que se anula para condições iniciais nulas.

Resolvendo em relação à transformada da saída,

$$Y(s) = \frac{b_0 s^m + b_1 s^{m-1} + \cdots + b_{m-1} s + b_m}{s^n + a_1 s^{n-1} + \cdots + a_{n-1} s + a_n} \cdot U(s) + \frac{P_{ci}(s)}{s^n + a_1 s^{n-1} + \cdots + a_{n-1} s + a_n} \quad (8.12)$$

Vamos agora impor condições iniciais nulas. Com isso, a segunda fração do segundo membro se anula, e ficamos com

$$Y(s) = \frac{b_0 s^m + b_1 s^{m-1} + \cdots + b_{m-1} s + b_m}{s^n + a_1 s^{n-1} + \cdots + a_{n-1} s + a_n} \cdot U(s) \quad (8.13)$$

De acordo com a definição (8.1), este sistema será então caracterizado pela *função de sistema* (ou *função de rede*, no caso de circuitos lineares e invariantes no tempo),

$$G(s) = \frac{b_0 s^m + b_1 s^{m-1} + \cdots + b_{m-1} s + b_m}{s^n + a_1 s^{n-1} + \cdots + a_{n-1} s + a_n} \quad (8.14)$$

Se for $m \leq n$, a $G(s)$ é uma função racional própria. Em conseqüência de (8.13) e (8.14), a resposta em condições iniciais nulas (ou em estado zero) do sistema se escreve

$$Y_{sz}(s) = G(s) \cdot U(s) \quad (8.15)$$

ao passo que a transformada da resposta com condições iniciais arbitrárias (8.12) fica

$$Y(s) = G(s) \cdot U(s) + \frac{P_{ci}(s)}{s^n + a_1 s^{n-1} + \cdots + a_{n-1} s + a_n} \quad (8.16)$$

evidenciando mais uma vez, agora no domínio transformado, a decomposição da resposta em seus componentes em estado zero e em entrada zero.

b) Equação íntegro-diferencial:

Vamos examinar aqui um caso particular de equação íntegro-diferencial que é bastante comum em Circuitos (ver, por exemplo, os circuitos de segunda ordem no Capítulo 6). Referimo-nos a equações do tipo

$$\dot{y}(t) + a_1 y(t) + a_2 \int_{-\infty}^{t} y(\lambda) d\lambda = u(t) \quad (8.17)$$

onde a_1 e a_2 são constantes reais. Admitiremos ainda que $y(0_-) = \alpha_0$.

Aplicando a esta equação a transformação de Laplace, com o auxílio dos teoremas da derivada e da integral, obtemos

$$sY(s) - \alpha_0 + a_1 Y(s) + a_2 \left[\frac{1}{s} Y(s) + \frac{1}{s} \int_{-\infty}^{0_-} y(\lambda) d\lambda \right] = U(s) \quad (8.18)$$

A integral definida que aparece no primeiro membro é uma constante. Vamos então fazer

$$\int_{-\infty}^{0_-} y(\lambda) d\lambda = \alpha_{-1}$$

A Descrição Entrada-saída e o Problema de Valor Inicial

Nota: Compare (8.18) com (6.1) e (6.31), para ver o significado físico que pode ser atribuído a α_{-1}. Não esqueça de fazer o coeficiente da integral igual a 1.

Resolvendo (8.18) em relação a $Y(s)$ e multiplicando tudo por s, resulta:

$$Y(s) = \frac{sU(s)}{s^2 + a_1 s + a_2} + \frac{s\alpha_0 - a_2 \alpha_{-1}}{s^2 + a_1 s + a_2} \tag{8.19}$$

A titulo de exemplo, o estudante poderá antitransformar esta equação para obter os resultados apresentados no Capítulo 6 sobre os circuitos R, L, C.

A função de rede deste circuito será

$$G(s) = \frac{s}{s^2 + a_1 s + a_2} \tag{8.20}$$

c) Os sistemas de equações diferenciais ordinárias, lineares e a coeficientes constantes:

Como veremos mais tarde, em geral os modelos matemáticos de circuitos lineares e invariantes no tempo (ou, fixos) fornecem-nos *sistemas de equações diferenciais ordinárias, lineares e a coeficientes constantes*.

A *ordem* de um sistema de equações diferenciais ordinárias e lineares é definida como a soma das derivadas de ordem máxima de cada uma das variáveis.

A estes sistemas devem ser acrescentadas *condições iniciais*, para completar a formulação de um problema de valor inicial. Também neste caso a transformação de Laplace permitirá a determinação, de maneira automática, da solução do problema de valor inicial.

Tratando-se de sistemas de equações, a notação geral fica muito pesada, de modo que vamos apenas exemplificar o método geral, com um caso particular de apenas duas equações. Não haverá dificuldade para estender o procedimento a um número maior de equações.

Consideremos então o sistema de duas equações diferenciais

$$\begin{cases} (a_{11}D + b_{11})y_1(t) + (a_{12}D + b_{12})y_2(t) = u_1(t) \\ (a_{21}D + b_{21})y_1(t) + (a_{22}D + b_{22})y_2(t) = u_2(t) \end{cases} \tag{8.21}$$

onde y_1 e y_2 são as funções incógnitas e $D = d/dt$ é o operador de derivação.

Impondo condições iniciais quiescentes e transformando (8.21) segundo Laplace obtemos, já passando para notação matricial,

$$\begin{bmatrix} a_{11}s + b_{11} & a_{12}s + b_{12} \\ a_{21}s + b_{12} & a_{22}s + b_{22} \end{bmatrix} \cdot \begin{bmatrix} Y_1(s) \\ Y_2(s) \end{bmatrix} = \begin{bmatrix} U_1(s) \\ U_2(s) \end{bmatrix} \tag{8.22}$$

Para que este sistema possa ser resolvido em relação a Y_1 e Y_2, é necessário que o determinante da matriz do primeiro membro seja não identicamente nulo. Mas este determinante é, exatamente, o polinômio característico do sistema:

$$D(s) = \det\left(\begin{bmatrix} a_{11}s + b_{11} & a_{12}s + b_{12} \\ a_{21}s + b_{21} & a_{22}s + b_{22} \end{bmatrix}\right) \quad (8.23)$$

Este determinante reduz-se a um polinômio do segundo grau em s, do tipo

$$D(s) = a_0 s^2 + a_1 s + a_2$$

Para que $D(s)$ seja não identicamente nulo, ao menos uma das três condições abaixo deve ser satisfeita:

$$\begin{cases} a_0 = a_{11}a_{22} - a_{12}a_{21} \neq 0 \\ a_1 = (a_{11}b_{22} + b_{11}a_{22}) - (a_{12}b_{21} + b_{12}a_{21}) \neq 0 \\ a_2 = b_{11}b_{22} - b_{12}b_{21} \neq 0 \end{cases} \quad (8.24)$$

Nessas condições existirá a inversa da matriz de (8.22) e o problema poderá ser resolvido. Formalmente podemos escrever

$$\begin{bmatrix} Y_1(s) \\ Y_2(s) \end{bmatrix} = \frac{1}{D(s)} \cdot \begin{bmatrix} a_{22}s + b_{22} & -a_{12}s - b_{12} \\ -a_{21}s - b_{21} & a_{11}s + b_{11} \end{bmatrix} \cdot \begin{bmatrix} U_1(s) \\ U_2(s) \end{bmatrix} \quad (8.25)$$

A equação $D(s) = 0$ é a *equação característica* do sistema.

Com a (8.25), $Y_1(s)$ e $Y_2(s)$ podem ser calculados e sua antitransformação completa a solução do problema.

Podemos definir aqui quatro funções de rede:

$$G_1(s) = \frac{Y_1(s)}{U_1(s)} \quad G_2(s) = \frac{Y_1(s)}{U_2(s)} \quad G_3(s) = \frac{Y_2(s)}{U_1(s)} \quad G_4(s) = \frac{Y_2(s)}{U_2(s)}$$

Note-se que é perfeitamente possível que o polinômio $D(s)$ não seja do segundo grau. Neste caso o nosso sistema terá menos de duas freqüências complexas próprias. Diz-se então que o sistema é *redutível*. Em particular, se $D(s) \equiv 0$, o sistema diz-se *degenerado*.

Antes de prosseguir, façamos mais alguns exemplos.

Exemplo 3:

Vamos determinar as soluções do sistema homogêneo, não redutível,

$$\begin{cases} (D+1)y_1(t) + (D+2)y_2(t) = 0 \\ 2Dy_1(t) + y_2(t) = 0 \end{cases}$$

onde D indica o operador de derivação, e com as condições iniciais

$$\begin{cases} y_1(0_-) = \alpha_1 = 1 \\ y_2(0_-) = \alpha_2 = 2 \end{cases}$$

A Descrição Entrada-saída e o Problema de Valor Inicial

Aplicando a transformação de Laplace, jogando os termos de valor inicial para o segundo membro e escrevendo as equações na forma matricial, obtemos

$$\begin{bmatrix} s+1 & s+2 \\ 2s & 1 \end{bmatrix} \cdot \begin{bmatrix} Y_1(s) \\ Y_2(s) \end{bmatrix} = \begin{bmatrix} \alpha_1 + \alpha_2 \\ 2\alpha_1 \end{bmatrix} = \begin{bmatrix} 3 \\ 2 \end{bmatrix}$$

Portanto, a equação característica é

$$D(s) = -2s^2 - 3s + 1 = 0$$

cujas raízes são $s_1 = 0{,}281$ e $s_2 = -1{,}781$.

Resolvendo a equação matricial em relação a Y_1 e Y_2, vem

$$\begin{bmatrix} Y_1(s) \\ Y_2(s) \end{bmatrix} = \frac{1}{-2s^2 - 3s + 1} \cdot \begin{bmatrix} 1 & -s-2 \\ -2s & s+1 \end{bmatrix} \begin{bmatrix} 3 \\ 2 \end{bmatrix} = \frac{1}{2s^2 + 3s - 1} \cdot \begin{bmatrix} 2s+1 \\ 4s-2 \end{bmatrix}$$

Portanto, resultam

$$Y_1(s) = \frac{2s+1}{2s^2 + 3s - 1}, \qquad Y_2(s) = \frac{4s-2}{2s^2 + 3s - 1}$$

Antitransformando (convém usar um computador!) obtemos o resultado

$$\begin{cases} y_1(t) = 0{,}3788 e^{0{,}281t} + 0{,}6212 e^{-1{,}781t} \\ y_2(t) = -0{,}2124 e^{0{,}281t} + 2{,}2124 e^{-1{,}781t} \end{cases} \quad (t \geq 0)$$

É fácil verificar, embora seja um pouco longo, que y_1 e y_2 satisfazem identicamente ao sistema diferencial dado. Por outro lado,

$$y_1(0_+) = 1 \quad \text{e} \quad y_2(0_+) = 2$$

de modo que as soluções satisfazem também às condições iniciais dadas. Não há dúvida que obtivemos a solução do problema proposto.

Exemplo 4:

Vamos modificar um pouco o exemplo anterior, de modo a torná-lo redutível. Consideremos então o sistema

$$\begin{cases} (D+1) y_1(t) + (D+2) y_2(t) = 0 \\ 2D y_1(t) + (2D+1) y_2(t) = 0 \end{cases}$$

com as condições iniciais $y_1(0_-) = \alpha_1 = 1$ e $y_2(0_-) = \alpha_2 = 2$.

Transformando, como no exemplo anterior, obtemos

$$\begin{bmatrix} s+1 & s+2 \\ 2s & 2s+1 \end{bmatrix} \cdot \begin{bmatrix} Y_1(s) \\ Y_2(s) \end{bmatrix} = \begin{bmatrix} \alpha_1 + \alpha_2 \\ 2(\alpha_1 + \alpha_2) \end{bmatrix} = \begin{bmatrix} 3 \\ 6 \end{bmatrix}$$

Note-se que a solução vai depender da soma das condições iniciais, e não de seus valores individuais.

A equação característica é, agora,

$$D(s) = -(s-1) = 0$$

indicando a redutibilidade do sistema. Apesar disto, vamos prosseguir com a solução formal. Resolvendo o sistema anterior em relação ao vetor dos Y, segue-se

$$\begin{bmatrix} Y_1(s) \\ Y_2(s) \end{bmatrix} = \frac{1}{-(s-1)} \cdot \begin{bmatrix} 2s+1 & -s-2 \\ -2s & s+1 \end{bmatrix} \cdot \begin{bmatrix} 3 \\ 6 \end{bmatrix} = \frac{1}{s-1} \cdot \begin{bmatrix} 9 \\ -6 \end{bmatrix}$$

A antitransformação é imediata:

$$\begin{cases} y_1(t) = 9e^t \\ y_2(t) = -6e^t \end{cases} \quad (t > 0)$$

Neste exemplo $y_1(0_+)$ e $y_2(0_+)$ não são iguais aos valores impostos em 0_-; no entanto, as soluções acima satisfazem identicamente ao sistema dado para os $t > 0$. De fato, a integração do sistema entre os limites 0_- e 0_+ mostra que a soma das condições iniciais em 0_- tem que ser igual à soma dos valores de $y_1(0_+)$ e $y_2(0_+)$, de modo que pode haver descontinuidade da origem.

Exemplo 5:

Vamos agora modificar novamente o sistema, de modo a torná-lo degenerado. Tomemos então

$$\begin{cases} (D+1)y_1(t) + (D+1)y_2(t) = 0 \\ 2Dy_1(t) + 2Dy_2(t) = 0 \end{cases}$$

novamente com as condições iniciais $y_1(0_-) = \alpha_1 = 1$ e $y_2(0_-) = \alpha_2 = 2$.

Aplicando a transformação de Laplace obtemos

$$\begin{bmatrix} s+1 & s+1 \\ 2s & 2s \end{bmatrix} \cdot \begin{bmatrix} Y_1(s) \\ Y_2(s) \end{bmatrix} = \begin{bmatrix} \alpha_1 + \alpha_2 \\ 2(\alpha_1 + \alpha_2) \end{bmatrix} = \begin{bmatrix} 3 \\ 6 \end{bmatrix}$$

Obviamente $D(s) = 0$, de modo que o sistema é degenerado. As duas equações são linearmente dependentes e, portanto, ou não há soluções ou há infinitas soluções, dependendo do vetor do segundo membro.

Os resultados dos exemplos anteriores são elucidativos, e merecem alguma discussão.

Até agora os processos resolutivos que empregamos, via transformação de Laplace, não foram validados matematicamente. Apenas no Exemplo 3 esta validação foi sugerida, e somente para esse caso particular. Em compensação, no Exemplo 4 afirmou-se que as funções obtidas satisfazem identicamente às equações diferenciais, mas seus valores em 0_+ não coincidem com as condições iniciais impostas.

Este exemplo mostrou então que podemos obter soluções tais que seus limites quando t tende a 0_+, por valores à direita, não coincidem com as condições iniciais impostas. Não é preciso, para isto acontecer, que o sistema seja redutível; basta aplicar a mesma técnica ao Exemplo 2 da Seção 7.5 do Capítulo 7 para comprovar este fato.

Estas considerações sugerem que a aplicação da transformação de Laplace à solução de equações diferenciais ordinárias, lineares e a coeficientes constantes, com a imposição de condições iniciais em $t = 0_-$, fornece resultados corretos, no sentido que:

a) as funções obtidas satisfazem às equações propostas, para os $t > 0$;

b1) os limites destas funções, quando t tende a 0_+ por valores à direita, coincidem com as condições iniciais dadas; ou

b2) estes limites podem ser calculados a partir das condições iniciais em $t = 0_-$, mediante integração entre 0_- e 0_+, das equações diferenciais dadas, mesmo que ocorram impulsos na origem.

A validação destas afirmações não cabe neste curso (a respeito ver, por exemplo, Ghizzetti, ref. 1, no fim deste Capítulo). Basta-nos enunciar a regra prática para resolver sistemas de equações diferenciais ordinárias, lineares e a coeficientes constantes, por transformação de Laplace:

a) aplique a transformação de Laplace ao sistema considerado, impondo as condições iniciais dadas em $t = 0_-$, quando exigido pelo teorema da derivação;

b) resolva o sistema algébrico, resultante da etapa anterior, em relação às transformadas das funções incógnitas. Se esta solução de maneira única for impossível, o sistema é degenerado, e deverá ser estudado em particular;

c) antitransforme os resultados obtidos em (b); as funções de tempo resultante constituem a solução (no sentido acima explicado) do problema proposto.

Concluindo, notemos que o mesmo procedimento pode ser aplicado à solução de sistemas de equações íntegro-diferenciais lineares a coeficientes constantes, em que comparecem as funções incógnitas, suas derivadas primeiras e suas integrais.

Evidentemente o processo manual de determinação das funções incógnitas, ou de determinação das *soluções no domínio do tempo* (para usar a terminologia da Engenharia Elétrica), é bastante trabalhoso; será conveniente usar um computador para obter estas soluções. Felizmente, essa determinação não é, para nós, o mérito principal da transformação de Laplace. Suas demais aplicações, importantes no estudo de Circuitos e Sistemas, serão examinadas mais tarde, não só neste curso como em outros. Mas, para chegar a esses resultados precisamos estudar mais alguns teoremas e estabelecer mais alguns resultados.

Vamos concluir esta Seção com mais dois exemplos de circuitos, sendo um redutível e outro degenerado.

Exemplo 6 - Circuito redutível:

Consideremos o circuito da figura 8.1, que tem a peculiaridade de conter um laço constituído por dois capacitores e uma fonte ideal de tensão.

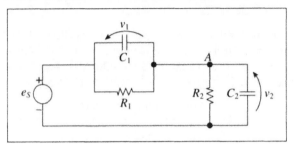

Figura 8.1 Circuito R, C redutível.

Aplicando a 1ª lei de Kirchhoff ao nó A obtemos

(a) $C_1 \dfrac{dv_1}{dt} + G_1 v_1 - C_2 \dfrac{dv_2}{dt} - G_2 v_2 = 0$

Da aplicação da 2ª lei de Kirchhoff à malha externa resulta

(b) $v_1 + v_2 = e_S$

Transformando (a) e (b), com as condições iniciais $v_1(0_-) = v_{10}$ e $v_2(0_-) = v_{20}$, obtemos o sistema

(c) $\begin{bmatrix} sC_1 + G_1 & -(sC_2 + G_2) \\ 1 & 1 \end{bmatrix} \cdot \begin{bmatrix} V_1(s) \\ V_2(s) \end{bmatrix} = \begin{bmatrix} C_1 v_{10} - C_2 v_{20} \\ E_S(s) \end{bmatrix}$

A equação característica deste sistema é

$D(s) = s(C_1 + C_2) + G_1 + G_2 = 0$

reduzindo-se a uma equação de primeiro grau, apesar do circuito ter dois elementos armazenadores de energia. Isto sucede porque o laço de fonte de tensão e de capacitores impõem uma relação entre as tensões correspondentes, para os $t > 0$. Apesar disto, impusemos tensões iniciais arbitrárias para os capacitores, em $t = 0_-$. Deve ficar claro que esta imposição só pode ser feita se pelo menos um dos capacitores for chaveado em $t = 0$.

Resolvendo (c), obtemos

$\begin{bmatrix} V_1(s) \\ V_2(s) \end{bmatrix} = \dfrac{1}{(C_1 + C_2) \cdot (s - s_1)} \cdot \begin{bmatrix} 1 & sC_2 + G_2 \\ -1 & sC_1 + G_1 \end{bmatrix} \cdot \begin{bmatrix} C_1 v_{10} - C_2 v_{20} \\ E_S(s) \end{bmatrix} =$

$= \dfrac{1}{(C_1 + C_2) \cdot (s - s_1)} \cdot \begin{bmatrix} C_1 v_{10} - C_2 v_{20} + (sC_2 + G_2) \cdot E_S(s) \\ -(C_1 v_{10} - C_2 v_{20}) + (sC_1 + G_1) \cdot E_S(s) \end{bmatrix}$

onde $s_1 = -(G_1 + G_2)/(C_1 + C_2)$.

Antitransformando este resultado, é fácil verificar que as cargas iniciais dos capacitores sofrem um reajuste impulsivo em $t = 0$. Chegamos então às conclusões já apontadas na seção final do Capítulo 5.

Aplicação:

O circuito da figura 8.1 serve de modelo para pontas de prova atenuadoras para osciloscópios. C_1 e R_1 são elementos da ponta de prova, R_2 representa a resistência de entrada do osciloscópio e C_2 corresponde à soma da capacitância do cabo coaxial da ponta de prova com a capacitância de entrada do osciloscópio. Tipicamente, $R_2 = 1$ MΩ e $C_2 \approx 100$ pF.

A função de transferência do circuito, calculada a partir de (c), com condições iniciais nulas, será

(d) $G(s) = \dfrac{V_2(s)}{E_s(s)} = \dfrac{C_1}{C_1 + C_2} \cdot \dfrac{s + \dfrac{G_1}{C_1}}{s + \dfrac{G_1 + G_2}{C_1 + C_2}}$

Para que essa função independa de s devemos ter

(e) $s + \dfrac{G_1}{C_1} = s + \dfrac{G_1 + G_2}{C_1 + C_2}$ ou

(f) $R_1 C_1 = R_2 C_2$

Nesse caso a função de transferência reduz-se a uma constante

(h) $G(s) = \dfrac{C_1}{C_1 + C_2} = \dfrac{R_2}{R_1 + R_2}$

de modo que a forma de onda aplicada à entrada da ponta de prova será reproduzida fielmente na entrada do osciloscópio.

Com os valores numéricos acima indicados, é fácil ver que teremos uma atenuação de 10 se for $R_1 = 9$ MΩ. O valor de C_1 deverá ser então da ordem de 11 pF. De fato, na ponta de prova C_1 é realizado por um capacitor ajustável ("trimmer").

O mesmo princípio é também utilizado nos *atenuadores compensados* dos osciloscópios.

Exemplo 7:

Aplicando a primeira lei de Kirchhoff ao nó superior do circuito da figura 8.2 obtemos a equação

$[(1 - \beta)D + (1 - g)]e_1(t) = i_S(t)$

onde D indica o operador de derivação. Para $\beta = 1$ e $g = 1$ o sistema degenera, pois o polinômio característico fica identicamente nulo.

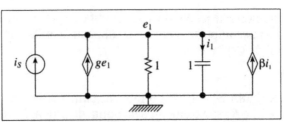

Figura 8.2 Exemplo de circuito degenerado.

Neste caso, se for $i_S(t) \equiv 0$, qualquer $e_1(t)$ é uma possível solução.

8.3 Os Teoremas do Valor Inicial e do Valor Final

Os valores inicial e final de uma função $f(t)$, isto é, seus valores em $t = 0_+$ e em $t \to \infty$, podem ser calculados a partir de sua transformada $F(s)$, sem efetuar a antitransformação de Laplace, como mostram os teoremas seguintes.

a) Teorema do valor inicial

Seja $f(t)$ uma função $\mathcal{L}$ - transformável e contínua para os $t \geq 0$ a menos, eventualmente, de uma descontinuidade em degrau na origem. Se $F(s)$ for sua transformada de Laplace, vale

$$\lim_{s \to \infty} [sF(s)] = \lim_{t \to 0_+} [f(t)] = f(0_+) \qquad (8.26)$$

se existirem os limites indicados.

Para demonstrar este resultado, partimos do teorema da transformada da derivada

$$\mathcal{L}[\dot{f}(t)] = \int_{0_-}^{\infty} e^{-st} \dot{f}(t) dt = sF(s) - f(0_-)$$

Tomando o limite desta expressão, quando $s \to \infty$, obtemos

$$\lim_{s \to \infty} = \int_{0_-}^{\infty} e^{-st} \dot{f}(t) dt = \lim_{s \to \infty} [sF(s)] - f(0_-) \qquad (8.27)$$

Suponhamos inicialmente que a $f(\cdot)$ é contínua, inclusive na origem; nesse caso sua derivada não contém impulsos e

$$\lim_{s \to \infty} = \int_{0_-}^{\infty} e^{-st} \dot{f}(t) dt = 0$$

pois a $f(\cdot)$ é transformável segundo Laplace. Em conseqüência, a (8.27) fornece

$$\lim_{s \to \infty} = [sF(s)] = f(0_-) = f(0_+)$$

pois a $f(\cdot)$ é contínua na origem, por hipótese. Fica assim demonstrada a (8.26) para o caso de funções de tempo contínuas na origem.

Os Teoremas do Valor Inicial e do Valor Final　　　　　　　　　　　　　　**231**

Consideremos agora o caso em que a $f(\cdot)$ tem uma descontinuidade em degrau na origem, como indicado na figura 8.3.

Podemos então decompô-la na soma

$$f(t) = f_1(t) + A \cdot \mathbf{1}(t)$$

onde a $f_1(\cdot)$ é contínua. A derivada da $f(\cdot)$ será, então,

$$\dot{f}(t) = \dot{f}_1(t) + A\delta(t)$$

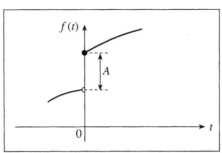

Figura 8.3 Função com descontinuidade em degrau na origem.

Portanto,

$$\int_{0_-}^{\infty} e^{-st} \dot{f}(t)dt = \int_{0_-}^{\infty} e^{-st} \dot{f}_1(t)dt + A$$

A substituição deste resultado em (8.27) fornece

$$\lim_{s \to \infty}[sF(s)] - f(0_-) = \lim_{s \to \infty} \int_{0_-}^{\infty} e^{-st} \dot{f}_1(t)dt + A$$

No limite a integral do segundo membro é nula, pois a $\dot{f}_1$ é $\mathscr{L}$-transformável. Portanto,

$$\lim_{s \to \infty}[sF(s)] = f(0_-) + A = f(0_+)$$

completando assim a demonstração do teorema.

Na aplicação deste teorema podem aparecer dificuldades, pois sua demonstração exige condições em $f(t)$, ao passo que conhecemos apenas $F(s)$. Como verificar, por exemplo, que a $f(t)$ só tem descontinuidade em degrau na origem, sem fazer a antitransformação de $F(s)$?

Para a classe das funções racionais próprias essa verificação é simples: basta que a $F(s)$ seja estritamente própria.

b) Teorema do valor final:

Seja $F(s)$ a transformada de Laplace de uma função $f(t)$. Se existirem os limites indicados, vale

$$\lim_{s \to 0}[sF(s)] = \lim_{t \to \infty} f(t) \qquad (8.28)$$

De fato, admitindo que a $f(t)$ é derivável, o teorema da derivação fornece

$$\int_{0_-}^{\infty} e^{-st} \dot{f}(t)dt = sF(s) - f(0_-)$$

Tomando o limite para $s \to 0$ de ambos os membros desta expressão,

$$\lim_{s \to 0} \int_{0_-}^{\infty} e^{-st} \dot{f}(t)dt = \lim_{s \to 0}[sF(s)] - f(0_-) \qquad (8.29)$$

Invertendo a integral imprópria e o limite no primeiro membro desta equação, o que é permissível se a $\dot{f}$ for $\mathcal{L}$ – transformável, resulta

$$\int_{0_-}^{\infty} \dot{f}(t)(\lim_{s \to 0} e^{-st})dt = \lim_{t \to \infty}[f(t)] - f(0_-)$$

Colocando este resultado em (8.29), obtemos (8.28), completando a demonstração do teorema.

Na aplicação deste teorema aparece, naturalmente, a mesma dificuldade do anterior: a existência do limite de $sF(s)$ em (8.28) não assegura a existência do limite de $f(t)$ para $t \to \infty$. Se $F(s)$ for uma função racional já sabemos, pelas fórmulas de antitransformação, que o limite da $f(t)$ para $t \to \infty$ só existirá se a $F(s)$ não tiver pólos no semi-plano direito completo (isto é, incluindo o eixo imaginário) do plano complexo.

De fato, pólos com parte real maior que zero geram, na antitransformada, funções que crescem exponencialmente, ao passo que pólos sobre o eixo imaginário geram senóides ou co-senóides. Em ambos os casos não existe limite da $f(\cdot)$ quando t tende a infinito.

8.4 A Integral de Convolução

Sejam f_1 e f_2 duas funções de t, definidas em $(-\infty, \infty)$. A *convolução* destas duas funções, designada por $f_1 * f_2$, é uma terceira função de t, definida por

$$(f_1^* f_2)(t) = \int_{-\infty}^{\infty} f_1(\lambda) f_2(t - \lambda) d\lambda \qquad (8.30)$$

se existir a integral para qualquer t. Assim, a função f_2 foi refletida em relação ao eixo vertical (λ trocado por $-\lambda$) e deslocada de t. Daí decorre o nome de convolução dado à integral.

Para maior simplicidade, usaremos sobretudo a notação

$$f_1(t) * f_2(t) = \int_{-\infty}^{\infty} f_1(\lambda) f_2(t - \lambda) d\lambda \qquad (8.31)$$

Verifica-se sem dificuldade que a convolução é comutativa, distributiva e associativa, isto é, que valem as relações

$$f_1(t) * f_2(t) = f_2(t) * f_1(t) \qquad (8.32,a)$$

(pois $\int_{-\infty}^{\infty} f_1(\lambda)f_2(t-\lambda)d\lambda = \int_{-\infty}^{\infty} f_2(\lambda)f_1(t-\lambda)d\lambda$).

$$f_1(t)*[f_2(t)+f_3(t)] = f_1(t)*f_2(t) + f_1(t)*f_3(t) \qquad (8.32,b)$$

$$[f_1(t)*f_2(t)]*f_3(t) = f_1(t)*[f_2(t)*f_3(t)] = f_1(t)*f_2(t)*f_3(t) \qquad (8.32,c)$$

Consideremos agora duas funções f_1 e f_2, nulas para os $t < 0$, ou *funções causais*. Sua convolução reduz-se a

$$f_1(t)*f_2(t) = \int_0^t f_1(\lambda)f_2(t-\lambda)d\lambda \qquad (8.33)$$

pois o integrando é nulo para os $t < 0$ e para os $\lambda > t$. No que se segue, consideraremos sempre a convolução de funções causais, isto é, nulas para os $t < 0$. Neste caso a convolução se interpreta graficamente como ilustrado na figura 8.4.

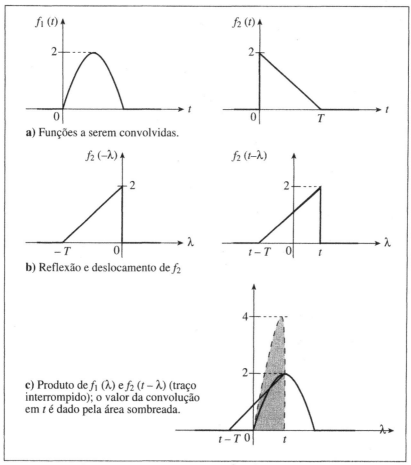

Figura 8.4 Interpretação gráfica da convolução.

Esta figura mostra que, para obter o integrando em cada t, devemos: a) refletir uma das funções segundo o eixo vertical, substituindo, por exemplo, $f_2(t)$ por $f_2(-\lambda)$;

b) deslocar a função refletida de t, passando de $f_2(-\lambda)$ para $f_2(t-\lambda)$; c) multiplicar ponto a ponto as ordenadas de $f_1(\lambda)$ e $f_2(t-\lambda)$; d) fazer a integral de 0 a t da curva obtida no passo anterior.

O cálculo numérico da convolução se pode fazer seguindo as etapas indicadas na interpretação gráfica e usando um algoritmo conveniente para a etapa da integração.

8.5 A Transformada de Laplace da Convolução

Grande parte do interesse da convolução neste curso decorre do seguinte *teorema*:

Dadas duas funções do tempo, f_1 e f_2, nulas para os $t < 0$ e com transformadas de Laplace $F_1(s)$ e $F_2(s)$, então a transformada de Laplace da convolução de f_1 e f_2 é igual ao produto das respectivas transformadas, isto é,

$$\mathscr{L}[f_1(t) * f_2(t)] = F_1(s) \cdot F_2(s) \qquad (8.34)$$

Resumindo, a transformação de Laplace transforma a operação *convolução* na operação *produto de transformadas*.

Para demonstrar a (8.34), começamos aplicando a definição de transformada à convolução:

$$\mathscr{L}[f_1(t) * f_2(t)] = \int_{0_-}^{\infty} \left[\int_{0_-}^{t} f_1(t-\lambda) f_2(\lambda) d\lambda \right] e^{-st} dt \qquad (8.35)$$

Mas, com t fixo, e introduzindo a função degrau,

$$\int_{0_-}^{t} f_1(t-\lambda) f_2(\lambda) d\lambda = \int_{0_-}^{\infty} \mathbf{1}(t-\lambda) f_1(t-\lambda) f_2(\lambda) d\lambda$$

pois $1(t-\lambda)$ é igual a 1 para os $\lambda < t$ e é nulo para os $\lambda > t$. Substituindo este resultado em (8.35), multiplicando e dividindo o integrando por $e^{s\lambda}$, vem

$$\mathscr{L}[f_1(t) * f_2(t)] = \int_{0_-}^{\infty} \int_{0_-}^{\infty} \mathbf{1}(t-\lambda) f_1(t-\lambda) f_2(\lambda) d\lambda e^{-s\lambda} e^{-s(t-\lambda)} dt$$

Separando as integrais (recorra a um livro de Cálculo para justificar este passo),

$$\mathscr{L}[f_1(t) * f_2(t)] = \int_{0_-}^{\infty} e^{-s\lambda} f_2(\lambda) d\lambda \cdot \int_{0_-}^{\infty} e^{-s(t-\lambda)} f_1(t-\lambda) \mathbf{1}(t-\lambda) dt$$

Fazendo a mudança de variável $\xi = t - \lambda$ na segunda integral, vem

$$\mathscr{L}[f_1(t) * f_2(t)] = \int_{0_-}^{\infty} e^{-s\lambda} f_2(\lambda) d\lambda \int_{0_-}^{\infty} e^{-s\xi} f_1(\xi) d\xi$$

pois $\mathbf{1}(\xi)$ é nulo para os ξ negativos. Mas as integrais acima são, respectivamente, as transformadas de Laplace de f_2 e f_1, de modo que, finalmente,

$$\mathscr{L}[f_1(t) * f_2(t)] = F_2(s) \cdot F_1(s) = F_1(s) \cdot F_2(s)$$

como queríamos verificar. Observe-se que a transformação de Laplace transformou a convolução das duas funções no produto de suas transformadas.

Aplicando agora a transformação inversa à expressão acima, obtemos

$$f_1(t) * f_2(t) = \mathscr{L}^{-1}[F_1(s) \cdot F_2(s)] \tag{8.36}$$

ou seja, a antitransformada do produto de duas transformadas é a convolução das funções originais.

Os resultados (8.28) e (8.30) são importantes nas aplicações, sobretudo em Teoria de Circuitos e em Teoria de Sistemas. Aplicações simples vêm indicadas nos exemplos seguintes.

Exemplo 1:

Calcular a integral

$$g(t) = \int_{0_-}^{t} e^{-a(t-\lambda)} \mathbf{1}(\lambda) d\lambda$$

que corresponde à convolução das funções $e^{-at}\mathbf{1}(t)$ e $\mathbf{1}(t)$.

Vamos resolver este exemplo de duas maneiras:

a) Por *transformação* de Laplace:

Pelo teorema da convolução,

$$\mathscr{L}[g(t)] = \mathscr{L}[e^{-at}] \cdot \mathscr{L}[\mathbf{1}(t)] = \frac{1}{s(s+a)}$$

Antitransformando,

$$g(t) = \frac{1}{a}(1 - e^{-at}) \cdot \mathbf{1}(t)$$

b) Por integração direta:

$$g(t) = \int_{0_-}^{t} e^{-a(t-\lambda)} \mathbf{1}(\lambda) d\lambda = \int_{0_-}^{t} e^{-a\lambda} \mathbf{1}(t-\lambda) d\lambda$$

onde usamos a comutatividade da convolução. Notando ainda que $\mathbf{1}(t-\lambda) = 1$ no domínio de integração, resulta

$$g(t) = \int_{0_-}^{t} e^{-a\lambda} d\lambda = \frac{1}{a}(1 - e^{-at}), \qquad t \geq 0$$

resultado equivalente ao anterior.

Exemplo 2:

Calcular a convolução da exponencial $f_1(t) = e^{-at}\mathbf{1}(t)$ com o pulso retangular $f_2(t) = A[\mathbf{1}(t) - \mathbf{1}(t - T)]$, onde T é uma constante real e maior que zero.

Usando a definição de convolução, temos

$$g(t) = \int_{0_-}^{t} e^{-a\lambda} A[\mathbf{1}(t - \lambda) - \mathbf{1}(t - T - \lambda)]d\lambda$$

Convém distinguir dois casos:

I) - $0 \le t \le T$:

$$g(t) = A\int_{0}^{t} e^{-a\lambda}\mathbf{1}(t - \lambda)d\lambda = \frac{A}{a}(1 - e^{-at})$$

II) - $t \ge T$:

$$g(t) = \int_{0}^{t} e^{-a\lambda} A\mathbf{1}(t - \lambda)d\lambda - \int_{0}^{t} e^{-a\lambda} A \cdot \mathbf{1}(t - T - \lambda)d\lambda =$$

$$= \frac{A}{a}(1 - e^{-at}) + A\int_{0}^{t-T} e^{-a\lambda}d\lambda \Rightarrow g(t) = \frac{A}{a}\left(e^{-aT} - 1\right)e^{-at}, \qquad t \ge T$$

Usando transformação de Laplace, a transformada da convolução será

$$G(s) = \frac{1}{s + a} \cdot \frac{A}{s}\left(1 - e^{-sT}\right) = \frac{A}{s(s + a)} - \frac{A}{s(s + a)}e^{-sT}$$

Antitransformando com o teorema do deslocamento obtemos

$$g(t) = \frac{A}{a}(1 - e^{-at}) \cdot \mathbf{1}(t) - \frac{A}{a}(1 - e^{-a(t-T)})\mathbf{1}(t - T)$$

É fácil ver que este resultado concorda com o anterior.

Nota: A interpretação gráfica da convolução ajuda bastante neste exercício. Experimente usá-la.

8.6 Resposta Impulsiva e Convolução

As aplicações importantes do teorema da convolução em circuitos Elétricos estão relacionadas com o seguinte fato:

- qualquer resposta de um circuito linear e invariante no tempo, a partir de condições iniciais nulas, pode ser calculada pela *convolução entre a resposta impulsiva e a excitação*. Vamos explicar isto.

Seja então um sistema com a descrição entrada-saída

$$\begin{aligned} y^{(n)}(t) + a_1 y^{(n-1)}(t) + \cdots + a_{n-1}\dot{y}(t) + a_n y(t) = \\ = b_0 u^{(m)}(t) + b_1 u^{(m-1)}(t) + \cdots + b_{m-1}\dot{u}(t) + b_m u(t), \end{aligned} \qquad (m \le n) \qquad (8.37)$$

envolvendo, portanto, derivadas da entrada.

Aplicando a transformação de Laplace à (8.37) e fazendo, como de costume,

$$Y(s) = \mathscr{L}[y(t)], \qquad U(s) = \mathscr{L}[u(t)]$$

obtemos

$$\left(s^n + a_1 s^{n-1} + \cdots + a_{n-1} s + a_n\right) \cdot Y(s) = \left(b_0 s^m + b_1 s^{n-1} + \cdots + b_{m-1} s + b_m\right) \cdot U(s) + P_{ci}(s)$$

onde $P_{ci}(s)$ é um polinômio que depende das condições iniciais e que se anula para condições iniciais nulas.

Resolvendo em relação à transformada da saída,

$$Y(s) = \frac{b_0 s^m + b_1 s^{m-1} + \cdots + b_{m-1} s + b_m}{s^n + a_1 s^{n-1} + \cdots + a_{n-1} s + a_n} \cdot U(s) + \frac{P_{ci}(s)}{s^n + a_1 s^{n-1} + \cdots + a_{n-1} s + a_n} \qquad (8.38)$$

Vamos agora impor condições iniciais nulas. Com isso, a segunda fração do segundo membro se anula, e ficamos com

$$Y(s) = \frac{b_0 s^m + b_1 s^{m-1} + \cdots + b_{m-1} s + b_m}{s^n + a_1 s^{n-1} + \cdots + a_{n-1} s + a_n} \cdot U(s) \qquad (8.39)$$

De acordo com a definição (8.1), este sistema será então caracterizado pela *função de sistema* (ou *função de rede*, no caso de circuitos lineares e invariantes no tempo),

$$G(s) = \frac{b_0 s^m + b_1 s^{m-1} + \cdots + b_{m-1} s + b_m}{s^n + a_1 s^{n-1} + \cdots + a_{n-1} s + a_n} \qquad (8.40)$$

Se for $m \leq n$, a $G(s)$ é uma função racional própria. Em conseqüência de (8.39) e (8.40), a resposta em condições iniciais nulas (ou em estado zero) do sistema se escreve

$$Y_{sz}(s) = G(s) \cdot U(s) \qquad (8.41)$$

ao passo que a transformada da resposta com condições iniciais arbitrárias (8.38) fica

$$Y(s) = G(s) \cdot U(s) + \frac{P_{ci}(s)}{s^n + a_1 s^{n-1} + \cdots + a_{n-1} s + a_n} \qquad (8.42)$$

evidenciando mais uma vez, agora no domínio transformado, a decomposição da resposta em seus componentes em estado zero e em entrada zero.

Isto posto, vamos supor que o sistema é excitado por um impulso unitário, isto é, que $u(t) = \delta(t)$, com estado zero em $t = 0_-$. Considerando que resulta $U(s) = 1$, a resposta transformada (8.42) reduz-se a $G(s)$, de modo que a correspondente reposta no domínio do tempo fica

$$g(t) = \begin{cases} \mathscr{L}^{-1}[G(s)], & t > 0 \\ 0, & t < 0 \end{cases} \qquad (8.43)$$

A imposição de $g(t) = 0$ para os $t < 0$ resulta da definição de transformada, e traduz o fato que o nosso sistema é *causal*, isto é, que não produz resposta antes da excitação. Esta, aliás, é uma propriedade comum a todos os sistema físicos.

Definindo então a *reposta impulsiva* de um sistema como a sua resposta a uma excitação $\delta(t)$, a partir do estado zero, a (8.43) afirma que a *resposta impulsiva, para esta classe de sistemas, é, de fato, a antitransformada de Laplace da correspondente função de sistema.*

Vamos agora admitir que o sistema é excitado por uma $u(t)$, nula para os $t < 0$, ainda com condições iniciais nulas. A antitransformação de (8.41), tendo em vista a (8.36), fornece-nos

$$y_{sz}(t) = g(t)^* u(t) = \int_{0_-}^{t} g(t - \tau) \cdot u(\tau) \cdot d\tau \qquad (8.44)$$

ou seja, *a resposta em estado zero é dada pela convolução da resposta impulsiva com a excitação.*

Antitransformando a (8.42) obtemos a resposta completa:

$$y(t) = \int_{0_-}^{t} g(t - \tau)u(\tau)d\tau + \mathcal{L}^{-1}\left[\frac{P_{ci}(s)}{s^n + a_1 s^{n-1} + \cdots + a_{n-1}s + a_n}\right] \qquad (8.45)$$

A primeira parcela do segundo membro desta expressão fornece a *resposta em estado zero*, ao passo que a segunda dá a *resposta em entrada zero*.

Exemplo 1:

De acordo com o estabelecido na Seção 5.4, a resposta impulsiva de um circuito R, C paralelo, excitado por um gerador de corrente, obtém-se de (5.43), com $v(0_-) = 0$ e $Q = 1$, isto é,

$$g(t) = \frac{1}{C}e^{-t/(RC)}, \qquad t > 0$$

Usando este resultado, vamos determinar a resposta deste circuito a uma rampa $u(t) = t$, $t > 0$, e a partir de condições iniciais nulas. Por (8.44) temos

$$v(t) = \int_{0_-}^{t} g(t - \lambda)\lambda d\lambda = \frac{1}{C}e^{-t/(RC)} \cdot \int_{0_-}^{t} e^{\lambda/(RC)} \cdot \lambda \cdot d\lambda$$

Consultando um formulário, verifica-se que a última integral vale

$$e^{t/(RC)}(RCt - R^2C^2) + R^2C^2$$

de modo que resulta

$$v(t) = R\left[t - RC + RCe^{-t/(RC)}\right], \qquad t \geq 0$$

O mesmo resultado pode ser obtido sem dificuldade usando a transformação de Laplace e o teorema da convolução.

8.7 Função de Rede e Regime Permanente Senoidal

Na Seção anterior vimos que, em sistemas cuja descrição entrada-saída pode ser reduzida a uma equação diferencial do tipo (8.37), a relação entre a transformada da resposta em estado zero e a transformada da excitação é dada pela expressão (8.39). Veremos que este é o caso das redes elétricas lineares com parâmetros constantes, a que se refere a quase totalidade deste curso.

Para adequar a notação ao restante do curso, vamos indicar a *resposta em estado zero* por $r(t)$ e a *excitação* por $e(t)$, com as respectivas transformadas de Laplace $R(s)$ e $E(s)$.

Definiremos então a *função de rede* que relaciona a resposta em estado zero e a correspondente excitação, pela relação entre as respectivas transformadas

$$F(s) = \left.\frac{R(s)}{E(s)}\right|_{c.i.n.} \qquad (8.46)$$

suposta a rede com *condições iniciais nulas*.

De acordo com (8.39), a $F(s)$ será uma função racional, que pode ser posta na forma

$$F(s) = \frac{b_0 s^m + b_1 s^{m-1} + \cdots + b_{m-1} s + b_m}{s^n + a_1 s^{n-1} + \cdots + a_{n-1} s + a_n} \qquad (8.47)$$

onde os a_i e os b_j são reais.

Na maioria das vezes a $F(s)$ será uma *função racional própria*, isto é, será $m \leq n$, ou seja, o grau do polinômio do numerador será menor ou igual ao grau do polinômio do denominador.

Como se sabe de Álgebra, os polinômios que aparecem em $F(s)$ podem ser *fatorados*. Indicando por z_i e p_k, respectivamente, os zeros dos polinômios do numerador e do denominador de $F(s)$ e notando que o polinômio do denominador é *mônico* (ou seja, o coeficiente do termo de grau mais alto desse polinômio é a unidade), e efetuando a fatoração podemos escrever

$$F(s) = b_0 \frac{(s-z_1)\cdots(s-z_m)}{(s-p_1)\cdots(s-p_n)} = b_0 \cdot \frac{\prod_{i=1}^{m}(s-z_i)}{\prod_{k=1}^{n}(s-p_k)} \qquad (8.48)$$

O coeficiente b_0 é o *fator de escala* da $F(s)$, os z_i são seus *zeros* e os p_k são seus *pólos*. Esta nomenclatura já foi introduzida a propósito da transformação de Laplace. Note-se que alguns dos fatores de (8.48) podem ser repetidos, se houver pólos ou zeros múltiplos.

Da (8.48) segue-se que a transformada da resposta em estado zero será

$$R(s) = F(s) \cdot E(s) \qquad (8.49)$$

Suponhamos agora que a excitação é co-senoidal, isto é,

$$e(t) = E_m \cos(\omega t + \theta), \qquad E_m > 0 \tag{8.50}$$

sendo representada, portanto, pelo fasor

$$\hat{E} = E_m \cdot e^{j\theta} \tag{8.51}$$

Se, e apenas se, os componentes transitórios da resposta completa forem exponencialmente amortecidos, a resposta transitória torna-se desprezível após algum tempo, e permanece apenas seu componente senoidal. Diremos então que a resposta atingiu um *regime permanente*. No caso, este regime permanente será *senoidal*. Obviamente, esta condição será atingida apenas se todos os pólos da $F(s)$ tiverem *parte real estritamente negativa*. A resposta livre é dita então *assintoticamente estável*.

Notas: 1. A freqüência $j\omega$ deve ser diferente dos pólos do circuito.

2. Mais tarde faremos um estudo mais completo da estabilidade dos circuitos.

Admitamos então que nossa resposta à excitação co-senoidal (8.50) leva a um regime permanente e vamos ver como relacionar nossa função de rede $F(s)$ com a resposta em *regime permanente senoidal*. Admitiremos então, implicitamente, que todos os pólos da função de rede têm parte real estritamente negativa.

Como já sabemos, a excitação (8.50) pode ser posta na forma

$$e(t) = \frac{1}{2} \cdot \left(\hat{E} \cdot e^{j\omega t} + \hat{E}^* \cdot e^{-j\omega t} \right) \tag{8.52}$$

onde $\hat{E}^* = E_m e^{-j\theta}$ é o conjugado de $\hat{E}$. A transformada de Laplace de (8.52) será

$$E(s) = \frac{1}{2}\left(\frac{\hat{E}}{s - j\omega} + \frac{\hat{E}^*}{s + j\omega} \right) \tag{8.53}$$

Dentro das hipóteses feitas, os *pólos da excitação* $\pm j\omega$ não são pólos da $F(s)$, pois não têm parte real negativa.

À vista de (8.49), a transformada de Laplace da nossa resposta em estado zero será

$$R(s) = \frac{1}{2} F(s) \cdot \left(\frac{\hat{E}}{s - j\omega} + \frac{\hat{E}^*}{s + j\omega} \right) \tag{8.54}$$

A determinação de $r(t)$ exige a antitransformação de $R(s)$. O componente desta resposta, correspondente ao regime permanente senoidal, compor-se-á daqueles termos da expansão da (8.48) em frações parciais que correspondem aos pólos $+j\omega$ e $-j\omega$. Tais termos podem ser obtidos pela técnica dos resíduos. Em conseqüência, a transformada $R_p(s)$ da resposta em regime permanente senoidal será dada por

$$R_p(s) = \frac{1}{2} \cdot \left(F(j\omega) \cdot \frac{\hat{E}}{s - j\omega} + F(-j\omega) \cdot \frac{\hat{E}^*}{s + j\omega} \right) \tag{8.55}$$

Como a $F(s)$ é função racional, $F(-j\omega) = F^*(j\omega)$ [verifique este fato!], de modo que os dois termos dentro do primeiro parêntesis são complexos conjugados. Antitransformando esta expressão, obtemos o componente permanente da resposta:

Função de Rede e Regime Permanente Senoidal

$$r_p(t) = \frac{1}{2} \cdot \left[F(j\omega)\hat{E} \cdot e^{j\omega t} + F^*(j\omega)\hat{E}^* \cdot e^{-j\omega t} \right]$$

Os dois termos dentro dos colchetes são complexos conjugados, de modo que sua soma dá o dobro da parte real de um deles, de modo que

$$r_p(t) = \Re e\left[F(j\omega) \cdot \hat{E} \cdot e^{j\omega t} \right] \tag{8.56}$$

Esta resposta permanente também é co-senoidal, e (8.56) mostra que seu respectivo fasor é

$$\hat{R}_p(j\omega) = F(j\omega) \cdot \hat{E} \tag{8.57}$$

Chegamos assim a um resultado praticamente importante:

O fasor da resposta em regime permanente senoidal,
a uma certa freqüência ω, determina-se multiplicando o fasor
da excitação pela função de rede, tomada em $s = j\omega$.

A função $F(j\omega)$ é chamada *função de rede em regime permanente senoidal*. Seu módulo, designado por *resposta em freqüência* é dado por

$$M(\omega) = |F(j\omega)| = \frac{|\hat{R}_p(j\omega)|}{|\hat{E}|} \tag{8.58}$$

à vista de (8.57).

Portanto, numa dada freqüência a *resposta em freqüência* é dada pela relação entre as amplitudes da resposta permanente e da excitação nessa mesma freqüência.

O argumento (ou ângulo) de $F(j\omega)$ é, sempre por (8.57),

$$\Phi(\omega) = \arg[\hat{R}_p(j\omega)] - \arg \hat{E} \tag{8.59}$$

correspondendo então à defasagem entre a resposta e a excitação. Podemos então escrever

$$F(j\omega) = M(\omega) \cdot e^{j\Phi(\omega)} = M(\omega)\angle\Phi(\omega) \tag{8.60}$$

Se considerarmos a excitação com amplitude unitária e defasagem zero, isto é, $\hat{E} = 1\angle 0°$, a (8.57) nos fornece

$$\hat{R}_p(j\omega) = F(j\omega) \tag{8.61}$$

de modo que o fasor da resposta, $\hat{R}_p$, fica igual a $F(j\omega)$.

Os resultados acima apresentados serão amplamente utilizados no cálculo de circuitos em regime permanente senoidal.

Exemplo:

Determinar o componente permanente $r_p(t)$ de uma resposta que satisfaz à equação diferencial

$$\ddot{r}(t) + 3\dot{r}(t) + 2r(t) = \frac{d}{dt}\cos(3t)$$

Neste sistema, a função de rede é

$$F(s) = \frac{s}{s^2 + 3s + 2}$$

com pólos em $p_1 = -1$ e $p_2 = -2$. Como os pólos da função de rede têm parte real negativa, pode existir o regime permanente.

O fasor da excitação é $\hat{E} = 1 \angle 0°$, com $\omega = 3$ rad/seg. Portanto, o fasor da resposta permanente é

$$\hat{R}_p(j3) = F(j3) \cdot 1 = \frac{j3}{(j3)^2 + j9 + 2} \Rightarrow$$

$$\hat{R}_p(j3) = \frac{3}{\sqrt{7^2 + 9^2}} \cdot \exp\left[j(90° - \operatorname{arctg}\frac{9}{-7})\right] = 0{,}263 e^{-j37{,}9°}$$

A resposta permanente será então

$$r_p(t) = 0{,}263\cos(3t - 37{,}9°)$$

Para completar o exemplo, vamos calcular a resposta completa $r(t)$, supondo que o gerador foi ligado em $t = 0$, com o sistema em condições iniciais nulas.

Temos então

$$R(s) = \frac{s}{s^2 + 3s + 2} \cdot \frac{s}{s^2 + 9}$$

ou, expandindo em frações parciais,

$$R(s) = \frac{A_1}{s+1} + \frac{A_2}{s+2} + \frac{A_3}{s-j3} + \frac{A_4}{s+j3}$$

As duas últimas frações parciais fornecem o componente permanente da resposta, que já foi calculado. Basta, portanto, determinar A_1 e A_2:

$$A_1 = \frac{s^2}{(s+1)(s+2)(s^2+9)} \cdot (s+1)\bigg|_{s=-1} = 0{,}1$$

$$A_2 = \frac{s^2}{(s+1)(s+2)(s^2+9)} \cdot (s+2)\bigg|_{s=-2} = -0{,}3076$$

de modo que a resposta completa fica

$$r(t) = 0,1e^{-t} - 0,3076e^{-2t} + 0,263\cos(3t - 37,9°), \qquad t \geq 0$$

É evidente que, após umas poucas unidades de tempo, predomina o regime permanente.

8.8 Resumo

Em conclusão, neste Capítulo fizemos o estudo de algumas ferramentas matemáticas básicas necessárias para a solução de equações diferenciais ou íntegro-diferenciais ordinárias, lineares e a coeficientes constantes, com especial atenção ao problema de valor inicial.

Concluímos o Capítulo introduzindo o importante conceito de *função de rede generalizada*, isto é, $F(s)$, e sua correspondente em regime permanente senoidal, $F(j\omega)$. Estes dois conceitos são essenciais em setores muito amplos da Engenharia Elétrica, tais como os que estudam Circuitos, Sistemas e Controles.

Assim, por exemplo, o problema de *Síntese de Circuitos*, reduz-se ao problema de projetar circuitos com uma dada função de rede; o projeto de servomecanismos reduz-se a obter um sistema com uma $F(s)$ com propriedades especificadas.

As ferramentas matemáticas aqui introduzidas são bastante fortes e bastante gerais. Sua utilização, porém, só leva a bons resultados se forem usadas com familiaridade e pleno conhecimento de causa.

A principal restrição ao uso destas ferramentas é a sua não aplicabilidade a sistemas não-lineares.

Bibliografia do Capítulo 8:

1) GHIZZETTI, A., *Calcolo Simbolico*, Bologna: Zanicchelli, 1943.

2) KUO, F. F., *Network Analysis and Synthesis*, 2nd. Ed., New York: Wiley, 1966.

3) CHUA, L. O., DESOER, C. A. e KUH, E. S., *Linear and Nonlinear Circuits*, New York: McGraw-Hill, 1987.

4) NILSSON, J. W. e RIEDEL, S. A., *Electric Circuits*, 5th. Ed., Reading, Mass.: Addison-Wesley, 1996.

EXERCÍCIOS BÁSICOS DO CAPÍTULO 8

1. A equação matricial, de um certo sistema, transformada segundo Laplace, é

$$\begin{bmatrix} s+1 & -(s+1) \\ 1 & 1 \end{bmatrix} \cdot \begin{bmatrix} X_1(s) \\ X_2(s) \end{bmatrix} = \begin{bmatrix} 0 \\ 5/s \end{bmatrix}$$

   Determine:
   a) as freqüências complexas próprias do sistema;
   b) os valores de $x_1(t)$ e $x_2(t)$, para os $t \geq 0$.

   (Resp.: a) $s_1 = -1$; b) $x_1(t) = x_2(t) = (5/2) \cdot \mathbf{1}(t)$)

2. A transformada de Laplace da resposta de um certo sistema a uma excitação $u(t)$, em degrau unitário e condições iniciais nulas, é

$$Y(s) = \frac{2s+1}{s^3 + 3s^2 + 5s}$$

   Determine:
   a) a equação diferencial relacionando resposta e excitação;
   b) os limites de $y(t)$ quando $t \to 0$ e quando $t \to \infty$.

   (Resp: a) $\dfrac{d^2 y(t)}{dt^3} + 3\dfrac{dy(t)}{dt^2} + 5y(t) = 2\dfrac{du(t)}{dt} + u(t)$; b) 0; 0,2

3. Determine a convolução das duas funções

$$f_1(t) = \mathbf{1}(t) - \mathbf{1}(t-2); \quad f_2(t) = 2 \cdot [\mathbf{1}(t) - \mathbf{1}(t-2)],$$

   analítica e graficamente.

   (Resp.: $2[t\mathbf{1}(t) - 2(t-2)\mathbf{1}(t-2) + (t-4)\mathbf{1}(t-4)]$

4. Mostre que $f(t) * \delta(t-T) = f(t-T)$, onde T é uma constante real e maior que zero.

5. Sabendo que a resposta impulsiva de um certo sistema é

   $h(t) = 10e^{-5t}\mathbf{1}(t)$

   Determine:
   a) Sua função de transferência;
   b) sua reposta em estado zero, $y_{sz}(t)$, a uma excitação $5 \cdot \mathbf{1}(t)$;
   c) a resposta à mesma excitação, mas sabendo que $y(0_-) = 5$.

   (Resp.: a) $\dfrac{10}{s+5}$; b) $10(1 - e^{-5t}) \cdot \mathbf{1}(t)$; c) $[10 - 5e^{-5t}]\mathbf{1}(t)$

Exercícios Básicos do Capítulo 8

6   A função de transferência de um sistema é

$$G(s) = \frac{Y(s)}{U(s)} = \frac{2}{s+3}$$

Determine:
a) sua resposta com excitação nula, mas com a condição inicial $y(0_-) = 5$;
b) sua resposta em regime permanente a uma excitação $u(t) = 5\cos(3t)$;
c) sua resposta completa, com a condição inicial do item (a) e a excitação do item (b).

(Resp.: a) $5 e^{-3t} \mathbf{1}(t)$; b) $2{,}357 \cos(3t - 45°)$; c) $3{,}333 e^{-3t} + 2{,}3576 \cos(3t - 45°)$.

7   A relação entre a excitação $u(t)$ e a resposta $y(t)$ de um certo circuito é dada por:

$$\ddot{y}(t) + 3\dot{y}(t) + 25 y(t) = 2\dot{u}(t) + u(t)$$

a) Determine a sua função de transferência $G(s) = Y(s)/U(s)$;
b) Usando superposição, calcule a resposta em regime permanente deste circuito à excitação

$$u(t) = 2\cos(5t) + 10\cos(10t)$$

(Resp.: a) $G(s) = \dfrac{2s+1}{s^2 + 3s + 25}$; b) $1{,}34 \cos(5t - 5{,}71°) + 2{,}48 \cos(10t - 71{,}06°)$)

8   A resposta de um certo circuito a uma excitação $u(t)$ pode ser calculada por

$$y(t) = \int_{0_-}^{t} e^{-10\tau} \cos(20\tau) u(t - \tau) d\tau$$

a) Qual é a função de transferência do circuito?
b) qual será sua reposta a um degrau unitário, com condições iniciais nulas?
c) calcule sua resposta, em regime permanente, à excitação $u(t) = 5\cos(20t)$.

(Resp.: a) $G(s) = \dfrac{s + 10}{s^2 + 20s + 500}$; b) $y(t) = 0{,}02 + 0{,}0447 e^{-10t} \cdot \cos(20t + 243{,}43°)$;

c) $y_p(t) = 0{,}271 \cos(20t - 12{,}53°)$.

PROBLEMAS PROPOSTOS

PROBLEMAS DO CAPÍTULO 1

1. Através de um dispositivo semicondutor, em regime estacionário, passam, por segundo, 3.10^{18} lacunas (partículas com carga positiva igual a $1,6.10^{-19}$ coulombs), da direita para a esquerda, e $5 \cdot 10^{17}$ elétrons (carga de $-1,6 \cdot 10^{-19}$ coulombs), da esquerda para a direita. Qual será o módulo da corrente medida por um miliamperímetro ligado em série com esse dispositivo?

   (Resp.: i = 560 mA)

2. Um gerador ideal de tensão e um gerador ideal de corrente estão interligados de modo que o sentido de referência positivo da fonte de corrente entra pelo terminal "+" da fonte de tensão. Sabendo que a corrente e a tensão das fontes são, respectivamente,

$$i_S(t) = \begin{cases} 0, & t < -2 \\ 2+t, & -2 \leq t < 0 \\ 0, & t \geq 0 \end{cases}$$

$$e_S(t) = \begin{cases} 0, & t < -2 \\ 2, & -2 \leq t \leq 2 \\ 0, & t > 2 \end{cases}$$

   sempre em unidades S. I., determine:

   a) a energia elétrica transferida entre os dois geradores;
   b) qual dos dois geradores forneceu a energia?

   (Resp.: a) 4 J; b) o gerador de corrente.)

Figura P1.1

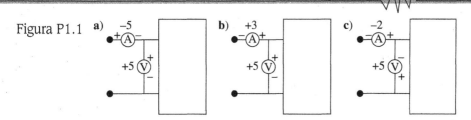

3. Determine a potência *absorvida* pelos bipolos indicados na figura P1.1, sabendo que os valores numéricos indicados na figura são as indicações dos voltímetros e amperímetros, respectivamente em V e em A.

(Res.: a) –25 W; b) –15 W; c) –10 W.)

4. Num certo bipolo, à tensão $155 \cdot \cos(377t)$ volts corresponde uma corrente de $2 \cdot \mathrm{sen}(377t - 30°)$ ampères, com a convenção do receptor. Determine:

a) a expressão da potência instantânea recebida pelo bipolo;

b) a potência média por ele recebida num período.

(Resp.: a) $p(t) = 155 \cdot \mathrm{sen}(377t - 30°) - 77{,}5$ W; b) $P = -77{,}5$ W.)

5. A tensão num certo bipolo é dada por $v(t) = 100 \cdot \cos(1000t)$, ao passo que sua corrente é $i(t) = 5 \cdot \mathrm{sen}(1000t + 30°) + 2 \cdot \cos(2000t)$, ambos em unidades do Sistema Internacional. Determine a potência média *recebida* pelo bipolo, sabendo que v e i foram medidos com a convenção do receptor.

(Resp.: $P_m = 125$ W)

6. No circuito da figura P1.2, determine:

a) a tensão v e a corrente i;

b) as potências P_A e P_V *fornecidas* pelos geradores;

c) as potências P_1 e P_2 *recebidas* pelos resistores;

d) verifique que o circuito satisfaz ao princípio de conservação da energia.

(Resp.: a) $v = 40$ V; $i = 2$ A; b) $P_A = 184$ W; $P_V = -12$ W; c) $P_1 = 160$ W; $P_2 = 12$ W; d) $P_A + P_V = P_1 + P_2$).

Figura P1.2

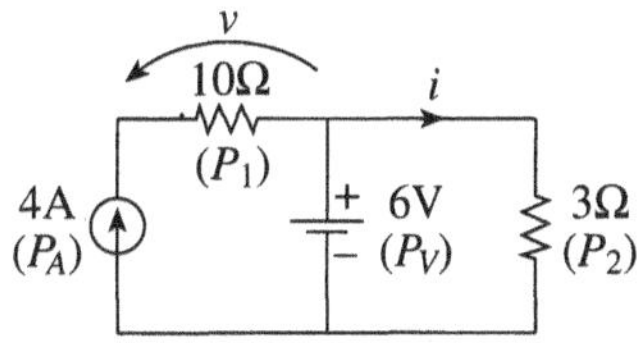

7   Um indutor com $L = 0,3$ H é atravessado por uma corrente $i(t) = 5 \cdot e^{-3t}$ (A, seg). Determine:
   a) o fluxo concatenado com a bobina;
   b) a tensão nos terminais do indutor, com a convenção do receptor;
   c) a energia fornecida ao indutor no intervalo de tempo [0, 1/3] segundos.
   (Resp.: a) $\Psi = 1,5 \cdot e^{-3t}$ Wb; b) $v = -4,5 \cdot e^{-3t}$ V; c) $W = -3,2425$ J)

8   A um capacitor com $C = 2,2$ μF aplica-se a tensão indicada na figura P1.3. Pede-se:
   a) construa a curva da corrente $i(t)$ no capacitor, medindo-a em mA e usando a convenção do receptor;
   b) determine os valores máximo e mínimo da potência instantânea no capacitor.
   (Resp.: b) +0,22 W e –0,22 W)

Figura P1.3
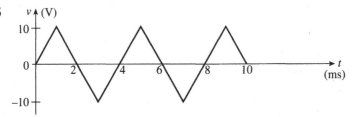

9   A um capacitor de $C = 0,01$ μF aplica-se uma tensão $v(t) = 100 \cdot \cos(5 \cdot 10^5 t)$ volts, com t medido em segundos. Pergunta-se:
   a) qual a expressão da corrente instantânea através do capacitor, com a convenção do gerador?
   b) quais os picos de potência recebida e fornecida pelo capacitor?
   c) qual a potência média?
   d) qual a máxima energia armazenada no capacitor?
   (Resp.: a) $i(t) = -0,5 \cdot \text{sen}(5 \cdot 10^5 t)$; b) +25 e –25 W; c) $P_{med} = 0$; d) $0,5 \cdot 10^4$ J.)

10 O fluxo concatenado com um indutor ideal varia conforme indicado na figura P1.4. Sabendo que $L = 2$H, construa os gráficos da tensão e da potência instantâneas no indutor.

Figura P1.4
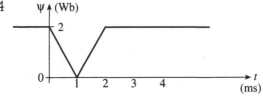

Problemas do Capítulo 1 249

11 No circuito da figura P1.5, determine:

   a) a tensão v_3;
   b) a potência fornecida pelo bipolo B;
   c) o valor de e para que a tensão em R seja de 4 V.

   (Resp.: a) $v_3 = 6$ V; b) $P = 128$ W; c) $e = 80$ V)

   Figura P1.5

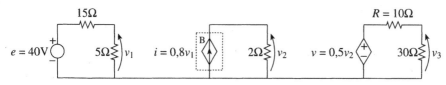

12 A corrente e a tensão medidas num certo bipolo, com a convenção do receptor, são dadas por

$$\begin{cases} i(t) = I_m \cos(\omega t + \theta + \psi) & \text{(A)} \\ v(t) = V_m \cos(\omega t + \theta) & \text{(V)} \end{cases}$$

   a) Demonstre que a potência média absorvida por este bipólo é dada por

   $$P = \frac{1}{2} V_m I_m \cos \psi \qquad \text{watts.}$$

   b) Suponha agora que o bipolo é um ferro de engomar, alimentado com a tensão $v(t) = 155 \cos(377t)$ volts. Sabendo que o ferro consome 600 W, qual será a corrente instantânea que o atravessa? Qual será o custo de sua operação durante duas horas?

   (Resp.: b) $7{,}74 \cos(377t)$ ampères, 1,2 kWh × custo de 1 kWh.)

13 Um diodo de junção, com característica $i = 10^{-15} \cdot (e^{40v} - 1)$, com a corrente em ampères e a tensão em volts, é submetido a uma tensão alternada dada por $v(t) = 0{,}5 \cos(10t)$ volts. Determine os valores máximo e mínimo da corrente através do diodo.

   (Resp.: 0,49 μA, −0.001 pA.)

14 O gerador de corrente $i_S(t)$ do Exercício 2 alimenta, sucessivamente, os bipolos passivos A, B e C. As tensões observadas em cada caso, com a convenção do receptor, foram:

   Bipolo A: $v(t) = 5 i_S(t)$

   Bipolo B: $v(t) = \begin{cases} 10, & -2 < t < 0 \\ 0, & t \geq 0 \end{cases}$

   Bipolo C: $v(t) = \begin{cases} 0, & t \leq -2 \\ \dfrac{t^2}{20} + 0{,}2t + 0{,}2, & -2 \leq t \leq 0 \\ 0{,}2, & t > 0 \end{cases}$

   Construa modelos para os bipolos A, B e C.

15 Construa os gráficos das seguintes funções, definidas para os t reais e positivos:

a) $e(t) = \dfrac{C}{T} \cdot t \cdot \mathbf{1}(t) - C \cdot \mathbf{1}(t-T) - \cdots - C \cdot \mathbf{1}(t-nT)$, com C e T constantes reais e n inteiro;

b) $f(t) = \displaystyle\int_{0_-}^{t} E \cdot [\delta(\tau) + \delta(\tau-T)] \cdot d\tau$, com E e T constantes reais.

16 Demonstre a validade das seguintes implicações:

a) $f(t) = e^{-t} \cdot \mathbf{1}(t) \;\Rightarrow\; \dot{f}(t) = -e^{-t} \cdot \mathbf{1}(t) + \delta(t)$;

b) $f(t) = \left(1 - e^{-2t}\right) \cdot \mathbf{1}(t) \;\Rightarrow\; \dot{f}(t) = 2e^{-2t} \cdot \mathbf{1}(t)$.

Nota: Lembre-se que $0 \cdot \delta(t) = 0$, pois é um impulso de amplitude nula.

17 A corrente $i(t) = \mathbf{1}(t) - 2 \cdot \mathbf{1}(t-2) + \mathbf{1}(t-4)$, com i em ampères e t em microsegundos, atravessa um capacitor de 0,5 µF, sem carga inicial. Construa o gráfico da tensão $v(t)$ no capacitor, para os $t > 0$. Como se modificaria o gráfico de o capacitor tivesse uma tensão inicial de –4 V, sabendo que tensão e corrente estão relacionados pela convenção do receptor?

18 A tensão

$$v(t) = \left[\cos\left(\dfrac{\pi}{2}t\right)\right] \cdot [\mathbf{1}(t) - \mathbf{1}(t-3)] + (t-4) \cdot \mathbf{1}(t-4) - (t-5) \cdot \mathbf{1}(t-5) \;(\text{V, seg.})$$

é aplicada a um capacitor com capacitância $C = 0,1$ µF. Pede-se:

a) o gráfico de $v(t)$;

b) a corrente $i(t)$ que passa pelo capacitor (expressão analítica e gráfico).

(Resp.: $i(t) = C \cdot \left[-\dfrac{\pi}{2} \cdot \text{sen}\left(\dfrac{\pi}{2}t\right) \cdot [\mathbf{1}(t) - \mathbf{1}(t-3)] + \delta(t) + \mathbf{1}(t-4) - \mathbf{1}(t-5)\right]$).

19 Num certo bipolo, usando a convenção do receptor, observamos:

$$\begin{cases} v(t) = 10\,\text{sen}(30t) & (\text{V, seg}) \\ i(t) = 2 \cdot \text{sen}(30t - \pi/4) & (\text{A, seg}) \end{cases}$$

a) Calcule a expressão da potência instantânea absorvida pelo bipolo, mostrando que esta se compõe de um termo constante com outro termo senoidal, de freqüência $30/\pi$ Hz;

Problemas do Capítulo 1 251

b) Verifique que a potência média absorvida pelo bipolo pode ser calculada por

$$P = (1/2)\Re(\hat{V}_m \hat{I}_m^*) \quad \text{watts,}$$

onde $\hat{V}_m$ e $\hat{I}_m$ são os fasores da tensão e da corrente e I_m^* é o conjugado do fasor $\hat{I}_m$ da corrente.

(Resp.: a) $p(t) = 10 \cdot \cos(60t - 5\pi/4) + 10 \cdot \cos(\pi/4)$, watts).

Lembrete: Algumas identidades trigonométricas úteis:

$$\text{sen}(A + B) = \text{sen}A \cdot \cos B + \cos A \cdot \text{sen}B$$

$$2 \cdot \text{sen}A \cdot \cos B = \text{sen}(A + B) + \text{sen}(A - B)$$

$$2 \cdot \cos A \cdot \cos B = \cos(A + B) + \cos(A - B)$$

$$\text{sen}^2 A = (1 - \cos 2A)/2$$

$$\cos^2 A = (1 + \cos 2A)/2$$

20. No circuito da figura P1.6-a, v_e é dado pelo gráfico da figura P1.6-b Construir, para os $t > 0$:

a) o gráfico da corrente i_e;

b) o gráfico da corrente i_s;

c) o gráfico da potência instantânea em R.

Figura P1.6   a) 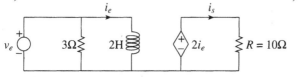   b)

21. Ao secundário de um transformador ideal, com relação de transformação $n_2/n_1 = 10$, liga-se um capacitor de 5 μF.

a) qual a equação que relaciona valores instantâneos de tensão e de corrente no primário do transformador?

b) supondo que o fasor da tensão v_1 seja $\hat{V}_{1m} = 8 + j6$, com freqüência de $10000/\pi$ Hz, qual será a corrente instantânea $i_1(t)$, no primário do transformador?

(Resp.: a) $i_1(t) = 5 \cdot 10^{-4} \cdot \dfrac{dv_1(t)}{dt}$; b) $i_1(t) = 100 \cdot \cos(20000 \cdot t + 127°)$, A.)

PROBLEMAS DO CAPÍTULO 2

1. No grafo da figura P2.1, considere a árvore {a, e, h, g} e determine todos os correspondentes cortes fundamentais e laços fundamentais. Admita que a convenção do receptor foi usada em todos os ramos do grafo.

Figura P2.1

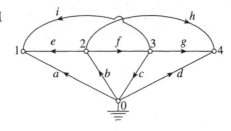

2. a) O grafo da figura P2.1 é planar?

   b) Sabendo que $i_a = 1$, $i_b = 2$, $i_f = 3$ e $i_i = 4$, determine a corrente i_h.

   c) Sabendo que $v_c = 5$, $v_f = -4$ e $v_g = +2$, quais as outras tensões de ramos que podem ser determinadas e quais os seus valores?

3. Escreva as relações entre as tensões nodais da rede da figura P2.1 e suas tensões de ramos, usando o nó "0" como referência (considerar convenção de receptor em todos os ramos).

4. Suponha agora que a rede da figura P2.1 é excitada há muito tempo por um gerador de tensão senoidal, colocado no ramo a, que fornece a tensão $v_a(t) = 10 \cos 5t$ (volts, segundos). Com isso verifica-se que as tensões nos ramos b, c, d são dadas pelos fasores

   $\hat{V}_b = 5\angle 30°$, $\hat{V}_c = 2\angle -120°$, $\hat{V}_d = 3\angle 90°$ (volts)

   Determine a corrente i_h, sabendo que no ramo h há um indutor de 2 H.

5. Dado o grafo orientado da figura P2.2, pede-se:

   a) determine todos os cortes fundamentais e laços fundamentais associados à árvore {a, b, g, i, l};

   b) quais dos conjuntos {f, g, j, k, i, c}, {e, l, h, j, i, c, k}, {e, l, j, h, i, c} e {a, j, f, b, k, c} são cortes?

   c) quais dos conjuntos {a, f, h, i}, {a, l, d, c, k, f}, {g, h, i} e {f, j, c, k} são laços?

   d) o gráfico dado é planar? Justifique sua resposta.

Problemas do Capítulo 2   253

6   Construa a matriz de incidência (nós-ramos) reduzida do grafo da figura P2.2, adotando o nó 5 como referência

Figura P2.2
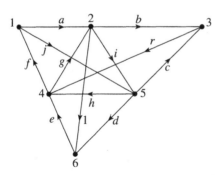

7   Na associação de bipolos da figura P2.3(a), sabe-se que a corrente no indutor é triangular, como indicado no gráfico (b). Determine:

a)   o gráfico da corrente $i_S(t)$ do gerador de corrente;

b)   a potência média dissipada no resistor;

c)   a potência média fornecida pelo gerador. Compare este resultado com o item (b).

Figura P2.3 (a) 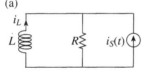   (b)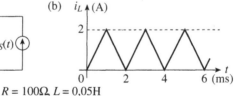

$R = 100\Omega, L = 0{,}05\text{H}$

8   Num nó de uma rede convergem quatro condutores, com os sentidos de referência indicados na figura P2.4. Sabendo que

$$\begin{cases} i_1(t) = 10\cos(3t + \pi/2) \\ i_2(t) = 5\text{sen}(3t + 30°) \\ i_2(t) = -2\cos(6t + 45°) \end{cases}$$

determine a corrente $i_4(t)$.

Figura P2.4 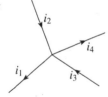   Figura P2.5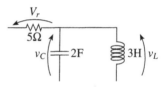

9. Na figura P2.5 temos $v_C(t) = e^{-2|t|}$ e $v_L(t) = e^{-3t} \cdot \mathbf{1}(t)$, ambos em volts e com o tempo em segundos. Sabe-se ainda que a corrente no indutor é nula para os $t \leq 0$. Determine a tensão $v_R(t)$ para qualquer t.

10. O circuito da figura P2.6 está operando em regime permanente senoidal, com $e_S(t) = 5\cos(10t)$ volts, segundos. Sendo dados $\beta = 5$, $L = 2$H e $C = 300$ μF, pede-se:

Figura P2.6

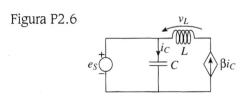

a) calcule o fasor $\hat{I}_C$ da corrente $i_C(t)$;

b) mostre que existe uma relação do tipo $V_{Lm} = k\omega^2 E_{Sm}$ entre os valores máximos de $e(t)$ e $v_L(t)$, e determine o valor da constante k;

c) determine a potência instantânea e a potência média, *fornecidas* pelo gerador independente.

11. O gerador ideal de corrente da figura P2.7 fornece uma corrente

$i_S(t) = 10 \cdot (1 - e^{-5t})$, (A, seg)

para os t maiores ou iguais a zero. Determine a tensão $v(t)$ nos terminais do gerador, com a referência indicada.

Figura P2.7

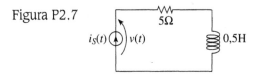

12. Para o circuito da figura P2.8, calcule os valores de v_1 e v_2, e a potência que cada um dos elementos **recebe**. Verifique que a soma destas potências é nula.

Figura P2.8

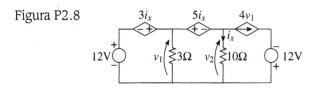

13 O grafo orientado do circuito da figura P2.9-a, está representando na figura P2.9-b. Pede-se:

a) identifique todas as árvores deste gráfico.

b) considerando a árvore $\{a, c, f\}$, determine os cortes fundamentais, e escreva as equações da 1ª Lei de Kirchhoff aplicada a estes cortes.

c) escreva as equações da 1ª Lei de kirchhoff aplicada a todos os nós do circuito, e compare com as equações do item b).

d) para a mesma árvore do item b), determine os laços fundamentais e escreva as equações da 2ª Lei de Kirchhoff aplicada a estes laços (*NOTA*: utilize convenção de recptor em **todos** os ramos).

e) identifique as malhas do circuito e escreva as equações da 2ª Lei de Kirchhoff aplicada às malhas (incluindo a malha externa).

f) as equações obtidas nos itens b, c, e e são linearmente independentes? Explique.

g) determine a potência fornecida pelo gerador independente de tensão.

Figura P2.9 a) 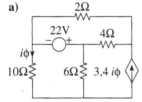 b)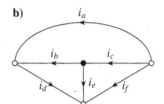

14 Dado o grafo orientado da figura P2.10, escolhido a árvore $\{a, b, e, g\}$ e o nó de referência 3, escreva as correspondentes equações matriciais da 1ª e da 2ª leis de Kirchhoff.

Figura P2.10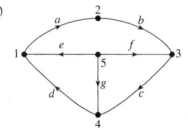

15 Considere o circuito elétrico da figura P2.11, onde estão indicados os nós do circuito e as correntes de ramo. A associação do gerador com o indutor constitui o ramo a.

a) considere a árvore $\{b, c, d, g\}$. Dê os conjuntos dos correspondentes laços fundamentais e cortes fundamentais correspondentes a esta árvore;

b) mostre que, pela 1ª lei de Kirchhoff generalizada, resulta $j_a + j_c = j_e + j_f$. Escreva a matriz de incidência reduzida **A** e dê as equações da 1ª lei de Kirchhoff aplicada aos nós do cicuito;

c) escreva a matriz **B** dos laços fundamentais e use-a para escrever um conjunto linearmente independente de equações da 2ª lei de Kirchhoff aplicada ao circuito. Indique no circuito as tensões envolvidas.

d) Mostre que se for $j_e + j_f = 0$, então vale $p_a(t) + p_b(t) + p_c(t) = 0$, onde $p_i(t)$ é a potência instantânea absorvida pelo i-ésimo ramo, $i = a, b, c$.

Figura P2.11

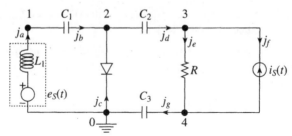

16 Dado o grafo orientado da figura P2.12, adote a árvore {4, 5, 6, 7}.

Pede-se:

a) determine a matriz **A** de incidência e indique os cortes fundamentais que contém os ramos 5 e 7;

b) determine a correspondente matriz **B** dos laços fundamentais;

c) verifique que a equação **Bv** = **0**, com **v** = vetor das tensões de ramos, corresponde às equações da 2ª lei de Kirchhoff aplicada aos laços fundamentais do interior. Adote sempre a convenção do receptor.

Figura P2.12

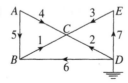

17 Aplicando-se a 2ª lei de kirchhoff a um conjunto de laços fundamentais do grafo da figura P2.12, obteve-se a sguinte equação matricial, na qual alguns termos (indicados por x) foram perdidos:

$$\begin{bmatrix} 1 & 0 & 0 & x & x & x & x \\ 0 & 1 & 0 & x & x & x & x \\ 0 & 0 & 1 & x & x & x & x \end{bmatrix} \cdot \begin{bmatrix} v_5 \\ v_6 \\ v_7 \\ v_1 \\ v_2 \\ v_3 \\ v_4 \end{bmatrix} = \begin{bmatrix} 0 \\ 0 \\ 0 \end{bmatrix}$$

a) Qual será a árvore correspondente aos laços fundamentais escolhidos?

b) Complete a matriz **B** do sistema acima.

PROBLEMAS DO CAPÍTULO 3

1. Dado o circuito da figura P3.1, determine:

   a) sua matriz de condutâncias nodais;

   b) o vetor das correntes de fontes equivalentes;

   c) as tensões nodais, usando eliminação de Gauss.

   Suponha agora que todas as resistências do circuito sejam multiplicadas por mil, e que as correntes sejam dadas em mili-ampères. Como se modificariam os resultados do item (c)?

Figura P3.1

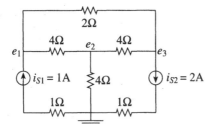

Figura P3.2

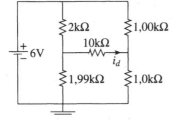

2. Suponha agora que os geradores da figura P3.1 fornecem, respectivamente, $i_{S1}(t) = 2\cos(10t)$ e $i_{S2}(t) = 4\,\text{sen}(10t - 90°)$ ampères. Quais serão os fasores das tensões nodais?

3. Determine a corrente i_d do circuito da figura P3.2, com precisão melhor que 1%.

4. Escreva as equações matriciais de análise nodal modificada para três circuitos da figura P3.3. Determine as tensões e_1 e e_2 para cada um deles.

5. Mostre que a matriz de análise nodal modificada do circuito da figura P3.4 é singular. As tensões nodais do circuito podem ser determinadas de maneira única?

6. Determine as potências *fornecidas* pelos gerados independentes ou vinculados das figuras P3.3 e P3.4. Cuidado com a interpretação no caso da figura P3.4!

Figura P3.3

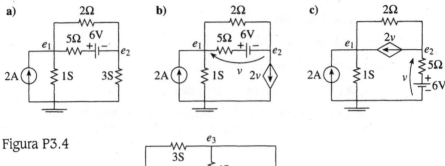

Figura P3.4

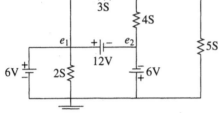

7. Considere o circuito esquematizado na figura P3.5.

   a) escreva as correspondentes equações de análise nodal modificada nas incógnitas e_1, e_2 e i_E;

   b) existe r_m tal que o sistema não tenha solução única?

   c) para um conjunto de valores dos parâmetros da rede, as equações do item (a) são:

$$\begin{bmatrix} 12 & -1 & 1 \\ -1 & 4 & -1 \\ 1 & -9 & 0 \end{bmatrix} \cdot \begin{bmatrix} e_1 \\ e_2 \\ i_E \end{bmatrix} = \begin{bmatrix} 10\cos(\omega_1 t) \\ -5\operatorname{sen}(\omega_1 t + 30°) \\ 0 \end{bmatrix}$$

Qual a potência média que o gerador vinculado fornece?

(*Nota*: se julgar conveniente, use fasores.)

Figura P3.5

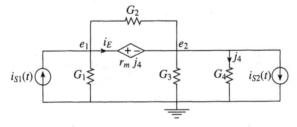

8. O circuito da figura P3.6 tem um amplificador operacional ideal, $\mu = 5 \cdot 10^4$.

   a) determine a relação e_2/e_S;

   b) calcule as potências fornecidas pelo gerador de tensão e pelo amplificador operacional, na hipótese de $\mu \to \infty$.

Figura P3.6

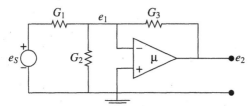

9 As equações de análise nodal do circuito da figura P3.7 são

$$\begin{bmatrix} 10,5 & -3 & -5 \\ 17 & 5 & -2 \\ -5 & -2 & 8 \end{bmatrix} \cdot \begin{bmatrix} e_1 \\ e_2 \\ e_3 \end{bmatrix} = \begin{bmatrix} 6 \\ 0 \\ 0 \end{bmatrix}$$

Determine:

a) a tensão E do gerador independente e as condutâncias G_1 e G_2;

b) o ganho de corrente β;

c) supondo fixados G_1 e G_2 nos valores do item (a), demonstre que a relação entre e_1 e β é do tipo

$$e_1 = \frac{k_1}{k_2 \beta + k_3}$$

onde k_1, k_2 e k_3 são constantes. Não é necessário determinar o valor dessas constantes.

Figura P3.7

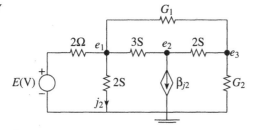

10 O circuito da figura P3.8 é construído com um amplificador operacional ideal de ganho infinito.

a escreva as equações de ANM do circuito, nas incógnitas e_1, e_2, e_3 e i_4;

b) determine o ganho de tensão $G_v = e_3/e_{s1}$;

c) suponha agora que este circuito é realizado fisicamente, com um amplificador operacional que se aproxima muito do ideal, mas cuja característica pode ser aproximada pela curva da figura P3.9, com saturação em ± 10 V. Qual a faixa dinâmica da tensão de entrada do circuito, correspondente à sua operação linear?

Figura P3.8

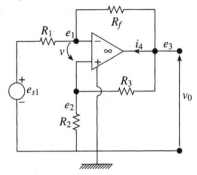

Figura P3.9

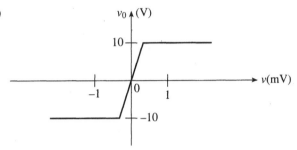

11 Usando análise de malhas, determine, no circuito da figura P3.10, a tensão v e a resistência vista pelo gerador.

Figura P3.10

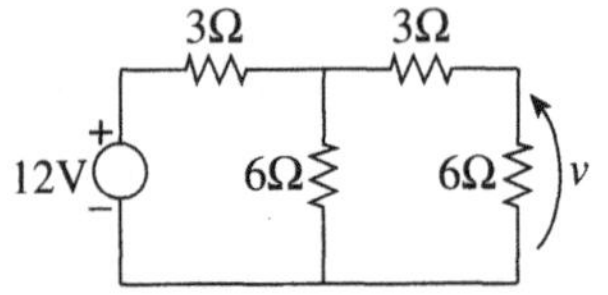

Figura P3.11

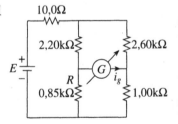

12 O galvanômetro do circuito ponte da figura P3.11 tem uma resistência interna de 4,7 kΩ.
   a) escreva as equações de análise de malhas do circuito;
   b) calcule a corrente i_g supondo, respectivamente, $E = 30$ e $E = 60$ V;
   c) qual o valor de R que equilibra a ponte?

13 O circuito potenciométrico da figura P3.12 é utilizado para medir a f.e.m. E_2.
   a) determine R_3 para que seja $j_2 = 0$;
   b) determine o valor de E_2, em função de E_1, R_1 e R_3, nas condições do item (a).

14 No circuito da figura P3.13

   a) fazendo $\beta = 0$ determine o valor de E_1 tal que seja $j_1 = 0$.

   b) tomando $\beta \neq 0$, escreva as equações de análise de malhas do circuito, com as correntes incógnitas i_1 e i_2;

   c) discuta o caso em que $\beta = (R_1 + R_2)/R_2$.

Figura P3.12 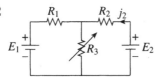   Figura P3.13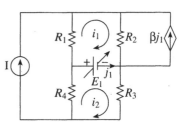

15 Sabe-se que a resistência R do circuito da figura P3.14 absorve uma potência de P_R watts. Pergunta-se:

   a) sendo $P_R = 2$ W, qual será o valor da resistência R?

   b) qual o valor de R que maximiza i_2?

   c) qual o valor da resistência R que maximiza a potência nela dissipada?

   (*Sugestão*: use análise de malhas.)

Figura P3.14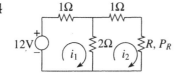

16 No circuito da figura P3.15, pede-se:

   a) escreva a equação matricial de análise de malhas, nas correntes incógnitas i_1 e i_2;

   b) faça $r = R_2 = R_3$, $\mu = 1$, e determine a corrente j;

   c) para a condição imposta em (b), determine a resistência de entrada $R_e = e_1/i_1$ e o ganho de tensão $G = e_2/e_1$.

Figura P3.15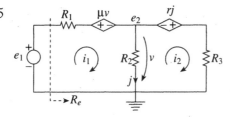

PROBLEMAS DO CAPÍTULO 4

1. Determine as indutâncias equivalentes (circuito a) e as capacitâncias equivalentes (circuito b) nos circuitos da figura P4.1, quando vistos pelos terminais: 1°) a e b; 2°) a e c.

   (Resp.: Indutâncias: 6 e 2H; capacitâncias: 6,67 e 12F.)

   Figura P4.1

   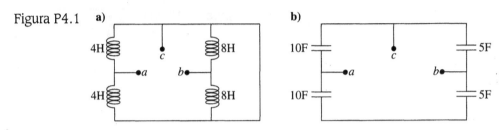

2. Determine a resistência de entrada $R_{en} = e_1/i_1$ dos circuitos da figura P4.2. Para o circuito b, use a transformação estrela-triângulo

   (Resp.: a) $R_{en} = (\beta + 1) \cdot R_2 \cdot (R_1 + R_3)/[(\beta + 1) \cdot (R_2 + R_3 + R_1)]$; b) $R_{en} = 802,4\ \Omega$)

   Figura P4.2

   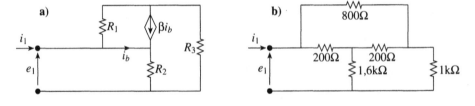

3. Reduza os circuitos da figura P4.3 a uma associação série de um gerador ideal de tensão com um resistor.

   Figura P4.3

   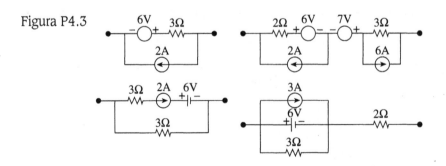

Problemas do Capítulo 4

4   Determine as potências fornecidas pelos geradores de 1V e de 2A no circuito da figura P4.4.

(Resp.: –2 e 12 W, respectivamente.)

Figura P4.4
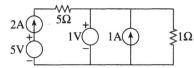

5   Determine a tensão v no circuito da figura P4.5.

(Resp.: v = 45 V.)

Figura P4.5
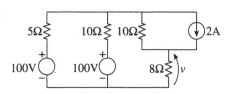

6   Determine as tensões v nos circuitos da figura P4.6:

a) por análise nodal ou de malhas (use a que for mais conveniente);

b) usando deslocamento de fontes e técnicas de simplificação.

(Resp.: v_a = 0,7350 e_S; v_b = 0,1768 E.)

Figura P4.6 a)
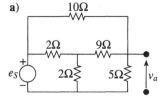
b)
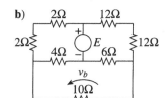

7   Determine o equivalente de Thévenin para a rede da figura P4.7, nos seguintes casos:

a) C_1 = 0, C_2 = 12 V;

b) C_1 = 0,2 A/V, C_2 = 12 V;

c) C_1 = 0,2 A/V, C_2 = 0.

(Resp.: a) 6 V, 5Ω; b) 15 V, 12,5Ω; c) 0 V, 12,5Ω.)

Figura P4.7
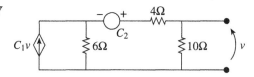

8 Determine os equivalentes de Norton nos terminais x, y do circuito da figura P4.8, para

a) $R \to \infty$;

b) $R = 1,6$ kΩ.

(Resp.: a) 5,833 mA, 2,4 kΩ; b) 5,833 mA, 960Ω.)

Figura P4.8

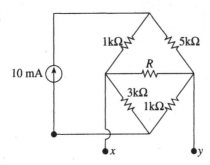

9 Qual a máxima potência que a rede da figura P4.9 pode fornecer a um resistor de carga R_L, ligado aos terminais a, b?

(Resp.: 1,62 W)

Figura P4.9

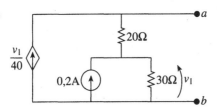

10 Dois circuitos equivalentes de Thévenin (v_{S1} e R_1, v_{S2} e R_2) são ligados em paralelo. Determine o equivalente de Thévenin do bipolo resultante, usando métodos baseados em a) superposição; b) transformação de fontes.

11 No circuito da figura P4.10:

a) determine a condição para termos $i = 0$;

b) utilizando superposição de efeitos, determine i em função de R_1, R_2, r, E e I;

c) faça $R_1 = 5$ Ω, $R_2 = 2$ Ω, $E = 12$ V, $I = 15$ A. Sabendo que $e = 18$ V, determine r.

Figura P4.10

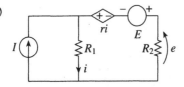

Problemas do Capítulo 4   **265**

12   O circuito da figura P4.11, *a*, fornece uma corrente i_X a um bipolo arbitrário.

    a)   escreva as equações da 1ª lei de Kirchhoff para os nós 1 e *x*, nas incógnitas e_1, e_X e i_X;

    b)   sabendo que $G_1 = 5$, $G_2 = 15$, $G_3 = 5$ e $g_m = 10$ siemens, mostre que o circuito da figura P4.11-a, pode ser substituído pelo circuito da figura P4.11-b, com $i_0 = -5e_S$ (A) e $G_0 = 5$ (S), para fins de cálculo de e_X e i_X;

    c)   suponha que o bipolo não-linear da figura P4.11-c, é ligado aos terminais A, B do circuito da figura P4.11-a. Calcule e_X na hipótese de $e_S = -2,4$ V.

Figura P4.11

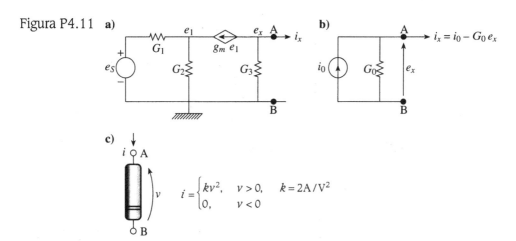

13   Calcule a tensão de saída e a resistência de entrada da rede em escada indicada na figura P4.12.

(Resp.: $v = 0,6$ V $R_{ent} = 8,20$ Ω.)

Figura P4.12

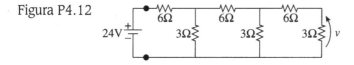

14   Calcule a tensão nodal e_C no circuito da figura P4.13, usando superposição. Verifique o resultado por análise nodal.

(Resp.: $e_C = 0,265 + 3,473\ e_S$.)

Figura P4.13

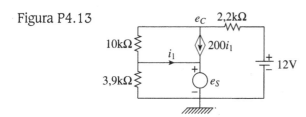

15 Calcule uma célula π de um atenuador resistivo, com atenuação de 20 dB e resistência característica de 600 Ω. Com células deste tipo, monte um circuito atenuador com atenuação total de 60 dB.

Suponha agora que este atenuador está terminado por 600 Ω, mas é alimentado por um gerador com 50 Ω de resistência interna. Qual será a atenuação do circuito, em dB?

(Resp.: R_S = 2970 Ω, R_P = 733,3 Ω; atenuação com 50 Ω = –60,7 dB.)

PROBLEMAS DO CAPÍTULO 5

1. No circuito da figura P5.1 a chave S, que estava fechada há muito tempo, abre em $t = 0$. Determine a corrente $i(t)$ no indutor e a tensão $v(t)$ nos terminais da chave, para os $t > 0$. Calcule também o valor de pico da tensão na chave S.

Figura P5.1 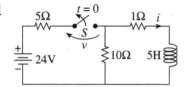   Figura P5.2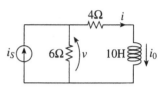

2. O gerador da figura P5.2 fornece uma corrente $i_S(t) = 10 \cdot [\mathbf{1}(t) - \mathbf{1}(t-2)]$ ampères, com o tempo em segundos. Determine a tensão $v(t)$ e a corrente $i(t)$, para os $t > 0$, admitindo sucessivamente as seguintes hipóteses: a) condições iniciais nulas; b) uma corrente inicial $i_0 = -5$ A na bobina.

   Nota: Procure construir diretamente os gráficos das funções pedidas.

3. Suponha agora que o gerador da figura P5.2 é senoidal, com a corrente $i_S(t) = 10 \cdot \cos(0{,}5t + 30°)$ ampères, e o tempo em segundos. Calcule:

   a) os componentes permanentes da tensão v e da corrente i indicados na figura P5.2;

   b) a expressão completa da corrente $i(t)$, sabendo que a condição inicial imposta é $i(0_-) = 0$.

4. No circuito da figura P5.3 a chave S, há muito tempo na posição 1, passa bruscamente para a posição 2, no instante $t = 0$. Determine:

   a) a tensão $v_1(0_+)$ e a corrente $i_2(0_+)$;

   b) a tensão $v_1(t)$ para os $t > 0$.

   Nota: A chave é do tipo "make-before-break".

5. No circuito da figura P5.4, $i_S(t) = 10\,\delta(t)$ ampères, e as condições iniciais são nulas. Determine a tensão $v_L(t)$, para os $t > 0$.

Figura P5.3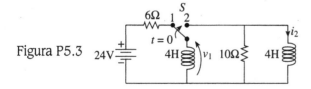

Figura P5.4

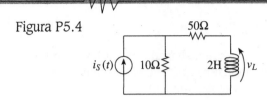

6 a) Determine a corrente fornecida pelo gerador de tensão em degrau no circuito da figura P5.5, para os $t > 0$ e supondo condições iniciais nulas;

b) calcule também a tensão v_L, supondo uma corrente inicial de 1 A, no indutor. Admita que o sentido de referência desta corrente está relacionado com o sentido da tensão v_L pela convenção do receptor.

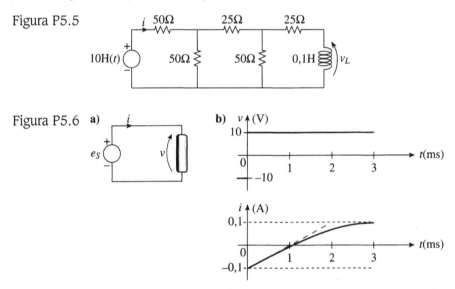

Figura P5.5

Figura P5.6

7 No bipolo da figura P5.6-a, alimentado por um gerador ideal de tensão, registraram-se a corrente e a tensão indicadas na figura P5.6-b, usando a convenção do receptor. Proponha uma estrutura interna para o bipolo, compatível com estes resultados.

8 Determine as constantes de tempo dos circuitos (a) até (e) da figura P5.7.

Figura P5.7

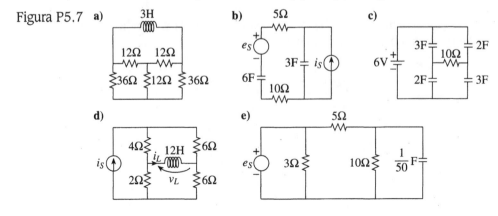

Problemas do Capítulo 5 **269**

9 No circuito da figura P5.7-d, admita $i_S(t) = 10 \cdot \mathbf{1}(t)$ ampères e considere condições iniciais nulas. Determine $i_L(t)$ e $v_L(t)$ para os $t > 0$. Faça também os gráficos destas funções.

10 Um reator indutivo, com indutância L variável, é utilizado para ajustar a tensão eficaz numa carga de resistência $R = 10\ \Omega$, como indicado na figura P5.8. Determine os valores de L para que a tensão eficaz na resistência, em regime permanente senoidal, seja: a) 110 V; b) 55 V. Repita agora o problema, substituindo o reator por um capacitor variável, e calculando os valores de sua capacitância, C. Os valores encontrados são viáveis?

Figura P5.8
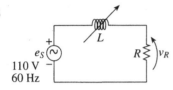

11 Dois capacitores, com cargas iniciais de 20 µC, são descarregados em série sobre uma resistência, como indicado na figura P5.9. Determine: a) a corrente $i(t)$, $t > 0$; b) as tensões $v_1(t)$ e $v_2(t)$, para os $t > 0$.

Figura P5.9
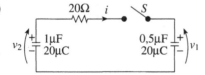

Figura P5.10
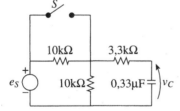

12 No circuito da figura P5.10, com condições iniciais nulas, o gerador fornece uma tensão $e_S(t) = 20 \cdot \mathbf{1}(t)$ volts. A chave S, inicialmente aberta, fecha bruscamente quando a tensão no resistor de 10 kΩ, em paralelo com a chave, cair abaixo de 14 V. Em seguida a chave fica travada nessa posição. Determine: a) o instante de fechamento da chave; b) a tensão $v_C(t)$, para os $t > 0$.

13 a) determine a resistência de entrada R_{in} do circuito da figura P5.11-a;

b) este circuito é excitado por um gerador indutivo, representado pelo modelo da figura P5.11-b, onde $e_S(t) = 0{,}5 \cdot \mathbf{1}(t)$ volts. Determine a tensão $v_3(t)$, para os $t > 0$, com condições iniciais nulas.

Figura P5.11

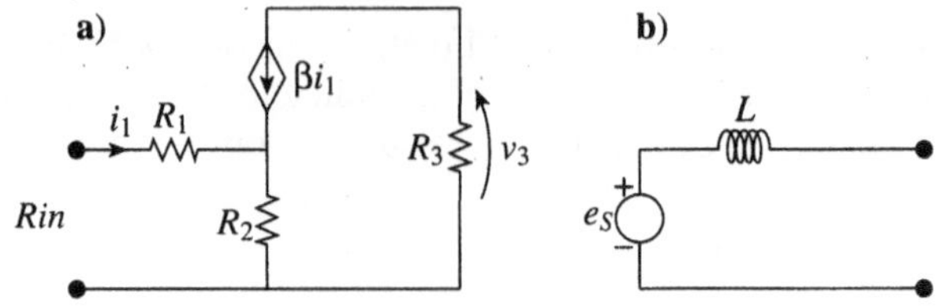

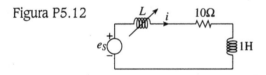

$R_1 = 0{,}3\ \text{k}\Omega,\ \beta = 20$
$R_2 = 0{,}2\ \text{k}\Omega,\ R_3 = 1{,}5\ \text{k}\Omega$

$L = 135\ \text{mH}$
$e_S(t) = 0{,}5 \cdot \mathbf{1}(t)\ \text{V}$

14 Ao circuito da figura P5.12 aplica-se a tensão $e_S(t) = 10 \cdot \cos(10t) \cdot \mathbf{1}(t)$ volts. Supondo condições iniciais nulas, pede-se:

a) a amplitude da corrente fornecida pelo gerador, em regime permanente senoidal;

b) o valor da indutância do indutor variável que torna a amplitude da corrente do item anterior igual a quatro vezes o valor de pico da componente transitória da corrente do gerador;

c) nas condições do item (b), determine o valor da potência média fornecida pelo gerador, em regime permanente.

Figura P5.12

15 Dado o circuito da figura P5.13, com $e_S(t) = 2 \cdot \mathbf{1}(t)$ volts e condições iniciais nulas:

a) determine sua constante de tempo;

b) determine a corrente $i(t)$, $t > 0$;

c) determine $v_2(t)$, $t > 0$.

Sugestão: Use deslocamento de fontes.

Figura P5.13

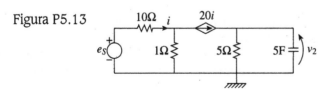

16 O transistor do circuito da figura P5.14-a, opera em dois regimes:
- em saturação, quando $i_S = 0,1$ mA;
- em corte, quando $i_S = 0$.

Nestes dois regimes o transistor pode ser substituído pelos modelos simples indicados na figura P5.14-b. Sabendo que $i_S(t)$ é dado pelo gráfico da figura P5.14-c, determine:

a) as constantes de tempo do circuito, para o transistor em corte e em saturação;
b) a tensão $v(0_-)$;
c) a tensão $v(t)$, para os $t \geq 0$.

Figura P5.14 a) Diagrama do circuito   b) Modelos do transistor

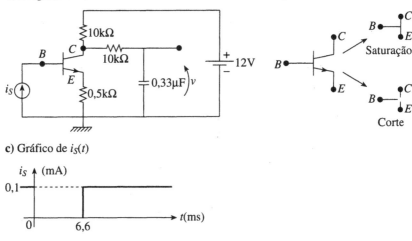

c) Gráfico de $i_S(t)$

PROBLEMAS DO CAPÍTULO 6

1. Determine as freqüências complexas próprias dos circuitos da figura P6.1. Escreva também, em cada caso, a correspondente equação diferencial, nas variáveis indicadas na figura.

   Figura P6.1 a)   b)

   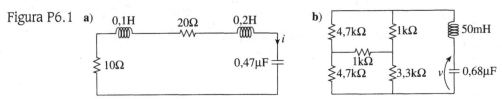

2. No circuito R, L, C da figura P6.2 sabe-se que $C = 2,5$ μF e $\omega_0 = 200$ rad/seg. Pergunta-se:

   a) qual o valor do índice de mérito Q_0 para que o circuito tenha amortecimento crítico?

   b) qual a tensão $v(t)$ no capacitor, para os $t > 0$, sabendo que $v(0) = 0$ e $i_L(0) = 1$ A, nas condições de amortecimento do item anterior?

   Figura P6.2

   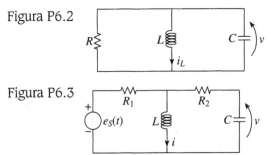

   Figura P6.3

3. Dado o circuito da figura P6.3, determine:

   a) a equação diferencial da corrente i no indutor;

   b) as condições a que devem satisfazer os parâmetros para que o circuito tenha amortecimento crítico;

   c) o fasor do componente permanente de i, supondo

   $e_S(t) = \cos(10t) \cdot \mathbf{1}(t)$,   (V, mseg);
   $R_1 = 10$ kΩ, $R_2 = 1$ kΩ, $L = 0,1$ H, $C = 0,1$ μF

   d) a função $v(t)$, $t \geq 0$, com os parâmetros do item anterior e condições iniciais nulas.

4. Para o circuito da figura P6.4, excitado por um impulso unitário de tensão, em condições iniciais nulas, pede-se:

   a) qual o valor da resistência R para que o circuito esteja na condição de amortecimento crítico? Determine $v(0_+)$ nesta condição;

   b) na mesma condição, determine $i_C(t)$, para os $t \geq 0$.

Figura P6.4

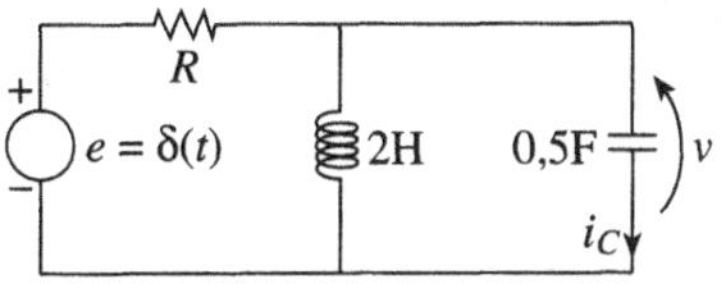

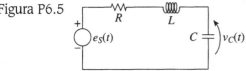

Figura P6.5

5. O circuito da figura P6.5, com $L = 0,1$ H e $C = 0,4$ μF, é excitado por um gerador com $e_S(t) = 10\cos(5t) \cdot \mathbf{1}(t)$, (V, mseg). Atingido o regime permanente senoidal, verifica-se que a tensão no capacitor, com a referência indicada na figura, é $v_C(t) = 200\cos(5t - 90°)$, (V, mseg).

   a) determine os valores da resistência R e do índice de mérito Q_0 do circuito;

   b) admita agora que $R = 25\,\Omega$. A freqüência do gerador é aumentada até que o valor máximo (permanente) de v_C reduz-se a $200/\sqrt{2}$ volts. Qual é a nova freqüência do gerador?

6. A corrente i_L no indutor e a tensão v no capacitor de um circuito R, L, C, paralelo e livre, foram registradas num osciloscópio, a partir de $t = 0$ e com a convenção do receptor. Os gráficos correspondentes estão registrados na figura P6.6. Sabe-se ainda que $C = 0,1$ μF. A partir desses gráficos, determine:

   a) os valores do período amortecido T_d e da freqüência própria amortecida, ω_d. Indique as unidades empregadas;

   b) o fator de amortecimento α, a freqüência própria não amortecida ω_0 e o índice de mérito Q_0. Quando pertinente, indique as unidades;

   c) os valores de R e L, com as unidades;

   d) a energia total dissipada em R.

   (Respostas aproximadas: a) $T_d = 2{,}02$ mseg, $\omega_d = 3{,}11$ krad/seg; b) $\alpha = 0{,}321$ mseg^{-1}, $\omega_0 = 3{,}13$ krd/seg, $Q_0 = 4{,}88$; c) $L = 1{,}02$ H, $R = 15{,}6$ kΩ; d) 5 μJ).

Figura P6.6 a)

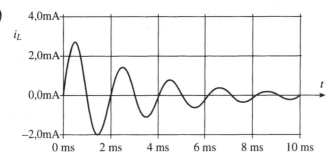

Figura P6.6 **b)**

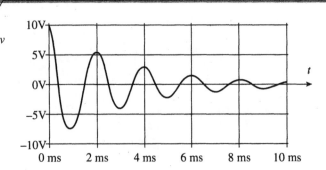

7   Dado o circuito da figura P6.7,

   a)   determine o valor de R_3 de modo que o índice de mérito do circuito seja igual a 10, na freqüência de ressonância não amortecida;

   b)   calcule o fasor da tensão $v_C(t)$, em regime permanente senoidal, sabendo que $i_S(t) = 5 \cos(2 \cdot 10^5 t)$, (mA, seg) e o potenciômetro foi ajustado de modo que $R_3 = 222{,}2\ \Omega$;

   c)   considerando o mesmo valor de R_3, uma certa excitação e condições iniciais desconhecidas forneceram a resposta

   $$v_C(t) = 5{,}0063 \cdot e^{-0{,}01t} \cdot \cos(0{,}19975t + 90°) + 5 \cdot \cos(0{,}2t - 90°),$$

   com a tensão em volts e o tempo em micro-segundos. Quais os valores de $v_C(0_-)$, $i_L(0_-)$ e $i_S(0_+)$? Justifique muito claramente suas respostas.

Figura P6.7

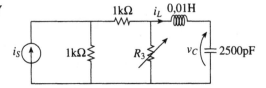

8   No circuito da figura P6.8, o gerador de corrente contínua fornece I ampères. A chave S está na posição 1 para os $t < 0$ e na posição 2 para os $t > 0$. Sabe-se que o circuito estava em regime estacionário para os $t < 0$. As respostas devem ser dadas em função de I, L e C.

   a)   demonstre que, se for $R = \sqrt{L/C}$, serão iguais as energias armazenadas no indutor e no capacitor, para os $t < 0$. Este valor de R será usado nos itens seguintes.

   b)   calcule o índice de mérito Q_0 do circuito ressonante, na sua freqüência própria não amortecida, ω_0.

   c)   determine a freqüência própria amortecida ω_d do circuito.

   d)   faça uma estimativa superior e uma estimativa inferior para max $|v(t)|$, para os $t \geq 0$.

Figura P6.8

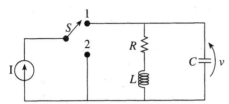

9. No circuito da figura P6.9, Q é um quadripolo passivo e não-dissipativo (isto é, não contém fontes nem resistores). Feitas as ligações indicadas na figura, deixa-se a chave S por muito tempo na posição 1. Depois disso, a chave é mudada bruscamente para a posição 2. Considerando este instante como origem dos tempos, verifica-se que a tensão no resistor de terminação é

$v(t) = 4{,}8te^{-0{,}2t}\,1(t)$, (V, ms)

a) esboce um gráfico desta função e calcule as coordenadas dos pontos que julgar interessantes.

b) determine uma estrutura para o quadripolo, compatível com o resultado acima. Dê os valores numéricos dos parâmetros, com indicação das respectivas unidades.

c) usando o circuito determinado no item anterior, suponha o quadripolo excitado por $e_S(t) = 12\cos(0{,}2t)$, (V, mseg), com a mesma resistência de terminação. Qual será o fasor do componente permanente de $v(t)$?

Figura P6.9

PROBLEMAS DO CAPÍTULO 7

1. Usando a definição, calcule as transformadas de Laplace das funções indicadas nos gráficos *a* e *b* da figura P7.1. Determine também as respectivas abcissas de convergência da integrais.

   (Resp.: a) $(1 - e^{-sT})/s$; b) $\dfrac{s + \pi e^{-sT}/(2T)}{s^2 + \pi^2/(2T)^2}$)

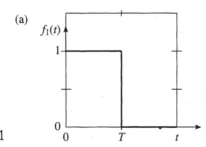
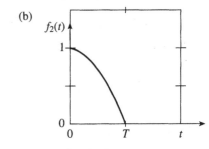

Figura P7.1

$f_1(t) = \mathbf{1}(t) - \mathbf{1}(t-T)$

$f_2(t) = \begin{cases} \cos\left(\dfrac{\pi}{2T}\right), & 0 < t < T \\ 0, & \text{para os demais } t \end{cases}$

2. Calcule as transformadas de Laplace das seguintes funções:
   a) $f(t) = \Im m[A \cdot \exp(j(3t + \pi/3))]$, onde $\Im m$ é o operador que toma a parte imaginária de um complexo e A é uma constante real;
   b) $f(t) = \cos(5t) \cdot \delta(t - \pi/5)$, onde δ é o impulso unitário.

3. Usando as propriedades e os teoremas da transformação de Laplace, calcular:
   a) $\mathscr{L}[t^2 e^{-at} \cdot \mathbf{1}(t)]$;
   b) $\mathscr{L}\left[\dfrac{d}{dt}\left(e^{-at} \cdot \cosh(\beta t)\right)\right]$;
   c) $\mathscr{L}\left[\dfrac{d}{dt}\left(f(t - a) \cdot \mathbf{1}(t - a)\right)\right]$, $a > 0$;
   d) $\mathscr{L}[\delta'(t)]$.

4. Para as funções representadas na figura P7.2, pede-se:
   a) calcular a transformada de Laplace da função $f(\cdot)$, indicada pelo gráfico da figura P7.2-a.
   b) calcular a transformada de Laplace da função $g(\cdot)$, dada pelo gráfico da figura P7.2-b.

Figura P7.2 a) 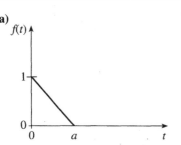 b)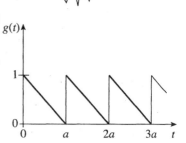

5. Mostre que a transformada de Laplace da função periódica $f(t)$ indicada na figura P7.3 é dada por

$$F(s) = \frac{1}{s^2} \cdot \tanh\left(\frac{s}{2}\right)$$

onde a função tangente hiperbólica é definida por

$$\tanh x = \frac{e^{2x} - 1}{e^{2x} + 1}$$

Figura P7.3

6. $F(s) = K \cdot N(s)/D(s)$ é uma função racional estritamente própria, com três pólos p_1, p_2 e p_3. $N(s)$ e $D(s)$ são polinômios mônicos e a constante real K é o fator de escala da $F(s)$. Sabe-se que $p_1 = 1 + j2$, $p_3 = 3$ e os resíduos em p_1 e p_3 são, respectivamente, $A_1 = -j$ e $A_3 = 2$. Determine:

   a) o pólo p_2 e o correspondente resíduo A_2. Justifique.
   b) o fator de escala K e os zeros da $F(s)$.
   c) a antitransformada $f(t)$ da $F(s)$, expressa apenas em termos de funções de valor real.

7. Calcule as antitransformadas de Laplace das funções abaixo indicadas, e verifique seus resultados usando algum programa computacional:

   a) $F_1(s) = \dfrac{s^2 + 5s + 3}{s^2 + 4s + 3}$;

   b) $F_2(s) = \dfrac{s^2 + 7s + 2}{(s^2 + 2s + 2) \cdot (s + 2)}$;

c) $F_3(s) = \dfrac{s^2 - 4s}{(s^2 + 7s + 12) \cdot (s^2 + 25)}$.

8 Dado o sistema de equações diferenciais

$$\begin{cases} (3D+4)y_1(t) + y_2(t) = -\delta(t) \\ 2Dy_1(t) - (D+3)y_2(t) = 4 \cdot \mathbf{1}(t) \end{cases},$$

com condições iniciais $y_1(0_-) = 1$ e $y_2(0_-) = 2$, determine:

a) o sistema transformado segundo Laplace, seu polinômio característico e as freqüências complexas próprias do sistema;

b) as transformadas $Y_1(s)$ e $Y_2(s)$, com os respectivos pólos, zeros e fatores de escala;

c) a função $y_2(t)$, para os $t \geq 0$.

9 Para o circuito da figura P7.4, determinar a $V(s) = \mathcal{L}[v(t)]$ e a $v(t)$, para os $t \geq 0$, sabendo que: $i_S(t) = 1{,}2 \cos t$, (A, seg); $i_L(0_-) = 0$, $v(0_-) = 5$ V; $R = 1$ Ω, $C = 0{,}625$ F, $L = 1{,}6$ H. Determine também o polinômio característico e as freqüências complexas próprias do circuito.

Figura P7.4

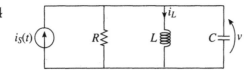

Figura P7.5

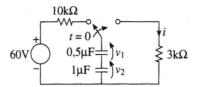

10 No circuito da figura P7.5 os capacitores têm condições iniciais $v_{10} = v_{20} = 50$ V. Determine as transformadas $I(s)$, $V_1(s)$ e $V_2(s)$, bem como as correspondentes antitransformadas. Compare $v_1(0_+)$ e $v_2(0_+)$ com os correspondentes valores iniciais em $t = 0_-$ e interprete os resultados.

PROBLEMAS DO CAPÍTULO 8

1. Dado o circuito R, L, C da figura P8.1, com amortecimento crítico e alimentado por um gerador de corrente com $i_S(t) = 5\,\delta(t)$ ampères, e supondo condições iniciais nulas, determine:

   a) as funções de transferência $V(s)/I_S(s)$ e $I_L(s)/I_S(s)$;

   b) a tensão $v(t)$ e a corrente $i_L(t)$, ambos para os $t \geq 0$.

   Figura P8.1

   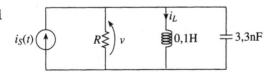

   Figura P8.2

   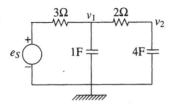

2. No circuito da figura P8.2 a excitação é $e_S(t) = 5 \cdot \mathbf{1}(t)$ volts, e as condições iniciais são nulas.

   a) determine um sistema de equações diferenciais que descreva o circuito, tendo como incógnitas $v_1(t)$ e $v_2(t)$.

   b) a partir das transformadas de Laplace das equações anteriores, determine as constantes de tempo do circuito.

   c) calcule $v_1(t)$ e $v_2(t)$ para os $t \geq 0$.

3. A resposta impulsiva de um certo sistema é dada por

   $v(t) = v_0 e^{-2t} \cdot \mathbf{1}(t)$, (volts, segundos)

   Determine:

   a) a equação diferencial que descreve o sistema;

   b) a resposta deste sistema, no domínio do tempo, à excitação

   $i_S(t) = e^{-t} \cdot [\mathbf{1}(t) - \mathbf{1}(t-1)]$, (ampères, segundos)

   supondo condições iniciais nulas.

4 - A resposta impulsiva de um sistema linear é

$h(t) = 4 \cdot e^{-2t} \cdot \text{sen}(2t) \cdot 1(t)$.

Determine:

a) a função de transferência $F(s)$ do sistema;

b) a equação diferencial que relaciona resposta e excitação;

c) a reposta do sistema, quando excitado por um degrau unitário e com condições iniciais nulas;

d) sua resposta a partir de condições iniciais arbitrárias, com a mesma excitação do item anterior.

5   A resposta de um certo sistema físico estável a uma certa excitação é dada por

$$y(t) = \left[-6e^{-t} + \frac{4}{34} e^{-4t} \cos(3t) + \frac{18}{34} e^{-4t} \text{sen}(3t) \right] \cdot 1(t) + \delta(t)$$

Sabe-se que a entrada do sistema é uma função de valor real, dada pela soma de três termos, um dos quais é um impulso e outro é uma exponencial complexa, da forma $ke^{s_0 t}$, onde s_0 é uma constante complexa. Determine uma função de transferência $G(s)$ do sistema, consistente com estas informações.

6   São dadas $g(t) = \text{sen}(2t) \cdot 1(t)$ e $f(t) = \cos(3t) \cdot 1(t)$. Pede-se:

a) a função de transferência do sistema cuja resposta impulsiva é $g(t)$;

b) a convolução de $f(t)$ e $g(t)$;

c) excitando o sistema do item (a), em estado zero, com a função

$u(t) = 10 \cos(3t) \cdot 1(t)$,

qual será a resposta $r(t)$?

7   A função de rede de um certo circuito é

$$F(s) = \frac{1}{(s+1) \cdot (s+2)}.$$

Determine:

a) O fasor $\hat{R}$ da resposta deste circuito em regime permanente senoidal, em função do fasor de excitação $\hat{E}$ e de sua freqüência ω;

b) a resposta $r_p(t)$, em regime permanente senoidal, sabendo que a excitação é $e(t) = 10 \cos(2t + 45°)$.

Figura P8.3

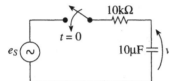

6. No circuito da figura P8.3 a fonte de tensão fornece

    $e_S(t) = 20\, \text{sen}(10t + \theta°)$

    e a chave fecha em $t = 0$. Sabendo que o capacitor está com uma carga inicial tal que $v(0_-) = -5$ volts, determine:

    a) a tensão $v(t)$ no capacitor;
    b) o ângulo θ tal que não haja transitório ao fechar a chave.

7. A entrada e a saída de um sistema estão relacionadas pela função de sistema

    $$G(s) = \frac{s}{s^2 + 3s + 2}.$$

    Determine:

    a) a equação diferencial que relaciona entrada e saída do sistema;
    b) a resposta permanente do sistema se a excitação for
    $u(t) = 2\cos(2t + 45°)$

8. A função ganho de $G(s) = E_2(s)/E_1(s)$ de um filtro de Butterworth de 3ª ordem tem pólos em

    $s_1 = e^{j2\pi/3}, \qquad s_2 = e^{j\pi}, \qquad s_3 = e^{j4\pi/3}.$

    A função não tem nenhum zero finito e seu fator de escala é $K = 0{,}5$.

    a) mostre que a resposta em freqüência (em regime permanente senoidal) deste filtro pode ser posta na forma

    $$G(j\omega) = \frac{1}{2} \cdot \frac{1}{(1+j\omega)^3};$$

    b) determine a freqüência de corte deste filtro, isto é, a freqüência ω_c tal que

    $$|G(j\omega_c)| = \frac{\max_\omega |G(j\omega)|}{\sqrt{2}};$$

    c) exprima $G(s)$ como relação de polinômios em s;
    d) suponha que a excitação do filtro é $e_1(t) = 5 \cdot \mathbf{1}(t)$ e as condições iniciais são nulas. Sabendo que os resíduos correspondentes aos pólos s_1 e s_2 são, respectivamente, $A_1 = j \cdot 1{,}4435$ e $A_2 = -2{,}500$, calcule a saída $e_2(t)$, para os $t \geq 0$.

Índice alfabético

A
Abscissa de convergência, 193
Admitância complexa, 138, 176
Amortecimento crítico, 160
Ampères, 3
Amperímetro ideal, 3
Amplificador operacional ideal, 31
Amplitude, 25
Análise de malhas, 81
Análise nodal, 63
Análise nodal modificada, 71
Antitransformada de Laplace, 203
Aperiódico, 164
Arestas, 41
Árvore, 42
Assintoticamente estável, 240
Associações de bipolos, 41
Associações série-paralelo, 91
Atenuação, 114
Atenuadores compensados, 229
Atenuadores logarítmicos, 113
Atenuador resistivo, 105
Áudiofreqüências, XIV

B
Badil, L., 212
Barnes, J. L., 212
Batimento acústico, 181
Batimentos, 180
Bias Point, 78
Bipolo elétrico, 4
Bipolos elementares, 8
Bit mais significativo, 117
Bit menos significativo, 117
Bremmam, P. A., 71

C
Capacitância, 12
Capacitor, 11
Capacitores não-lineares, 13
Capacitor ideal, 11
Capacitor linear fixo, 11
Capacitor linear variável no tempo, 13
Carga elétrica, 2
Célula T simétrica, 115
Célula Π, 117
Chaveamento de indutores, 147
Chua, L. O., 35
Circuito aberto, 11
Circuito com amortecimento crítico, 164
Circuito com chaveamento de capacitor, 145
Circuito diferenciador, 141
Circuito em ponte, 41
Circuito integrador, 139
Circuito oscilatório, 156, 164
Circuito R, L, C paralelo, 170
Circuito R, L, C série, 170
Circuito sub-amortecido, 156, 164
Circuito super-amortecido, 164
Circuitos estritamente duais, 59
Circuitos potencialmente duais, 59
Comportamento livre, 137
Comprimento de onda, 2
Condição inicial, 124
Condutância, 9
Condutância interna, 109
Conjunto de corte, 43
Constante de integração, 127
Constante de tempo, 24, 128
Convenção do gerador, 5
Convenção do receptor, 5
Conversor digital-analógico, 117
Convolução, 232
Corrente de malha, 81
Corrente elétrica, 2
Corrente elétrica instantânea, 3
Corrente inicial, 15
Corrente média, 3
Correntes alternativas ou alternadas, 3
Correntes contínuas, 3
Correntes pulsadas, 3
Corte, 43
Corte fundamental, 43, 44
Curto-circuito, 11, 17
Coulombs, 5
Curvas características dos resistores, 8

Índice alfabético

D

Decibéis, 114
Defasagem, 25
Descrição entrada-saída, 218
Desfibrilador de Lown, 185
Deslocamento de fonte de corrente, 100
Deslocamento de fonte de tensão, 99
Desoer, C. A., 35, 60
Dígrafo, 41
Diodo ideal, 11
Divisão de corrente, 96
Divisão de tensão, 96
Domínio transformado, 192

E

Elemento equivalente, 91
Eletrodo de controle, 161
Eliminação de Gauss, 68
Energia armazenada, 13
Energia elétrica, 7
Engenharia Elétrica, 1
Envoltória, 167
Equação característica, 124, 219
Equação de análise nodal das redes resistivas, 65
Equação de análise nodal modificada das redes resistivas, 74
Equação íntegro-diferencial, 222
Equação matricial de análise de malhas, 83
Equações diferenciais, 123, 218
Equações diferenciais ordinárias, 123
Equações diferenciais lineares, 123
Equações diferenciais a coeficientes constantes, 123
Excitação, 218
Excitação exponencial complexa, 23
Excitação exponencial real, 23

F

Farads, 12
Fasor, 26
Fasores, 38
Fator de amortecimento, 153
Fator de escala, 239
Fibrilação, 185
Filtro passa-altas, 142
Filtro passa-baixas, 140
Fluxo de indução magnética, 13
Forma de onda, 3
Forma fasorial da 1ª Lei de Kirchhoff, 58
Forma fasorial da 2ª Lei de Kirchhoff, 58
Forma polar, 26
Forma retangular ou cartesiana, 26
Fórmula de inversão da transformada de Laplace, 204
Fórmulas de Euler, 25
Fração contínua, 105
Frações parciais, 205
Freqüência, 2
Freqüência angular, 25, 28
Freqüência cíclica, 25
Freqüência complexa, 28
Freqüência de ressonância, 177
Freqüência do batimento, 181
Freqüência neperiana, 28
Freqüência própria amortecida, 157
Freqüência própria não amortecida, 153
Freqüências complexas próprias, 152, 154
Freqüências ultra-altas, XIV
Função de Dirac, 21
Função de excitação, 17
Função de Heaviside, 20
Função de rede, 217, 222
Função de rede generalizada, 243
Função de sistema, 222
Função "doublet", 212
Função em degrau unitário, 20
Função estritamente própria, 204
Função triplet, 200
Funções co-senoidais, 24
Funções hiperbólicas, 156
Funções impulsivas, 21
Funções racionais, 204
Funções racionais irredutíveis, 205

G

Gardner, M. F., 212
Gerador, 17
Gerador de Norton, 109
Gerador de Thévenin, 109
Gerador inativado ou desativado, 17
Geradores controlados ou vinculados, 17
Geradores de corrente contínua, 19
Geradores de tensão contínua, 19
Geradores equivalentes, 109
Geradores independentes, 17
Gerador ideal de corrente, 18
Gerador ideal de tensão, 17
Ghizzetti, A., 212
Girador ideal, 33
Gráfico, 41
Grafo, 41
Grafo conexo, 42

Grafo congruente, 42
Grafo não conexo, 42
Grafo orientado, 41
Grafo planar, 44
Guillemin, E. A., 35

H

Henrys, 14
Herniter, M. E., 78
Ho, C.W., 71
Horowitz, P., 33

I

Impedância complexa, 176
Impedância dos capacitores, 86
Impedância dos indutores, 86
Impedância dos resistores, 86
Impulso unitário, 21
Índice de mérito, 158
Indutância, 14
Indutor, 13
Indutores não lineares, 14
Indutor ideal, 14
Indutor linear fixo, 14
Indutor linear variável no tempo, 14
Integrador com amplificador operacional, 141
Integral de convolução, 232
Inversão da Transformada de Laplace, 203
Irwin, J. D., 35

J

Joules, 5, 7

K

Kreider, D. L., 212
Kuh, E., 35
Kuh, E. S., 60
Kuller, R. G., 212
Kupfmüller, K., 60
Kuratovsky, 45

L

Laço, 43
Laço fundamental, 43, 44
Lâmpada de neônio, 148
Langford Smith, F., 113
Lei de Ampére, 14
Lei de Faraday, 14
Lei de Ohm, 9

Leis de Kirchhoff, 41
Leonard Euler, 45
Linearização, 109
Lord Rayleigh, 181

M

Malha, 81
Malha externa, 81
Matriz das condutâncias de ramos, 64
Matriz das condutâncias nodais, 64
Matriz das resistências de malha, 83
Matriz de impedâncias de malhas, 86
Matriz de incidência aumentada, 48
Matriz de incidência reduzida, 49
Matriz dos laços fundamentais, 54
Matriz não singular, 67
Matriz simétrica, 67
Medidores de energia, 7
Medidores de Q, 158
Método da transformação de Laplace, 171
Método de identificação de polinômios, 209
Método no domínio do tempo, 171
Microondas, XIV
Modo natural, 143
Multiplicidade, 204
Multipolos, 31

N

Nilsson, J. W., 35, 149
Nó de referência, 49, 56, 66
Nós, 41
Números complexos, 38

O

Oberhettinger, F., 212
Ohms, 9
Ordem da rede, 123
Ordem zero, 123
Oscilador de relaxação, 148
Ostberg, D. R., 212

P

Papoulis, A., 21
Pares conjugados, 205
Período, 25, 202
Polinômio característico, 219
Polinômio mônico, 204
Pólos, 204, 239
Pólos complexos, 207
Pólos múltiplos, 206

Índice alfabético

Pólos simples, 206
Ponte de Wheatstone, 111
Ponto de operação, 94
Porta, 31
Potência instantânea, 6
Potência média, 6
Potência nos Bipolos, 6
Primeira Lei de Kirchhoff, 45
Problema de Königsberg, 45
Problema de valor inicial, 123
Proporcionalidade entre excitação e resposta, 105
Propriedades da Transformada de Laplace, 196
PSpice, 76

Q

Quadripolos, 31
Quilowatts-hora, 7

R

Rádiofreqüências, XIV
Raio de giro, 33
Ramos, 41
Ramos de árvore, 43
Ramos de ligação, 43
Ramos tipo admitância, 72
Ramos tipo impedância, 71
R. C. Jaeger, 119
Rede de bipolos, 41
Rede em escada, 104
Rede resistiva R-2R, 117
Redes de ordem zero, 123
Redes lineares de 2.ª ordem, 152
Redes lineares fixas de 1.ª ordem, 123
Redes não-lineares, 80
Reed, M. B., 60
Regime estacionário, 20
Regime permanente, 25
Regime permanente senoidal, 30
Regra de Cramer, 67
Relação de linearidade, 194
Relações constitutivas, 30
Relações de dualidade, 59
Relações fasoriais, 29
Resíduos, 206
Resistência, 9
Resistência característica, 115
Resistência de amortecimento crítico, 159
Resistência de entrada, 92
Resistência de terminação, 105
Resistência interna, 109
Resistor, 8
Resistor equivalente, 94

Resistores lineares variáveis, 10
Resistores não-lineares, 9
Resistor ideal, 9
Resistor linear fixo, 9
Resposta de rede, 218
Resposta em entrada zero, 124, 219
Resposta em estado zero, 124, 219
Resposta forçada, 124
Resposta impulsiva, 236
Resposta livre, 124
Resposta permanente, 124
Resposta transitória, 124
Ressonância, 177
Riedel, S. A., 149
Ruehli, A. E., 71

S

Saída assimétrica, 31
Saída simétrica, 31
Schematics, 77
Schwarzt, 23
Segunda Lei de Kirchhoff, 51
Sentido de referência, 3
Seshu, S., 60
Siemens, 9
Simplificação de redes, 91
Simuladores analógicos, 141
Síntese de Circuitos, 243
Sistema causal, 238
Sistema consistente, XIV
Sistema de equações diferenciais ordinárias, 223
Sistema degenerado, 224
Sistema Internacional de Unidades, XIV
Sistema redutível, 224
Solução no domínio da freqüência complexa, 192
Solução trivial, 127
Soluções gerais de equação diferencial, 123
Soluções particulares de equação diferencial, 123
Spice, 76
Spiegel, M. R., 212
Subgrafo, 42
Subgrafo degenerado, 42
Super-amortecimento, 155
Superposição, 106
Swamy, M. N. S., 60

T

Técnicas de redução de redes, 91
Tensão de acendimento, 148
Tensão de apagamento, 148
Tensão elétrica, 5
Tensão inicial, 12

Tensões de ramo, 57
Tensões nodais, 55
Tensões quiescentes, 108
Teorema do valor inicial, 230
Teorema do valor final, 232
Teoremas da Transformada de Laplace, 196
Teoria das Redes Elétricas, 1
Teoria dos Circuitos, 2
Teoria dos Grafos, 45
Terra, 49, 56
Terra virtual, 34
Thulashiraman, 60
Tiristor, 161
Transformação bilateral de Laplace, 194
Transformação de fontes, 98
Transformação de Laplace, 147, 192
Transformação estrela-triângulo, 101
Transformação linear, 194
Transformação triângulo-estrela, 101
Transformada de Laplace, 193
Transformador ideal, 32
Trifásico de três fios, 53
Tuinenga, P.W., 78

U

Unidade imaginária, 25

V

Valkenburg, M. E. Van, 35
Valor eficaz, 28
Vértices, 41
Vetor das correntes de fontes, 64
Vetor das correntes de fontes equivalentes, 65
Vetor das correntes de malha, 83
Vetor das fontes equivalentes de tensão de malha, 83
Vetor das tensões de ramo, 54
Vetor das tensões nodais, 56, 64
Vetor de correntes de ramos, 50
Vetor dos fasores das fontes equivalentes de tensões de malha, 86
Vetor dos fasores de correntes de malha, 86
Voltagem, 5
Voltímetros, 5
Voltímetros ideais, 5
Voltímetros reais, 5
Volts, 5

W

Watts, 6, 9
Webers, 13

Z

Zeros, 204, 239